普通高等院校计算机基础教育“十四五”规划教材

C语言程序设计能力教程

柏万里　编著

中国铁道出版社有限公司
CHINA RAILWAY PUBLISHING HOUSE CO., LTD.

内容简介

本书是江西省精品课程配套教材。全书采用了问题驱动形式，按照目标、问题、能力、方法、扩展、结论几个步骤，由浅入深、循序渐进地介绍了C语言的语法结构和使用，系统地讲述了C语言程序设计的基本方法和技巧。全书共分16章，主要包括：C语言概述，C语言的编程元素，C语言程序提供的运算，顺序结构程序设计，选择结构程序设计，循环结构程序设计，数组，函数，预处理命令，指针，结构体、共用体和枚举数据类型，位运算，文件，C语言图形功能，常见错误与程序调试，C++简介等内容。

本书结构清晰、内容丰富、实例恰当，方便教师教学和学生学习，并有配套的实训指导及习题解答教程，适合作为高职高专院校C语言课程的教材，也可作为报考计算机等级考试者和其他自学者的参考用书。

图书在版编目（CIP）数据

C语言程序设计能力教程 / 柏万里编著. —2版. —北京：中国铁道出版社有限公司，2021.2（2022.9重印）
普通高等院校计算机基础教育“十四五”规划教材
ISBN 978-7-113-27590-7

Ⅰ. ①C… Ⅱ. ①柏… Ⅲ. ①C语言-程序设计-高等学校-教材 Ⅳ. ①TP312.8

中国版本图书馆CIP数据核字（2020）第273159号

书　　名：C语言程序设计能力教程
作　　者：柏万里

策　　划：曹莉群　　　　编辑部电话：（010）51873202
责任编辑：刘丽丽　李学敏
封面设计：刘　莎
封面制作：刘　颖
责任校对：焦贵荣
责任印制：樊启鹏

出版发行：中国铁道出版社有限公司（100054，北京市西城区右安门西街8号）
网　　址：http://www.tdpress.com/51eds
印　　刷：北京市科星印刷有限责任公司
版　　次：2012年8月第1版　2021年2月第2版　2022年9月第3次印刷
开　　本：787 mm×1 092 mm　1/16　印张：18.75　字数：468千
书　　号：ISBN 978-7-113-27590-7
定　　价：49.00元

前 言

C 语言是一种具有极强生命力的计算机高级程序设计语言，它是根据结构化程序设计原则设计并实现的。C 语言同时具有高级语言和低级语言的特点，所以，它不仅适合于应用程序设计，而且适合于系统程序设计。

C 语言是大学计算机专业数据结构、操作系统课程的前导课程，也可作为学习其他计算机语言的基础，是计算机等级考试（二级）的内容之一。因此，选择 C 语言作为计算机基础课程的教学内容，适合当前形势发展的需要。

本书根据高等职业院校计算机类专业 C 语言程序设计教学大纲，并参照江西省计算机等级考试二级 C 语言考试大纲，由具有多年 C 语言程序设计教学经验的一线教师和专家，根据实践教学和应用研究体会编写而成。在编写过程中，遵循了知识讲授和能力训练并重的原则。在讲清楚基本知识的基础上，注重例题的选择，每个知识点基本上做到先用基本例题讲解，然后再用实际应用例题讲解。

本书是江西省精品课程“C 语言程序设计”配套教材，全书采用了问题驱动形式，按照目标、问题、能力、方法、扩展、结论几个步骤，由浅入深、循序渐进地介绍了 C 语言的语法结构和使用，系统地讲述了 C 语言程序设计的基本方法和技巧。全书共分 16 章，前 13 章为 C 语言的基本知识和程序设计方法；第 14 章为 C 语言图形功能，作为 C 语言课程设计基础知识，为计算机专业学生的选修内容；第 15 章是常见错误与程序调试，提供了初学者在学习过程中常见的错误及程序的调试方法；第 16 章是 C++简介，使读者对 C++有初步了解，为今后学习 C++打下基础。

本书所有例题在 Turbo C 2.0 环境下调试通过。C 语言程序设计实践性要求很强，希望读者在学习过程重视上机调试，不要满足于掌握理论知识。

为帮助读者学习本书，我们同时编写了一本《C 语言程序设计能力教程实训指导与习题解答》，提供了实验参考程序及本书中各章习题的参考答案，由中国铁道出版社有限公司出版与本书同期出版。

本书由“C 语言程序设计”省级精品课程负责人、江西航空职业技术学院柏万里教授编著，负责全书的统稿、审稿和定稿；精品课程教学团队成员、江西航空职业技术学院吴昂、李红霞、侯梦雅、吴铬、王娟老师参与了本书的编写。

本书编写过程中，参考了国内外同类教材，在此对这些教材的作者表示感谢！

由于编者水平有限，加之时间仓促，书中疏漏和不足之处在所难免，敬请专家和读者不吝指正。

编 者

2020 年 11 月

目 录

第1章 C语言概述

通过本章学习，掌握C语言程序结构及书写规则，掌握C语言在Turbo C环境中的实现，了解结构化程序设计基本思想，了解C语言的发展过程及特点，了解Visual C++ 6.0、Bloodshed Dev-C++集成开发环境。

C语言是一种结构化程序设计语言，如何用C语言编程，在计算机屏幕上输出一行“Welcome to you!”文字呢？

C语言是国际上广泛流行的计算机编程语言，既可用来编写系统软件，也可用来编写应用软件。C语言是学习和掌握更高层语言的开发工具，是C++、C#和Java语言程序设计的基础。

1.1 熟悉C语言程序结构和书写格式

下面列举3个例子来说明C语言程序结构和书写格式。

【例1.1】编写程序，在屏幕上输出一行“Welcome to you!”欢迎信息。

```
main()
{
  printf("Welcome to you! \n");
}
```

运行结果：

```
Welcome to you!
```

【说明】

（1）main()表示主函数，每一个C语言程序都必须有一个main()函数。

（2）main()函数的函数体由大括号{ }括起来。

（3）printf()是输出函数，将双引号内的字符串原样输出。“\n”是换行符，即在输出“Welcome to you!”后自动换行。

【例1.2】编写程序，计算两个整型变量a、b值的和，把结果放在变量x中，并输出变量x的值。

```
main()
{
  int a,b,x;    /*定义 a、b、x 为整型变量 */
  a=2;b=3;
  x=a+b;
  printf("x=%d",x);
}
```

运行结果：

```
x=5
```

【说明】

（1）/*……*/表示注释部分。为了便于理解，注释可以加在程序中的任何位置。

（2）第 3 行是变量定义部分，说明 a、b、x 为整型（int）变量。

（3）第 4 行是两个赋值语句，为 a、b 分别赋值 2 和 3。

（4）第 5 行把 a+b 的值赋给 x。

（5）第 6 行中“%d”是输入/输出的“格式字符”，用来指定输入/输出时的数据类型和格式，“%d”表示“十进制整数类型”。在执行输出时，此位置上代以一个十进制整数值。printf()函数中括号内最右端 x 是要输出的变量，本程序中其值为 5。

【例 1.3】通过调用求和函数 sum()，计算从键盘上输入的两个整数之和，把结果放在变量 x 中，并输出 x 的值。

```
main()
{
  int i,j,x;                             /*定义 i,j,x 为整型变量*/
  printf("Please input i and j: ");      /*输出提示信息*/
  scanf("%d,%d",&i,&j);                  /*从键盘上输入两个整数*/
  x=sum(i,j);                            /*调用函数 sum()计算 i,j 之和*/
  printf("The x is %d.",x);              /*输出计算结果*/
 }
 sum(int x,int y)                        /*求和函数*/
 {
   return(x+y);                          /*返回 x,y 之和*/
 }
```

运行结果：

```
Please input i and j: 6,7↙
The x is 13
```

【说明】

（1）本程序除了主函数 main()外，增加了被调用函数 sum()，函数 sum()的作用是将 x 与 y 的和的值返回给主函数 main()。

（2）程序中 scanf()函数的作用是输入 i 和 j 的值。&i 和&j 中的“&”的含义是“取地址”。scanf()函数的作用是：将两个数值分别输入到变量 i 和 j 的地址所标志的单元中，也就是赋给变量 i 和 j。在本例中，输入 x、y 的值为 6、7。

综合上述 3 个例子，对 C 语言程序的基本组成和形式有了一个初步了解。归纳起来，对 C 语言程序结构作如下说明：

（1）C 语言程序由函数构成（C 是函数式的语言，函数是 C 语言程序的基本单位）。

① 一个 C 源程序至少包含一个 main()函数（主函数），也可以包含一个 main()函数和若干个其他函数。

② 被调用的函数可以是系统提供的库函数，也可以是用户根据需要自己编写设计的函数（如例 1.3 的 sum()函数）。C 是函数式的语言，程序的全部工作都由各个函数完成。编写 C 语言程序就是编写多个函数。

③ C 函数库非常丰富，ANSI C 提供 100 多个库函数，Turbo C 提供 300 多个库函数。

（2）main()函数是每个程序执行的起始点。一个 C 语言程序总是从 main()函数开始执行，而不论 main()函数在程序中的什么位置。可以将 main()函数放在整个程序的最前面，也可以放在整个程序的最后，或者放在其他函数之间。

（3）一个函数由函数首部和函数体两部分组成。

① 函数首部：一个函数的第一行。

② 函数体：函数体为用一对{}括起来的部分。如果函数体内有多对{}，最外层是函数体的范围。函数体一般包括声明、执行两部分。

- 声明部分：可定义本函数所使用的变量。
- 执行部分：由若干条语句组成命令序列（可以在其中调用其他函数）。

（4）C 语言程序书写格式自由。

① 一行可以写几条语句，一条语句也可以写在多行上。

② C 语言程序没有行号，也没有像 FORTRAN，COBOL 那样严格规定书写格式（语句必须从某一列开始）。

③ 每条语句的最后必须有一个分号“;”表示语句的结束。预处理命令、函数头文件等之后不能加分号。

（5）可以使用/* */对 C 语言程序中的任何部分作注释。注释可以提高程序可读性，使用注释是编程人员的良好习惯。

① 编写好的程序往往需要修改、完善。事实上没有一个应用系统是不需要修改、完善的。很多人会发现自己编写的程序在经历了一些时间以后，由于缺乏必要的文档、必要的注释，最后连自己都很难再读懂，需要花费大量时间重新思考、理解原来的程序，这浪费了大量的时间。如果一开始编程就对程序进行注释，刚开始麻烦一些，但日后可以节省大量的时间。

② 一个实际的系统往往是由多人合作开发，程序文档、注释是其中重要的交流工具。

（6）C 语言本身不提供输入/输出语句，输入/输出的操作是通过调用库函数（scanf()、printf()）完成的。

输入/输出操作涉及具体计算机硬件，把输入/输出操作放在函数中处理，可以简化 C 语言和 C 的编译系统，便于 C 语言在各种计算机上实现。不同的计算机系统需要对函数库中的函数做不同的处理，以便实现同样或类似的功能。

不同的计算机系统除了提供函数库中的标准函数外，还按照硬件的情况提供一些专门的函数。因此，不同的计算机系统提供的函数数量、功能会有一定差异。

1.2　C 语言程序的上机步骤

用户用 C 语言编写的程序称为 C 语言源程序，C 语言源程序的文件扩展名为“.c”。计算机不能直接执行 C 语言源程序，必须将 C 语言源程序翻译成二进制目标程序，而完成这个翻译过程的程序称为编译程序，翻译的过程称为编译，编译后生成的程序称为目标程序，目标程序文件的扩展名为“.obj”。目标程序生成后，便可进行连接，连接后生成的程序称为可执行程序，可执行文件的扩展名为“.exe”。Turbo C 集成开发环境就是帮助用户轻松完成上述过程的程序开发工具。

C 语言编写的程序也可以在 Visual C++ 6.0、Bloodshed Dev-C++等集成开发环境下调试，尽管 Visual C++ 6.0、Bloodshed Dev-C++等是 C++版本，但是 C++是在 C 语言的基础上扩展的，所以 C 程序也能在该环境下正确调试。但要注意的是：C 语言编写的程序在 Visual C++ 6.0、Bloodshed Dev-C++等集成开发环境下调试，程序中有标准输入/输出函数，这要求程序开头必须要有#include <stdio.h>头文件包含。

1.2.1　Turbo C 集成开发环境介绍

Turbo C 是一个快速、高效的编译软件，它将程序的编辑、编译、连接和运行集成在一起，形成一个集成开发环境。在 Turbo C 的集成环境下，编程和调试等功能均可以通过菜单来完成。

1. Turbo C 2.0 的启动方式

（1）Windows 系统。打开 Turbo C 2.0 所在的文件夹，双击 tc.exe 文件，就启动了 Turbo C 集成开发环境。也可在桌面上建立 tc.exe 的快捷方式，直接双击快捷图标进入。

（2）DOS 状态下。首先进入 Turbo C 所在的目录，然后在 DOS 提示符下输入 tc，按【Enter】键就启动了 Turbo C 集成开发环境。

2. Turbo C 2.0 界面简介

Turbo C 2.0 集成开发环境的主屏幕，由上至下分成 4 个部分，即主菜单、编辑窗口、信息窗口和功能键提示行。Turbo C 2.0 初始界面如图 1–1 所示。

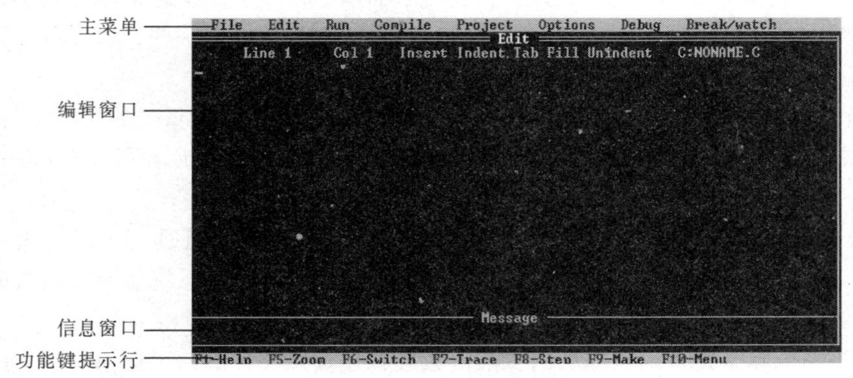

图 1–1　Turbo C 2.0 界面

1）主菜单

在 Turbo C 环境下，调试程序的所有工作都可以在 Turbo C 的主菜单下完成。主菜单包含 8 个下拉菜单。

① File 菜单：载入或保存文件，管理目录，调入 DOS 和退出 Turbo C 系统。

② Edit 菜单：调用 Turbo C 的编辑程序。

③ Run 菜单：运行程序，查看运行结果等功能。

④ Compile 菜单：编译、连接当前程序。

⑤ Project 菜单：管理多文件项目。

⑥ Options 菜单：设置编译程序和连接程序的选择项。

⑦ Debug 菜单：用于查找源程序中的错误。

⑧ Break/watch：断点/监视，主要用于程序的调试。

2）编辑窗口

编辑窗口用于完成源程序的编辑和修改工作。

3）信息窗口

信息窗口用于显示当前文件编译和连接的状态信息。

4）功能键提示行

功能键提示行在 Turbo C 的屏幕底部，给出了相关的热键参考。

1.2.2 C 语言程序的上机调试步骤

对于一个具体给定的问题，首先要编写出 C 语言程序，然后上机调试、运行，直到得到满意的结果。Turbo C 提供了一个编辑、编译、连接、运行和调试 C 语言程序的环境。

1. 编辑源程序文件

在编辑（Edit）状态下可以根据需要输入或修改源程序。编好一个程序后，需要把它录入到 Turbo C 中进行调试、编译，如编译不能通过，则要对程序进行修改。可以按【Alt+E】组合键选择 Edit 菜单，按【Enter】键后进入编辑状态，此时可对源文件进行编辑，其编辑方法与一般的文字处理程序类似。编辑命令有光标移动、插入/删除、块操作及其他命令等。

如源程序“f1.c”已经存在，则应通过 File 菜单下的 Load 命令将“f1.c”调入到 Turbo C 环境。然后进入编辑程序，修改过程与前面介绍的方法相同。如重新输入新的程序，可选择 File 菜单下的 New 命令，此时光标将出现在编辑区的左上角，等待用户输入程序。

2. 编译源程序文件

编辑好一个源程序后，必须经过编译、连接生成可执行文件后才能运行。按【F10】键，将光标移动到 Compile 菜单，选择 Compile to OBJ 命令，则对源程序进行编译，得到一个扩展名为“.obj”的目标程序。如编译的源文件名为“f1.c”，则目标文件名为“f1.obj”。

在 Turbo C 中进行编译时，会弹出一个“编译信息框”，显示编译状态和编译结果。如果发现有错误，“信息窗口”中会显示所有错误信息。此时，按下任意键，“编译信息窗口”会消失，屏幕上会恢复显示源程序，光标会停留在出错之处。屏幕下半部分的“信息窗口”会显示出有错误的行和错误的原因，根据此信息修改源程序。修改确认后，再按【F10】键进行编译，直到没有错误信息为止。

3. 连接源程序文件

生成目标文件后，再选择 Compile 菜单下的 Link EXE file 命令，进行连接操作，生成一个扩展名为“.exe”的可执行文件。例如，目标文件为“f1.obj”，则生成的可执行文件为

"f1.exe"。同样，如果发现错误，还要返回重新修改。也可以将编译和连接合成一个步骤进行。选择 Compile 菜单下的 Make exe file 命令或按【F9】键，即可一次完成编译和连接。

4．运行程序文件及查看程序运行结果

经过编辑、编译、连接后，产生了一个可执行的文件（扩展名为".exe"）。将文件调入到 Turbo C 中，按【F10】键，选择主菜单中的 Run 命令，按【Enter】键，在其下拉菜单中选择 Run 命令。系统就会执行已编译和连接好的目标文件，得到程序的运行结果。按【Alt+F5】组合键可以看到运行结果。如果程序需要输入数据，则应从键盘输入所需数据，然后程序会接着运行，输出结果。可按任意键返回 Turbo C 集成环境窗口。

有时通过编译和连接的文件，运行后发现结果不正确，可能是逻辑错误造成的，要重新修改程序。修改过程与前面编辑源文件时相同。

5．退出 Turbo C 系统

退出 Turbo C 系统有 3 种方法：

（1）按【Alt+X】组合键。

（2）选择 File 菜单下的 Quit 命令。

（3）按【Alt+F】组合键后输入"Q"。

一个 C 语言程序的开发过程如图 1-2 所示。

C 语言是编译型语言，源程序必须经过编译和连接生成可执行文件后才能运行。编译过程中可以检查出程序的错误，经过编辑修改后，再重新编译。一般情况下，一个程序要经过多次编辑和修改才能通过编译。

连接目标文件的目的就是要生成最终的可执行文件。C 语言程序经过编译、连接，产生了一个可执行文件（.exe）。运行该文件，即可得到程序的运行结果。

开始
编辑源程序文件
编译
错误
正确
产生目标文件
连接
错误
正确
产生可执行文件
运行程序，得到运行结果
结束

图 1-2　C 语言程序的开发过程

知识扩展

1．结构化程序设计语言简介

1）结构化程序设计思想的产生

学过计算机的人大都知道"算法+数据结构=程序"这一著名公式。提出该公式的正是 1984 年的图灵奖获得者，瑞士计算机科学家尼克劳斯·威茨（Niklaus Wirth）。到目前为止，他是获得图灵奖殊荣的唯一瑞士学者。

威茨生于 1934 年 2 月 15 日，1958 年从苏黎世工学院取得学士学位后，到加拿大的莱维大学深造，之后进入美国加州大学伯克利分校并获得博士学位。期间，他开发出了 Algol W 及 PL360 两种语言，成功奠定了威茨程序设计语言专家的地位。

成名后的他拒绝了斯坦福大学的挽留，于 1967 年回到祖国，先在苏黎世大学任职，第二年转到母校苏黎世工学院。在这里，他在 CDC6000 上成功设计了 Pascal 语言。

1971 年，基于自己的开发程序设计语言和编程的实践经验，威茨首次提出了"结构化程序设计"（Structured Programming）的概念。威茨提出的这种结构化程序设计方法又称"自顶向下，逐步求精"法，采用了模块分解与功能抽象和自顶向下、分而治之的方法，从而

有效地将一个较复杂的程序设计任务分解成许多易于控制和处理的子程序，便于开发和维护。因此，结构化程序设计方法迅速走红，在程序设计领域引发了一场革命，并在整个 20 世纪 70 年代的软件开发中占绝对统治地位。

今天，结构化程序设计和设计技术已经是无处不在了，几乎每一种程序设计语言都具有支持结构化程序设计所需的手段，甚至像 BASIC 那样传统的非结构化语言也已开始利用结构化程序设计结构。原因很简单，结构化程序已被证明比非结构化程序容易编写和维护。

2）结构化程序设计方法

一个程序必须包括以下两个部分：

① 对数据的描述。在程序中要指定数据的类型和数据的组织形式，即数据结构（Data Structure）。

② 对数据操作的描述。即操作步骤，也就是算法。算法是为解决一个问题而采取的方法和步骤。

算法有以下几个特性：

① 有穷性：一个算法应包含有限的操作步骤，而不能是无限的，否则就失去了实际意义。

② 确定性：算法中每一个步骤都应当是确定的，不能含糊、模棱两可，否则会导致结果不确定。

③ 有零个或多个输入。

④ 有一个或多个输出。

⑤ 有效性：算法的每一步都应该能有效地执行。

数据是操作的对象，操作的目的是对数据进行加工处理，以得到期望的结果。威茨提出公式：

程序=算法+数据结构

实际上一个程序除了上述两大元素之外还涉及所用到的具体语言和设计思想，因此还可以这样表示：

程序=算法+数据结构+程序设计方法+语言

学习计算机语言的目的就是用该语言工具设计出可供计算机运行的程序。那么拿到一个实际问题之后，怎样动手编写程序呢？一般按图 1-3 所示的步骤进行。

提出和分析实际问题 → 确定数学模型 → 设计算法 → 编写源程序 → 程序编译与运行

图 1-3 程序设计的步骤

结构化程序按它们所执行的操作来组织。从本质上讲，程序由执行较大、较复杂的过程离散出较小、较简单的执行单独的任务的过程（又称函数）。这些过程之间尽可能地保持相互独立，每一个都有其自己的数据和逻辑。通过使用参数在过程之间传递信息，过程可以有不能在过程范围以外存取的局部数据。从某一个角度来讲，函数可以被融合在一起构成一个应用程序，目标是使软件开发相对简单，同时提高程序的可靠性和可维护性。

3）结构化程序设计的步骤

结构化程序设计可采用自顶向下、逐步求精的方法。

（1）自顶向下的模块化设计。

① 把这个程序高度抽象，看作是一个最简单的控制结构，而实际上是一个庞大而复

杂的功能模块。

② 分析这个功能的完成可以由几部分组成，或可以划分为几个步骤，可以进一步分解成若干个较低一层的模块，每个模块都表示了一个较上层功能较小的功能。

③ 对分解出来的每一个下层模块，反复运用第②步的方法，逐层分解到非常简单、功能很小、能够容易地用程序语句实现的最低一层模块。

由于分解出来的每一个模块都属于基本控制结构的集合，因此这个模块化的程序就是一个结构化程序。

（2）逐步求精。自顶向下模块化设计，把一个程序分解为若干个层次模块，但它虽然表达了程序中各功能之间的关系，却不能表达每个模块的内部逻辑。采用逐步细化的方法，把每一个模块功能进一步分解成程序的内部逻辑。对每一个模块的细化应包括功能细化、数据细化和逻辑细化3个方面。

① 功能细化应对本模块的功能进行分析，力图分解为若干个更为简单的子功能。

② 数据细化应列出本模块涉及的数据项和各数据类型。

③ 逻辑细化确定所构成的子模块之间的结构关系，用基本控制结构来描述这些关系，从而形成各个模块的内部处理逻辑，一般用程序流程图或其他工具来表示。

这样对每个模块都进行上述3个方面的细化，即可将整个程序的逻辑过程描述清楚，为编程做好准备。

4）结构化程序设计的风格

良好的程序设计风格包括以下几个方面。

（1）标识符的命名。标识符命名应注意以下几点：

① 命名规则在整个程序中前后一致，不要中途变化，给阅读理解带来困难。

② 命名时一定要避开程序设计语言的保留字，否则程序在运行中会产生莫名其妙的错误。

③ 尽量避免使用意义容易混淆的标识名。

（2）程序中的注释。进行程序注释时应注意以下几点：

① 注释一定要在编程时书写，不要在程序完成之后进行补写。

② 解释性程序不是简单直译程序语句，而是要说明程序段的动机和原因，提供的是从程序本身难以得到的信息，用来说明“做什么”。

③ 一定要保持注释与程序的一致性，程序修改后，注释也要及时做相应修改。

（3）程序的布局格式。一个程序可以充分利用空格、空行和缩进等改善程序的布局，以获得较好的视觉效果。

2. C语言发展概况和主要特点

1）C语言出现的历史背景

C语言于20世纪70年代初诞生于美国的贝尔实验室。在此之前，人们编写系统软件主要是使用汇编语言。由于汇编语言编写的程序依赖于计算机硬件，其可读性和可移植性都比较差。而高级语言的可读性和可移植性虽然较汇编语言好，但一般高级语言又不具备低级语言能够直观地对硬件实现控制和操作、程序执行速度相对较快的优点。在这种情况下，人们迫切需要一种既具有一般高级语言特性，又具有低级语言特性的语言。于是C语言就应运而生。

由于C语言既具有高级语言的特点又具有低级语言的特点，因此迅速普及，成为当今最有发展前途的计算机高级语言之一。C语言既可以用来编写系统软件，也可以用来编写应用软件。现在，C语言广泛地应用于机械、建筑和电子等行业，用来编写各类应用软件。

C语言的发展历程如下：

（1）ALGOL60：一种面向问题的高级语言。ALGOL60离硬件较远，不适合编写系统程序。

（2）CPL（Combined Programming Language，组合编程语言）：CPL是一种在ALGOL60基础上更接近硬件的一种语言。CPL规模大，实现困难。

（3）BCPL（Basic Combined Programming Language，基本的组合编程语言）：BCPL是对CPL进行简化后的一种语言。

（4）B语言：是对BCPL进一步简化所得到的一种很简单、接近硬件的语言。B语言取BCPL语言的第一个字母。B语言精练、接近硬件，但过于简单，数据无类型。B语言诞生后，UNIX开始用B语言改写。

（5）C语言：是在B语言基础上增加数据类型而设计出的一种语言。C语言取BCPL的第二个字母。C语言诞生后，UNIX很快用C语言改写，并被移植到其他计算机系统。

（6）标准C、ANSI C、ISO C：C语言的标准化版本。

最初UNIX操作系统是采用汇编语言编写的,B语言版本的UNIX是第一个用高级语言编写的UNIX。在C语言诞生后，UNIX很快用C语言改写，C语言良好的可移植性很快使UNIX从PDP计算机移植到其他计算机平台，随着UNIX的广泛应用，C语言也得到推广。从此C语言和UNIX，在发展中相辅相成，UNIX和C语言很快风靡全球。

从C语言的发展历史可以看出，C语言是一种既具有一般高级语言特性（ALGOL60带来的高级语言特性），又具有低级语言特性（BCPL带来的接近硬件的低级语言特性）的程序设计语言。C语言从一开始就用于编写大型、复杂的系统软件，当然C语言也可以用来编写一般的应用程序。

IBM微机DOS、Windows平台上常见的C语言版本有： Turbo C、Turbo C++、Borland C++及C++ Builder、Microsoft、Visual C++及Bloodshed Dev-C++。

2）C语言的特点

C语言归纳起来具有下列特点：

（1）C语言是结构化的语言。C语言程序有3种基本结构：顺序结构、选择结构、循环结构。而由这3种基本结构组成的程序可以解决许多复杂的问题。C语言还具有结构化的控制语句，如if...else语句、while语句、switch语句以及for语句等，使用这些语句可以方便地控制程序的流程。因此，C语言是理想的结构化语言，符合现代编程风格的要求。

（2）C语言是模块化的语言。C语言主要用于编写系统软件和应用软件。一般来说，一个较大的系统程序往往被分为若干个模块，每一个模块用来实现特定的功能。

在C语言中，用函数作为程序的模块单位，便于实现程序的模块化。在程序设计时，将一些常用的功能模块编写成函数，放在函数库中供其他函数调用。模块化的特点是可以大大减少重复编程。程序设计时，只要善于利用函数，就可减少劳动量，提高编程效率。

（3）C语言简洁紧凑、方便灵活。C语言一共只有32个关键字和9种控制语句，程序书写形式自由，主要用小写字母表示。

（4）C语言程序可移植性好。C语言程序便于移植，适用于各种型号的计算机和各种操作系统。

（5）数据结构丰富，具有现代化语言的各种数据结构。C 语言的基本数据类型有整型、实型以及字符型等。在此基础上还可创建各种构造数据类型，如数组、指针、结构体和共用体等。使用 C 语言还能用来实现复杂的数据结构，如链表、树等。这样丰富的数据结构无疑极大地增强了 C 语言的功能。

（6）C 语言运算符丰富、代码效率高。C 语言共有 44 种运算符，使用各种运算符可以实现在其他高级语言中难以实现的运算。在代码质量上，C 语言程序的代码效率仅比用汇编语言编写的程序低 10%～20%。

3. Turbo C 集成开发环境进一步说明

1）主菜单中包含的 8 个下拉菜单操作说明

（1）File 菜单：用户可以用【Alt+F】组合键打开 File 菜单，它包括 9 个子菜单命令。

① Load（加载）：在编辑器中装入一个文件，可以用通配符（*）进行列表选择，也可以直接输入文件名及其路径。

② Pick（选择）：将最近装入编辑器的 8 个文件组成一个表，让用户选择后装入编辑器，这样可以方便快捷地打开最近操作过的文件。

③ New（新文件）：说明当前要编辑的文件是最新文件，装入编辑器后的文件默认名为 noname.c。

④ Save（存盘）：将编辑器中的文件保存，其快捷键为【F2】。

⑤ Write To（写入）：可由用户给出文件名将编辑区中的文件保存，若该文件已存在，则询问要不要覆盖。

⑥ Directory（目录）：显示目录及目录中的文件，并可由用户选择。

⑦ Chang Dir（改变目录）：显示当前目录，用户可以改变显示的目录。

⑧ OS Shell（暂时退出）：暂时退出 Turbo C，转到 DOS 提示符，可以用 exit 命令返回 Turbo C。

⑨ Quit（退出）：退出 Turbo C，返回 DOS 提示符。

（2）Edit 菜单：用户可以用【Alt+E】组合键打开 Edit 菜单。

（3）Run 菜单：用户可以用【Alt+R】组合键打开 Run 菜单，它包括 6 个子菜单命令。

① Run：运行当前编辑区的文件，其快捷键为【Ctrl+F9】。

② Program reset：中止当前的调试，释放给程序空间，其快捷键为【Ctrl+F2】。

③ Go to cursor：使程序运行到光标所在行，其快捷键为【F4】。

④ Trace into：在执行一条调用其他用户定义的子函数时，若用 Trace into 命令，则执行长条将跟踪到该子函数内部去执行，其快捷键为【F7】。

⑤ Step over：执行当前函数的下一条语句，其快捷键为【F8】。

⑥ User screen：显示程序运行时在屏幕上显示结果，其快捷键为【Alt+F5】。

（4）Compile 菜单：其快捷键为【Alt+C】。

① Compile to OBJ：将一个 C 源程序文件编译生成.obj 目标文件，其快捷键为【Alt+F9】。

② Make EXE file：生成一个.exe 文件。

③ Link EXE file：把当前.obj 文件及库文件连接一起生成.exe 文件。

④ Build all：重新编译项目里的所有文件，并进行装配生成.exe 文件。

⑤ Primary C file：当在该项目中指定了主文件后，在以后的编译中，如没有项目文件名，则编译此项目中规定的主 C 文件，如果编译中有错误，则将此文件调入编辑窗口，不管目前窗口中是不是主 C 文件。

⑥ Get info：获得当前路径、源文件名、源文件字节大小、编译中错误数目、可用空间等信息。

（5）Project 菜单：快捷键为【Alt+P】。

① Project name：为项目命名。

② Break make on：选择是否有 Warning、Error、Fatal Error 时或 Link 之前退出 Make 编译。

③ Auto dependencies：当开关为 on，编译时将检查源文件与对应的.obj 文件的日期和时间，否则不进行检查。

④ Clear project：清除由选择 Project name 命令指定的项目文件名。

⑤ Remove message：把错误信息从信息窗口中清除掉。

（6）Options 菜单：快捷键为【Alt+O】。

① Compiler：选择硬件配置、存储模型、调试技术、代码优化、对话信息控制和宏定义。

② Linker：设置有关连接的选项。

③ Environment：对某些文件自动保存及制表键和屏幕大小设置。

④ Directories：规定编译、连接所需文件的路径。

⑤ Arguments：允许用户使用命令行参数。

⑥ Save options：保存所有选择的编译、连接、调试和项目到配置文件中。

⑦ Retrieve options：装配一个配置文件到 TC 中，TC 将使用该文件的选项。

（7）Debug 菜单：快捷键为【Alt+D】。

（8）Break/watch：断点/监视，主要用于程序的调试。

一般情况下，光标停留在主菜单 File 上，可以通过键盘上的【↑】、【↓】、【←】、【→】方向键移动光标。要选择执行哪项功能，可以将光标移动到相应项上，然后按【Enter】键，执行该项功能。如果在启动 Turbo C 时，已经输入源程序的文件名，则光标直接处在编辑窗口的左上角，此时，可以直接输入源程序。否则，如果光标处在主菜单上，需要利用【←】、【→】方向键移动光标至 Edit 菜单项上，按【Enter】键，光标回到编辑窗口的编辑区，才能输入程序。

2）编辑窗口状态行说明

编辑窗口顶部包含了一个编辑状态行，包含如下几项：

（1）Line n Col m：用来指示当前光标在编辑窗口中的行列位置。

（2）Insert：用来标明当前处于插入状态，可以通过【Insert】键实现插入状态和改写状态的转换。

（3）Indent：编辑行自动缩进模式，可通过【Ctrl+I】组合键来控制该模式的状态。

（4）Tab：制表符，用于移动光标，调节各行的位置，可通过【Ctrl+T】组合键来控制该开关的状态。

（5）行末显示当前编辑文件的文件名及所在的驱动器。

3）信息窗口说明

如果在编译或连接时有错误，将在信息窗口显示错误的位置和错误的原因，用户可以根据提示来修改程序。将信息窗口中的光标的错误提示上移动，对应在编辑窗口中的光带将移动到错误所在行。按【Enter】键之后，进入编辑窗口，光标停留在错误所在行上，等待用户进行修改。可以通过【F6】键来实现编辑和信息窗口的切换。

4）功能键热键说明

（1）F1（Help）：打开帮助窗口。

（2）F5（Zoom）：使活动窗口编辑或信息在全屏和分隔式屏幕模式之间转换。

（3）F6（Switch）：切换活动窗口，在编辑和信息之间切换。

（4）F7（Trace）：用于程序调试时，跟踪程序的执行。

（5）F8（Step）：用于程序调试时，单步执行程序。

（6）F9（Make）：生成.exe 执行文件。

（7）F10（Menu）：激活主菜单。

4. 在 Visual C++ 6.0 集成开发环境下调试运行 C 语言程序

Visual C++ 6.0（简称 VC6）是全屏幕编辑环境，编辑、编译、连接、运行都可以在其中完成。

1）用 VC6 编写程序的简单步骤

（1）编写源程序，也就是输入程序代码，交给计算机处理。

（2）把源程序编译成目标文件（.obj）。为什么需要编译呢？计算机识别的是 0 和 1 这种二进制数据，编译的过程就是把人们输入的源程序转换成计算机所能识别的二进制数据。编译程序在对源程序进行编译时，还会对其进行词法分析和语法分析，如果有语法错误会给出提示信息。

（3）将编译产生的.obj 文件和系统库连接（或者说“组建”）生成可执行程序文件（.exe）。

（4）运行可执行程序文件。

2）简单了解工程及工程工作区的概念

① 工程（project），即项目，如果使用过 VFP、VB 等语言，对这个概念应该非常了解。项目内包含了一个应用程序所需的各种源程序、资源文件和文档等全部文件的集合，包括 VC6 在内的很多开发工具都使用工程来对软件开发过程进行管理。在 VC6 中编写程序，首先要创建工程。

② 工程工作区（Project Workspace）。工程工作区是对工程的扩展，每一个工程都会与一个工作区相关联。一个工作区中可以存放一个工程，代表着一个要进行处理的程序；而大型软件往往需要同时开发数个应用程序，此时一个工作区中也可以用来存放多个工程，其中可以包含该工程的子工程或者与其有依赖关系的其他工程。VC6 的开发环境允许在一个工作区内添加数个工程，其中有一个是活动的（默认的），每个工程都可以独立进行编译、连接和调试。

③ 工程类型。VC6 内置了 10 余种不同的类型可供选择，选择不同的工程类型，VC6 系统会提前做某些不同的准备以及初始化工作。Win32 Console Application 是最简单的一种类型，此种类型的程序运行时，会出现一个类似于 DOS 的窗口，并提供对字符模式的各种处理与支持。调试 C 语言程序时，选择此种类型会比较方便。

3）在 VC6 中创建和调试一个简单的 C 语言程序

（1）打开 VC6 的集成开发环境窗口。

（2）新建一个 Win32 Console Application 工程。

选择“文件”→“新建”命令（File→New 命令），在弹出的对话框中选择“工程”（Projects）选项卡，在该选项卡中有 10 多种工程类型，选择其中的 Win32 Console Application 选项。

在“位置”（Location）文本框中填写工程的存储目录，当然这里也可以直接单击该文本框右侧的选择按钮来选择存储目录，这里选择 E:\MYPROGRAM 作为工程的存储目录。

在“工程名称”文本框（Project name）输入工程的名称，这里输入的工程名是 test，此时 VC6 会自动在工程存储目录中用该工程名 test 建立一个同名子目录，以后该工程的工程文件以及其他相关文件都将存放在目录 E:\MYPROGRAM\test 下。

这一步设置完成后，“工程”选项卡如图 1-4 所示。

（3）单击“确定”（OK）按钮进入选择界面，可以在这里选择要创建的控制台程序的类型，如图 1-5 所示。

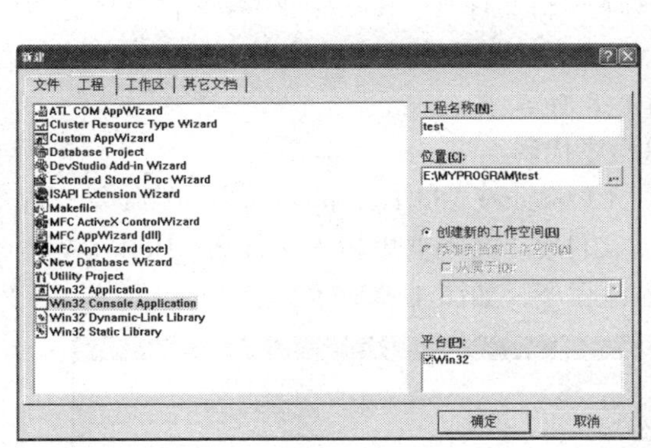

图 1-4 “工程”选项卡

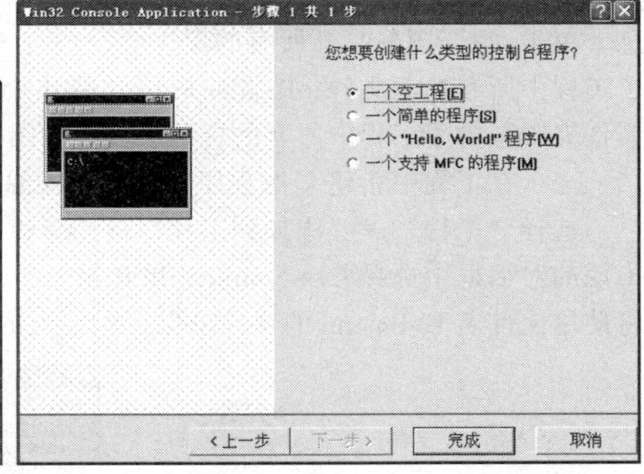

图 1-5 选择工程类型对话框

在图 1-5 中有 4 个单选按钮：

① 一个空工程（An empty project）：选择此项将生成一个空的工程，工程内不包括任何内容。

② 一个简单的程序（A simple application）：选择此项将生成包含一个空的 main()函数和一个空的头文件的工程。

③ 一个“Hello,World!”程序（A "Hello World!" application）：包含有显示出“Hello World!”字符串的输出语句。

④ 一个支持 MFC 的程序（An application that supports MFC）：可以利用 VC6 所提供的类库来进行编程。

这里选择“一个空工程”单选按钮，单击“完成”（Finish）按钮，此时 VC6 会询问用户是否接受这些设置，单击“确定”（OK）按钮，进入编程界面，如图 1-6 所示。

（4）此时可看到 VC 的工作区（Workspace）窗口，该窗口位于 VC 界面的中部左侧，该窗口有两个标签，一个是 ClassView，一个是 FileView，如图 1-7 所示。

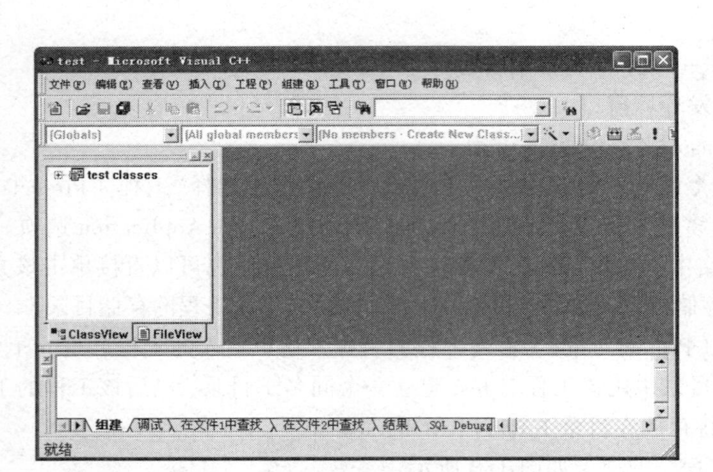

图 1-6　Visual C++编程界面

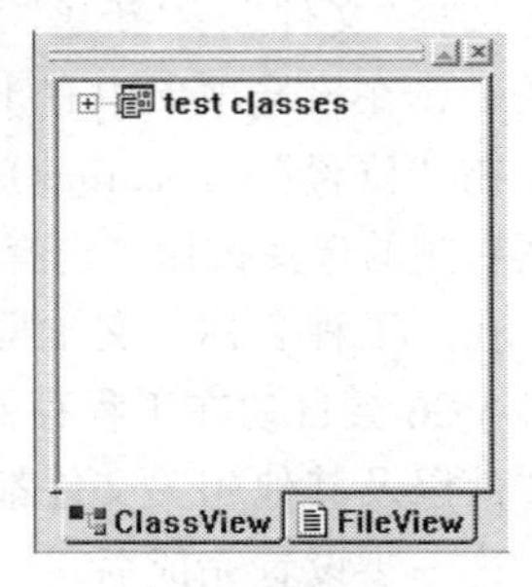

图 1-7　ClassView 标签

ClassView 中列出的是工程中所包含的所有类的有关信息，本程序不会涉及类，所以这个标签中现在是空的；单击切换到 FileView 标签后，将看到这个工程所包含的所有文件信息。单击“+”图标打开所有的层次会发现有 3 个逻辑文件夹：Source Files 文件夹中包含了工程中所有的源文件；Header Files 文件夹中包含了工程中所有的头文件；Resource Files 文件夹中包含了工程中所有的资源文件，如图 1-8 所示。

（5）在工程中新建 C 源程序文件并输入源程序代码。

选择“工程”→“添加到工程”→“新建”（Project→Add To Project→New）命令，在出现的对话框中选择 C++ Source File 选项，在“文件名”文本框中输入文件名：Hello，VC6 将使用文件名 Hello.cpp 的文件来保存所输入的源程序，如图 1-9 所示。

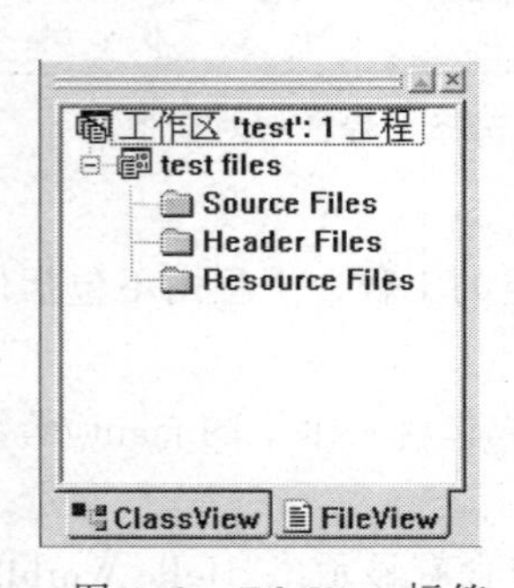

图 1-8　FileView 标签

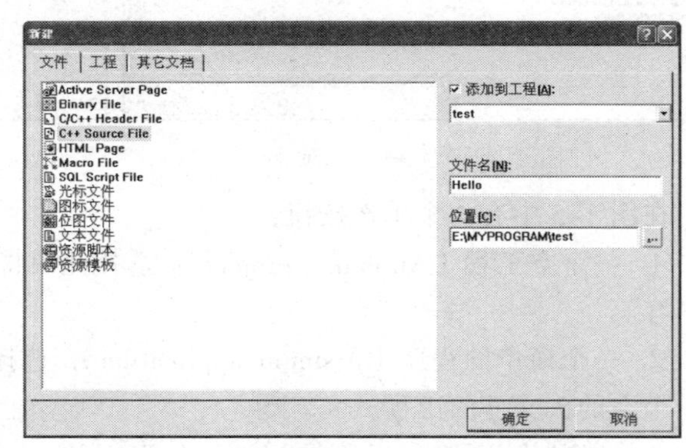

图 1-9　“文件”选项卡

然后单击“确定”（OK）按钮，进入源程序编辑窗口，在光标闪烁的位置即可用键盘输入程序代码，如图 1-10 所示。

（6）下面开始编译、连接和运行程序。

首先选择“文件”→“保存全部”（File→Save All）命令保存工程，然后选择“组建”→“编译”（Build→Compile）命令，此时将对程序进行编译。若编译中发现错误（error）或警告（warning），将在 Output 窗口中显示出它们所在的行以及具体的出错或警告信息，可以通过这些信息的提示来纠正程序中的错误或警告。当没有错误与警告出现时，Output

窗口所显示的最后一行应该是：Hello.obj-0 error(s), 0 warning(s)，如图 1-11 所示。

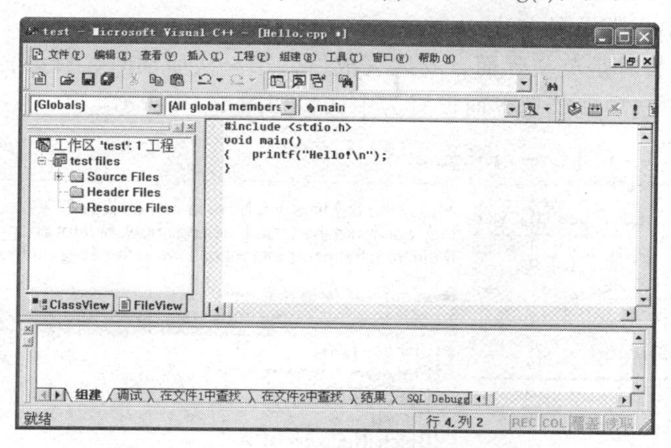

图 1-10　源程序编辑窗口

图 1-11　没有错误与警告出现时的 Output 窗口显示

编译通过后，选择“组建”→“组建”（Build→Build）命令来进行连接，生成可执行程序。连接成功后，Output 窗口所显示的最后一行应该是：test.exe-0 error(s), 0 warning(s)，如图 1-12 所示。

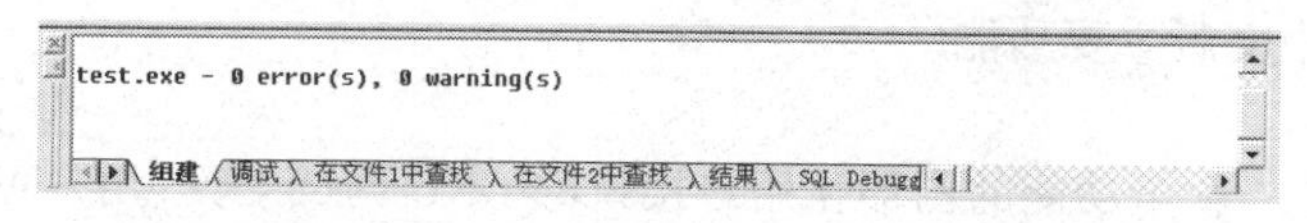

图 1-12　连接成功后 Output 窗口显示

最后就可以运行所编制的程序，选择“组建”（Build）菜单下的感叹号！按钮，或者按组合键【Ctrl+F5】，VC6 将运行已经编好的程序，执行后将出现一个类似于 DOS 窗口的界面，如图 1-13 所示。

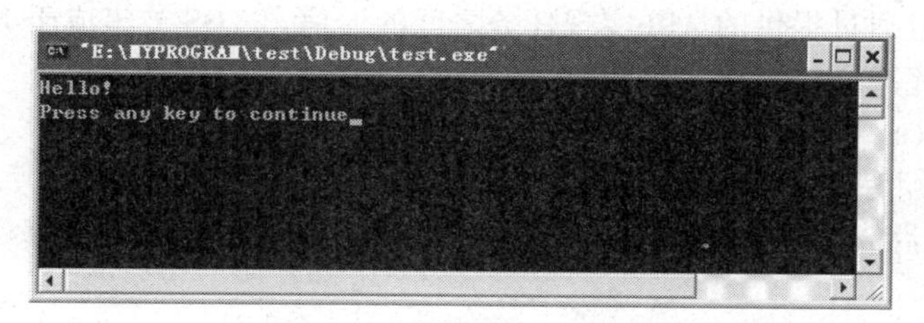

图 1-13　运行结果显示窗口

这样就在 VC6 环境下完成了一个简单 C 语言程序的编写和调试。

5. Bloodshed Dev-C++介绍

Bloodshed Dev-C++是一个 Windows 下的 C 和 C++程序的集成开发环境。它使用 MinGW32/GCC 编译器编译器，遵循 C/C++标准。开发环境包括多页面窗口、工程编辑器以及调试器等。在工程编辑器中集合了编辑器、编译器、连接程序和执行程序，提供高亮度语法显示，以减少编辑错误，还有完善的调试功能，能够适合初学者与编程高手的不同需

求，是学习 C 或 C++的首选开发工具。

1）Dev-C++中文版设置方法

Dev-C++在安装时是英文界面，安装完成后，第一次启动时，有语言选择提示，这时只要选择 Chinese 选项就能把界面设置为中文，如图 1-14 所示。

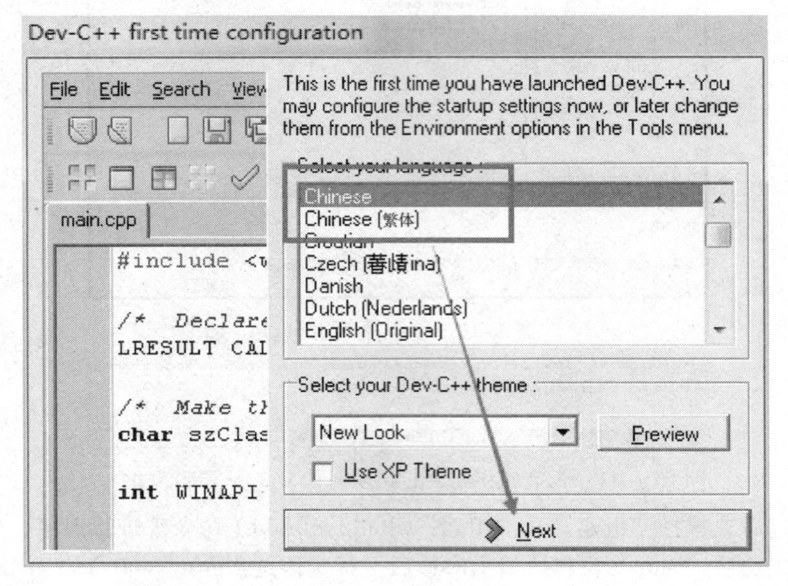

图 1-14　设置中文

2）Dev-C++中文版主要功能

（1）调试工具。

Insight 工具是一款全功能的图形化用户接口的 GNU 调试工具，用户可以使用这一工具对 BCM 模块设备的应用进行高效率的调试。

（2）嵌入式实时操作系统。

UC/OS 实时操作系统是一款抢占式的实时多任务系统，这一多任务系统具有非常高的效率，功能强大，提供了快速的实时响应特性和较小的实现规模。用户可以很容易地创建和管理多任务并且通过提供的 API 实现任务之间的通信。RTOS 被集成于 I/O 系统中用来和系统的其它组件完成通信，比如 TCP/IP 协议栈。

① 基于 UC/OS。

② 实时的抢占式多任务操作系统。

③ 提供 Semaphores、Mail Boxes、消息队列、FIFOs、互斥和计时器。

④ 堆栈检查。

⑤ 任务调试工具。

⑥ RTOS 中集成 I/O 系统。

（3）嵌入式 TCP/IP 协议栈。

用于嵌入式应用的高性能 TCP/IP 协议栈。协议栈集成于 RTOS、Web Server 和 I/O 系统，用户可以更容易地开发网络应用。协议栈支持以下内容：

① ARP

② DHCP, BOOTP

③ FTP Client and Server

④ HTTP
⑤ ICMP
⑥ IGMP (multicast)
⑦ IP
⑧ NTP, SNTP
⑨ POP3
⑩ PPP
⑪ SMTP
⑫ SNMP V1 (sold separately)
⑬ SSL (sold separately)
⑭ Statistics Collection
⑮ TCP
⑯ Telnet
⑰ UDP

（4）嵌入式 Web 服务器。

Web 服务器集成于 TCP/IP 协议栈和 RTOS，用户可以快速地开发动态的网页和内容。

① 可以将用户提供的 HTML 文档、gifs 和 Java classes 文件压缩为一个文件并且嵌入到运行时的应用程序中。

② 支持动态 HTML。

③ 支持 Forms、Cookies 和密码保护。

（5）C/C++编译器和连接器。

GCC C/C++编译器是目前最为流行和广泛使用的一种 ANSI 语法兼容的编译器。开发者可以专注于产品的开发。每一个发布版本的 GCC 都经过了工具和软件兼容性的测试。

① 全面兼容 ANSI C/C++语法的编译器和连接器。

② 集成于 IDE,用户也可以使用其他的开发环境，比如：Codwirte 或者 Visual SlickEdit，用户也可以只使用命令行模式。

③ 集成 GDB/Insight 图形化调试器。

（6）嵌入式 E-mail。

快速和容易地通过以太网或者 PPP 连接发送和接收 E-mail，支持 POP3 和 SMTP。

（7）安全套接字（SSL）。

安全套接字可以用来对互联网或者本地网络传输的数据进行加密以保证数据的安全。SSL 在开发套件中是可选的软件组件。安全套接字在提供了较高性能的同时保证了极低的内存使用（大约 90 KB）。SSL 模块可以被集成于 TCP/IP 协议栈和 Web Server 中，用户只需要调用几个函数就可以在产品中支持安全地网络应用。相比于其他的 8 位和 16 位的微处理器平台，32 位的处理器平台可以很容易地满足 SSL 数据连接和传输的性能要求。

（8）嵌入式 SNMP。

简单网络管理协议（SNMP）系统提供了一组变量用于进行网络系统的管理。这些变量以 SNMP MIB 的形式分组。SNMP V1 包作为单独的附加开发包销售，不被包含在标准的开发包中。

（9）嵌入式 Flash 文件系统。

嵌入式 Flash 文件系统使得开发人员可以使用多种 Flash 存储设备，比如：在板的 Flash 芯片、SD Flash 卡、CF 卡、MMC 卡、RAM 驱动、NAND 或者 NOR Flash 组。附加的特性

包括 wear-leveling，坏存储块管理以及 CRC32 校验。系统包含了简单灵活的通用 API。EFFS 可以存储下列信息：应用数据、图片、视频、音频、文件。一个典型的应用是，数码相机使用的存储卡可以简单地插入设备中，然后用户可以通过网络浏览器访问图片和视频。

（10）PPP 协议。

PPP 可以使用户通过串行连接或者 Modem 实现网络通信。开发包包含了一个演示应用，可以演示 ISP 拨号或者接收呼叫建立 PPP 连接。用户无须修改一行代码就可以在应用中建立正确的 Ethernet 或者 PPP 连接。开发包同时包含 Hayes modem 兼容配置。

3）软件界面

软件界面如图 1-15 所示。

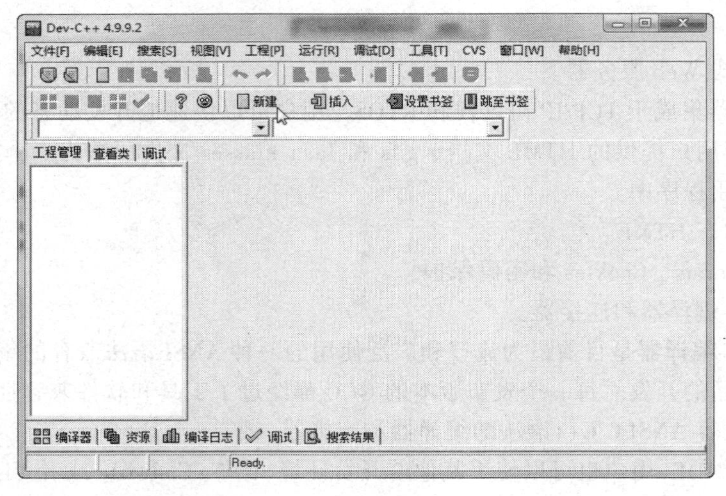

图 1-15 软件界面

4）在 Bloodshed Dev-C++中创建和调试一个简单的 C 语言程序

（1）打开 Dev-C++的集成开发环境窗口。

（2）新建源代码。选择"文件"→"新建"→"源代码"命令后，输入源代码，如图 1-16 所示。

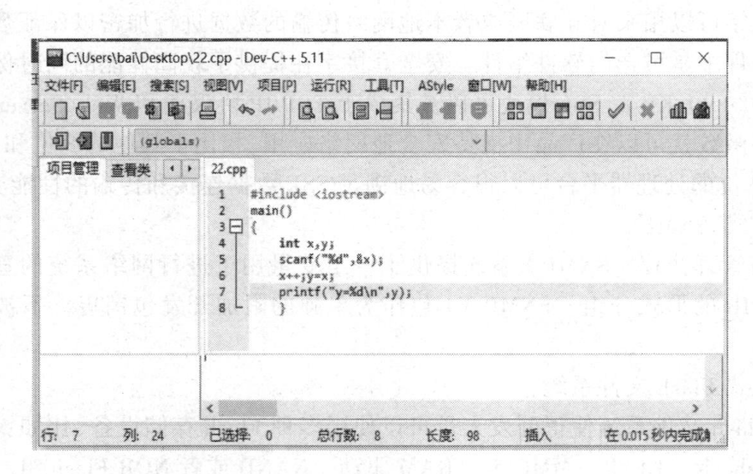

图 1-16 输入代码

（3）编译运行源程序。选择“运行”→“编译运行”命令后，编译系统对源程序进行编译。

注意：程序头部必须有#include <iostream>。

小　结

本章通过介绍3个简单的C语言程序，使读者初步认识C语言程序结构语法上的一些特点。C语言是功能强大的计算机高级语言，它既适合于作为系统描述语言，又适合于作为通用的程序设计语言。C语言程序是由一个或多个函数组成，其中有且仅有一个主函数main()，可以有若干个子函数，也可以没有子函数。这些子函数有用户自定义的函数，也有C语言编译系统提供的标准库函数。每个函数都由函数说明和函数体两部分组成，函数体必须用一对大括号括起来。C语言程序是从主函数main()开始执行的，所以主函数必须唯一。构成C语言程序的函数既可以放在一个源文件中，也可以分布在若干源文件中，但最终要编译连接成一个可执行程序。

初步介绍 Turbo C集成开发环境和C语言程序的上机调试步骤。一个C源程序需要经过编辑、编译和连接后才可运行，对C源程序编译后生成目标文件（.obj），对目标文件和库文件连接后生成可执行文件（.exe）。程序的运行是对可执行文件而言的。所以程序的开发需要语言处理系统的支持，选择一个功能强大的语言处理系统可以使程序的开发工作事半功倍。

通过知识扩展介绍了结构化程序设计思想的产生过程，以及结构化程序设计的方法、步骤、风格和主要特点。介绍了C语言出现的历史背景和C语言的特点。对Turbo C集成开发环境作了进一步说明。

一个完整的程序应该涉及数据结构、算法、编程语言和程序设计方法4个方面的问题。

程序设计过程的4个步骤是：（1）分析问题，建立数学模型；（2）确定数据结构和算法；（3）编制程序；（4）测试程序。其中第（1）、（2）步就是确定解决问题的方案；第（3）步是用程序语言把这个解决方案严格地描述出来；第（4）步是在计算机上测试这个程序。在这里，工作过程的第（1）、（2）步与其他领域里解决问题的方法类似，只是考虑问题的基础不同、出发点不同。在程序设计领域里，需要从计算的观点、程序的观点出发，由此引出数据结构、算法设计以及算法的表示等新问题。这是程序设计的基础。第（3）、（4）步是程序设计工作的特殊问题。由于程序设计具有严格规定的组成结构，各种结构有明确定义的功能和形式，要把问题解决方案转变为符合这些结构的形式。

习　题

一、简答题

1．简述C语言的发展过程。

2．C语言程序的主要结构特点和书写格式是什么？

3．C语言以函数作为基本单元，有什么好处？

4．一个C语言程序的开发应经过哪几个步骤？简述各步骤的作用。

二、填空题

1．启动 Turbo C 进入 Turbo C 主屏幕后，可以通过按＿＿＿＿＿＿键进入主菜单。删除光标所在行的快捷键是＿＿＿＿＿＿。

2．C 语言程序是由＿＿＿＿＿＿构成的，其中有且只能有一个＿＿＿＿＿＿函数，该函数名为＿＿＿＿＿＿。

3．用高级语言编写的程序称为＿＿＿＿＿＿程序，它要经过＿＿＿＿＿＿程序一次翻译产生＿＿＿＿＿＿程序然后执行，或经过＿＿＿＿＿＿程序翻译一句执行一句的方式执行。

4．C 语言源程序文件名的扩展名是＿＿＿＿＿＿，经过编译后，生成目标文件的扩展名是＿＿＿＿＿＿，经过连接后，生成可执行文件的扩展名是＿＿＿＿＿＿。

三、程序分析题

1．分析下列程序的运行结果。

```
main()
{
  printf("Test…");
  printf("…1");
  printf("…2");
  printf("\n");
}
```

2．找出下列程序中的错误，然后将修改过的程序输入计算机并运行，以验证其是否正确。

```
main()
{
  int sum;
  /*Compute result*/
  sum=25+45+50
  /*Display result*/
  printf("The answer is %d\n",sum);
}
```

四、编程题

1．编写一个 C 语言程序，计算并输出三个整数值 12、13、14 之和。

2．请参照本章例题，编写一个 C 语言程序，输出以下信息：

```
* * * * * * * * * * *
I love this game!
* * * * * * * * * * *
```

3．上机运行本章 3 个例题，熟悉所用系统的上机方法与步骤。

第2章 C语言的编程元素

学习目标

通过本章学习，了解C语言的基本语法单位、C语言的数据类型，掌握C语言常量与变量的概念，掌握整型、实型及字符型的常量表示，变量定义及数据输入与输出方法。

问题导入

任何一种程序设计语言都有自己的一套语法规则以及由基本符号按照语法规则构成的各种语法成分。如何在C语言程序中描述和处理数据，是学好C语言的关键。

2.1 C语言的基本语法单位

C语言的基本语法单位是指具有一定语法意义的最小语法成分。C语言的基本语法单位从编译程序的角度讲，即为词法分析单位，习惯上把它称为"单词"。组成单词的基本符号称为C语言的字符集，C语言的字符集由计算机系统所使用的字符集决定，大多数C语言使用的字符集是ASCII字符集。ASCII字符集见附录A。

2.1.1 字符集

字符集是构成C语言的基本元素。用 C语言编写程序时，除字符型数据外，其他所有成分必须由字符集中的字符构成。C语言的字符集由下列字符构成：

（1）英文字母：A～Z，a～z。

（2）数字字符：0～9。

（3）特殊符号：空格 ！% * & ∧ _ + = - ~ < > / \' " ； . ,() [] {}。

若在程序中使用了其他字符，则编译时会告知语法错误（Syntax Error）。

2.1.2 标识符

在程序中使用到的变量名、函数名、语句标号等统称标识符。C语言的标识符必须按以下规则构成：

（1）必须以英文字母或下画线开始，并由英文字母、数字或下画线组成。例如，ghVG、_qdv、b591等都是合法的标识符，而6wh、-abc等则是非法的标识符。

（2）每个标识符可以由多个字符组成，它的长度（字符个数）没有统一规定，随系统而不同。例如，IBM PC 的 MS C 取 8 个字符。假如程序中出现的变量名长度大于 8 个字符，则只有前面 8 个字符有效，后面的不被识别。

（3）大写字母和小写字母代表不同的标识符，如 abc 和 ABC 是两个不同的标识符。

（4）不能用 C 语言的关键字作为标识符。

例如，下面是合法的标识符：a、b4、xy、c12、name_men、SIZE_PI。

下面均不是合法的标识符：

① 4gh，不是以字母开头。

② girl.no、up-down，含有非字母、非数字的字符。

③ name men，这是两个标识符而不是一个标识符，因一个标识符内部不能有空格字符。

2.1.3 关键字

关键字是由 C 语言规定的具有特定意义的标识符。但用户不能用它们来作为自己定义的常量、变量、类型或函数的名字。所以，关键字又称保留字，即被保留作为专门用途的特殊标识符。

ANSI C 标准中定义的 32 个关键字如表 2-1 所示。

表 2-1 ANSI C 标准中定义的 32 个关键字

auto	break	case	char	const
continue	default	do	double	else
enum	extern	float	for	goto
if	int	long	register	return
short	signed	sizeof	static	struct
switch	typedef	union	unsigned	void
volatile	while			

2.1.4 分隔符

空格字符、水平和垂直制表符、换行符统称空白字符。空白字符在语法上仅起分隔单词的作用。在相邻的标识符、关键字和常量之间需要用空白字符将其分隔开，其间的空白字符可以为一个或多个。例如，在变量说明语句 int i,j,x;中，关键字 int 和变量名 i 相邻，则 int 和 i 之间至少需要一个空格，也可以间隔多个空格。此外，任何单词之间都可以加空白字符（一般加空格或换行）以增加程序的可读性。

2.2 常量与变量

计算机处理的基本数据类型的数据，按其值在执行过程中是否可改变分为常量和变量两种。

2.2.1 常量和符号常量

在程序运行过程中，其值不能被改变的量称为常量。程序中的常量可以有两种形式：一种是文字常量，简称常量或常数；另一种是符号常量。

1. 文字常量

文字常量分为以下 4 种：

（1）整型常量。如：-5、21、56 等。

（2）实型常量。如：4.0、-0.6、4.6E5 等。

（3）字符型常量。如：'a'、'1'、'\n'等。

（4）字符串常量。如："ABC"、"123456"等。

2. 符号常量

符号常量是用标识符表示的文字常量，标识符是文字常量的名字。习惯上，符号常量名用大写，变量名用小写，以示区别。

符号常量在使用之前必须先定义，其一般格式如下：

```
#define 标识符  字符串
```

【例 2.1】符号常量的定义方法示例。

```
#define PI 3.14
main()
{
  int r;float s;
  r=3;
  s=PI*r*r;
  printf("s=%f\n",s);
}
```

此段程序先用#define 命令行定义 PI 代表常量 3.14，后面在此文件中出现 PI 都代表 3.14。这种用一个标识符代表一个常量的，称为符号常量。

【说明】

（1）符号常量定义必须放在程序的开头，每个定义必须独占一行，其后不能跟分号。

（2）符号常量与变量不同，它的值在程序运行过程中不能改变，也不能再被赋值。

在程序中使用符号常量的优点如下：

（1）修改程序方便。当程序中多处使用某个常量而要修改该常量时，修改的操作十分烦琐，漏改了一处，程序运行结果就会出错。

（2）为阅读程序提供了方便。

2.2.2 变量

在程序运行过程中，其值可以被改变的量称为变量。变量分为不同类型，在内存中占用不同的存储单元，以便用来存放相应变量的值。编程时，用变量名来标识变量，变量的命名规则与标识符的定义规则相同。

C 语言系统本身也使用变量名，一般都以下画线“_”开头。为此，为了区分系统变量，用户程序中的变量名一般都不以“_”开头。给变量命名时，为了方便阅读和理解程序，一般都用代表变量值或用途的标识符。可以是英文单词或缩写，也可以是中文拼音字母或缩写。例如，存放姓名的变量名可以为“name”，也可以为“xm”。

在 C 语言中，要求对所有用到的变量作强制定义，也就是“先定义，后使用”。

变量定义的一般形式如下：

```
存储属性  数据类型  变量名表;
```

例：

```
auto int x,y,z;
static float a,b,c;
```

【说明】

（1）存储属性决定了变量的存在性和可见性。

（2）数据类型决定了变量的取值范围和占用内存空间的字节数。

（3）变量名表是具有同一数据类型变量的集合，使用逗号分隔变量名表中的多个变量，使用分号结束语句。

在程序中先定义，后使用变量的优点如下：

（1）凡未被事先定义的，系统不把它当做变量名，这就能保证程序中变量名使用得正确。例如，如果在声明部分有语句：

```
int student;
```

而在执行语句中错写成 student1，例如：

```
student1=20;
```

在编译时检查出 student1 未经定义，不作为变量名，因此输出“Undefined symbol student1 in function main”（在 main()函数中 student1 未定义）的信息，提醒用户检查错误，避免使用变量名时出错。

（2）每一个变量被指定为一确定类型，在编译时就能为其分配相应的存储单元。

（3）每一变量属于一个类型，便于在编译时检查该变量所进行的运算是否合法。

2.3 C 语言的数据类型

数据是程序加工、处理的对象，也是加工的结果，所以数据是程序设计中所要涉及和描述的主要内容。程序所能够处理的基本数据对象被划分成一些组，或者说是一些集合。属于同一集合的各数据对象都具有同样的性质，例如，对它们能够做同样的操作，它们都采用同样的编码方式等，把程序语言中具有这样性质的数据集合称为数据类型。C 语言程序中的数据包括常量、变量和返回值的函数。常量是程序执行前值已知，执行过程中不能被改变的数据；变量是执行过程中值可以被改变的数据；有返回值的函数被看作变量。

为了数据存储和处理的需要，数据被划分为不同的类型。编译程序为不同的数据分配不同大小的存储空间（存储空间的大小即存储单元的字节数），并对各类型规定了该类型数据所能进行的运算。由于给各类数据分配的存储空间总是有限的，所以任何一种类型的数值被限制在一定的范围内，称为数据类型的值域。C 语言的数据类型如图 2-1 所示。

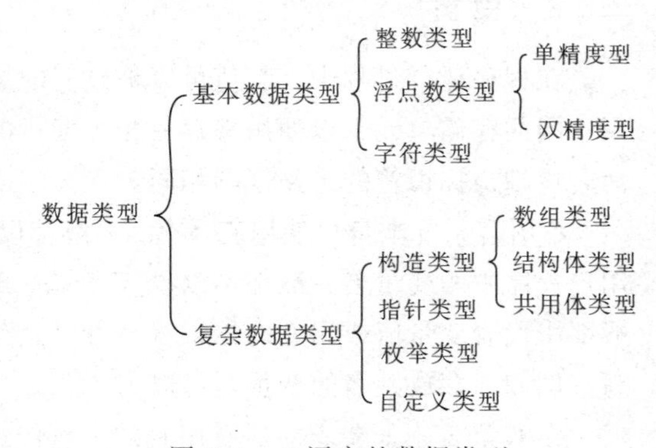

图 2-1　C 语言的数据类型

2.4 整型数据

计算机中的数据都是以二进制形式存储的。在C语言中，为了便于表示和使用，整型数据可以用以下几种形式表示，编译系统会自动将其转换为二进制形式进行存储。

2.4.1 整型常量

整型常量即整常数，有3种表示方法：

（1）十进制整数。例如，1325、-432、0。

（2）八进制整数。以0开头的数是八进制数。例如，0123表示八进制数123，等于十进制数83。

（3）十六进制数。以0x开头的数是十六进制数。例如，0x123表示十六进制数123，等于十进制数291。

整型常量一般在计算机中占用2字节，它的取值范围为：-32 768～32 767。如果需要表示一个常量是长整型数据，则必须在整数后面加小写字母l或大写字母L。长整型常量占4字节，取值范围为：-2 147 483 648～2 147 483 647。例如，0L、-012L、0x1abL都是长整型常量。

2.4.2 整型变量

用来存储整型数的变量称为整型变量。

1. 整型变量的分类

整型变量可分为基本型、短整型、长整型和无符号整型4种类型，其定义的关键字如下：

（1）基本型：用int表示。

（2）短整型：用short int或short表示。

（3）长整型：用long int或long表示。

（4）无符号整型：

① 无符号整型：用unsigned int或unsigned表示。

② 无符号短整型：用unsigned short int或unsigned short表示。

③ 无符号长整型：用unsigned long int或unsigned long表示。

C语言标准没有具体规定以上各类型数据所占内存字节数，不同计算机处理上有所不同。在一般系统中，int、short均占2字节，long占4字节。

2. 整型变量的定义

C语言规定，在程序中所有用到的变量都必须在程序中指定其类型，即“定义”。

【语法格式】变量类型名 变量名1，变量名2，……；

或变量类型名 变量名1=初值1，变量名2=初值2，……；

【功能】指定变量的类型；或指定变量类型并赋初值。

例如：

```
int a,b;                  /*指定a、b为整型变量*/
unsigned short c,d;       /*指定c、d为无符号短整型变量*/
long e,f;                 /*指定e、f为长整型变量*/
```

对变量的定义，一般是放在一个函数的开头部分，也可以放在程序中间的某个程序段内，但作用域只限于某一程序段内。

【例 2.2】整型变量的定义方法。

```
main()
{
  int a,b,c,d;          /*定义a、b、c、d为整型变量*/
  unsigned u;           /*定义u为无符号整型变量*/
  a=-15;b=23;u=9;
  c=a+b;d=c+u;
  printf("a+b=%d,c+u=%d\n",c,d);
}
```

运行结果：

```
a+b=8,c+u=17
```

可以看到，不同类型的整型数据可以进行算术运算。在本例中是 int 型数据与 unsigned int 型数据进行加减运算。

2.4.3 如何输入整型数据

在程序中，经常要处理各种变量，而变量在使用之前必须按指定的格式通过标准输入设备（如键盘）将输入的内容送入变量中。Scanf()函数是 C 语言提供的一个标准库函数，它的函数原型在头文件 stdio.h 中。C 语言允许在使用 scanf()函数之前不必包含 stdio.h 文件。

【语法格式】scanf(格式控制,地址列表);

【功能】将输入数据转换为指定格式后存入到由地址列表所指的相应变量中。

【说明】

（1）“格式控制”是用双引号括起来的字符串，它主要是由“%”和格式符组成的，如%c 和%d 等。

（2）“地址列表”是由若干个地址组成的列表，可以是变量的地址或字符串的首地址。变量地址之间用“逗号”分隔。变量的地址必须写成“&变量名”。

（3）格式字符是以%开始，以一个格式字符结束，中间可以插入附加的字符。表 2-2 为整型数据输入的格式字符。

表 2-2　整型数据输入格式字符

格式字符	功　能	格式字符	功　能
d	输入十进制整数	u	输入无符号整数
o	输入八进制整数	ld，lo，lx	输入长整型数据
x	输入十六进制整数		

注意：

（1）可以在格式说明符的前面指定输入数据所占的列数，系统将自动按此列数来截取所需的数据。例如：scanf("%3d%3d",&a,&b);，输入 342132 系统自动将 342 赋给变量 a，132 赋给变量 b。

（2）当格式说明符之间没有任何字符时，在输入数据时，两个数据之间要使用空格符、【Tab】键或“回车”符做间隔；如果格式说明符之间包含其他字符，则输入数据时，应输入

与这些字符相同的字符做间隔。例如，函数输入语句为

```
scanf("a=%d,b=%d,c=%d",&a,&b,&c)
```

在输入数据时，应采用如下形式:

```
a=12,b=33,c=43↙
```

【例 2.3】整型数据输入格式应用示例。

```
main()
{
  int a,b,c;
  printf("Please input a,b,c\n");
  scanf("%d%d%d",&a,&b,&c);
  printf("a=%d,b=%d,c=%d\n",a,b,c);
}
```

在本例中，由于 scanf()函数本身不能显示提示串，故先用 printf()语句在屏幕上输出提示，请用户输入 a、b、c 的值。执行 scanf 语句，则退出 Turbo C 屏幕进入用户屏幕等待用户输入。用户输入“7　8　9”后按【Enter】键，此时，系统又将返回 Turbo C 屏幕。在 scanf 语句的格式串中由于没有非格式字符在“%d%d%d”之间作输入时的间隔，因此在输入时要用一个以上的空格或回车符作为每两个输入数之间的间隔。例如：

```
7␣8␣9
```

或者

```
7↙
8↙
9↙
```

（3）语句中，%后的“*”附加说明符，用来表示跳过它后面相应的数据，例如：

```
scanf("%2d␣%*3d␣%2d",&a,&b);
```

如果输入以下信息：

```
11␣␣234␣67
```

则将 11 赋给 a，67 赋给 b。第 2 个数据“234”被跳过不赋给任何变量。在利用现成的一批数据时，有时不需要其中某些数据，可用此法“跳过”它们。

2.4.4　如何输出整型数据

程序中处理的数据，应按指定的格式，通过标准输出设备（如显示器）输出。Printf()是一种格式输出函数。

【语法格式】printf(格式控制,输出表列);

【功能】将要输出的数据转换为指定格式输出。

【说明】

（1）“格式控制”部分与 scanf()函数相似，也是由双引号括起来的字符串，主要包括格式说明和需要原样输出的字符。

（2）格式控制由“%”和格式符组成，例如，%c 和%d 等。

整型数据输出格式字符如表 2-3 所示。

注意：

（1）printf()函数中的“格式控制”字符串中的每一个格式说明符，都必须与“输出表列”中的某一个变量相对应，而且格式说明符应当与其对应变量的类型一致。

（2）对格式说明符 d，可以指定输出字段的宽度。例如，%md 中，m 位为指定的输出字段的宽度。如果数据的位数大于 m，则按实际位数输出，否则输出时向右对齐，左端补以空格符。若是－m，则输出时向左对齐，右端补以空格符。

（3）对于整数，还可用八进制无符号形式（%o）和十六进制无符号形式（%x）输出。对于 unsigned 型数据，也可用%u 格式符，以十进制无符号形式输出。

表 2-3　整型数据输出格式字符

格式字符	功　能	格式字符	功　能
d	按十进制形式输出带符号的整数	lo	长八进制整型输出
o	按八进制无符号形式输出	lx	长十六进制整型输出
x	按十六进制无符号形式输出	lu	长十进制无符号整型输出
u	按十进制无符号形式输出	m 格式字符	按宽度 m 输出，右对齐
ld	长整型输出	-m 格式字符	按宽度 m 输出，左对齐

【例 2.4】整型数据输出格式应用示例。

```
main()
{
  int num1=123;
  long num2=123456;
  printf("num1=%d,num1=%5d,num1=%-5d,num1=%2d\n",num1,num1,num1,num1);
  /*用 4 种不同格式，输出 int 型数据 num1 的值*/
  printf("num2=%ld,num2=%8ld,num2=%5ld\n",num2,num2,num2);
  /*用 3 种不同格式，输出 long 型数据 num2 的值*/
}
```

运行结果：

```
num1=123,num1=␣␣123,num1=123␣␣,num1=123
num2=123456,num2=␣␣123456,num2=123456
```

所谓无符号形式是指，不论正数还是负数，系统一律当作无符号整数来输出。

【例 2.5】负数的无符号输出形式。

```
main()
{
  int a=-1;
  printf("%d,%u,%o,%x\n",a,a,a,a);
}
```

运行结果：

```
-1,65535,177777,ffff
```

2.5 实型数据

由于计算机中的实型数据是以浮点形式表示的，即小数点的位置可以是浮动的，因此实型常量既可以称为实数，也可以称为浮点数。

2.5.1 实型常量

在 C 语言中，实数只采用十进制，它有两种表示形式：十进制数形式和指数形式。

1. 十进制数形式

它是由整数、小数点、小数 3 部分组成，其中整数部分或小数部分可以省略。例如，3.123、-6.9、0.0、.2、2.等都是十进制数形式。

2. 指数形式

在 C 语言中，指数形式用 e（或 E）代表“×10”，指数部分与前面的符号平齐。例如，2.4e4 或 2.4E4 都代表 2.4×10^4。

注意：

（1）字母 e（或 E）之前必须有数字。

（2）e（或 E）后面的指数必须为整数。

例如，e-4、e6、7e3.2 等都是不合法的。

实型常量一般在计算机中占 4 字节，它们的数值范围都是 -10^{38}～10^{38}，有效数字是 7 位。标准 C 语言允许浮点数使用后缀。后缀为“f”或“F”即表示该数位浮点数，如 123f 和 123.0 是等价的。

2.5.2 实型变量

用来存储实数的变量称为实型变量。实型变量又称浮点型变量，分为单精度、双精度和长双精度 3 种类型，其定义的关键字如下：

（1）单精度型，用 float 表示。

（2）双精度型，用 double 表示。

（3）长双精度，用 long double 表示。

例如：

```
float  x1,x2;                 /*定义 x1、x2 为单精度变量*/
double y1,y2;                 /*定义 y1、y2 为双精度变量*/
long double z1,z2;            /*定义 z1、z2 为长双精度变量*/
```

在一般系统中，单精度数据占 4 字节（32 位），提供 7 位有效数字，数值范围为：-10^{38}～10^{38}。双精度型数据占 8 字节，提供 15～16 位有效数字，数值范围为：-10^{308}～10^{308}。长双精度型数据占 16 字节，提供 18～19 位有效数字，数值范围为：-10^{4392}～10^{4392}。

实型常量不存在单精度、双精度和长双精度之分。一个实型常量可以赋给一个单精度、双精度和长双精度变量，根据变量的类型截取实型常量中相应的有效位数字。例如，a 已指定为单精度实型变量：

```
float a;
a=123456.789;
```

由于 float 型变量只能接收 7 位有效数字，因此最后两位小数不起作用。 如果 a 改为 double 型，则能全部接收上述 9 位数字并存储在变量 a 中。

在初学阶段，对 long double 型用得很少，因此下面不作详细介绍，读者只知道有此类型即可。

2.5.3 如何输入实型数据

实型数据的输入与整型数据的输入格式一样，只是格式字符不一样。实型数据输入格式字符如表 2-4 所示。

表 2-4　实型数据输入格式字符

格式字符	功　　能
f 或 e	用来输入单精度实数，可以用小数形式或指数形式输入
lf 或 le	用来输入双精度实数，可以用小数形式或指数形式输入

【说明】

（1）输入数据时不能规定精度，例如：

```
scanf("%3.3f",&a);
```

是不合法的。不能企图输入 123456，而使 a 的值为 123.456。

（2）用指数形式可能丢失精度。

（3）格式字符一定要与定义类型相匹配，否则输出结果会出错。

【例 2.6】实型数据输入格式应用示例。

```
main()
{
   double x;
   scanf("%f",&x);
   printf("%f,%e\n",x,x);
}
```

运行结果：

```
12↙
0.000000,8.72973e-250
```

因为格式字符与定义类型不匹配，所以输出结果不正确。如果把第 4 行改为："scanf("%lf", &x);"，则输出结果是：12.000000，1.200000e+001。结果正确。

2.5.4　如何输出实型数据

实型数据的输出与整型数据的输出格式一样，只是格式字符不一样。表 2-5 给出了实型数据输出格式字符。

表 2-5　实型数据输出格式字符

格式字符	功　　能
f	按十进制形式输出单、双精度浮点数
e	按指数形式输出单、双精度浮点数
g	选用%f 或%e 格式中输出宽度较短的一种格式，不输出无意义的 0

（1）%f，不指定字段宽度，由系统自动指定，使整数部分全部如数输出，并输出 6 位小数。应当注意，并非全部数字都是有效数字。单精度实数的有效位数一般为 7 位，双精度实数的有效位数一般为 16 位。

【例 2.7】实型数据的有效位数输出应用示例。

```
main()
{
  float b=3.141592653589;
  double c=1234567898765.432;
  printf("b=%f\n",b);
```

```
  printf("c=%f\n",c);
}
```

运行结果：

```
b=3.141593
c=1234567898765.431880
```

本例程序的输出结果中，数据 b 的小数位数超出了 6 位，系统将自动四舍五入按 6 位输出；而 c=1234567898765.431880 中 880 是无意义的，因为它们超出了有效数字的范围。

（2）对格式说明符 f，可以指定输出字段的宽度。

① %m.nf：m 为浮点型数据所占的总列数（包括小数点），n 为小数点后面的位数。如果数据的长度小于 m，则输出时向右对齐，左端补以空格符。

② %-m.nf 与%m.nf 基本相同，只是使输出的数值向左对齐，右端补空格。

【例 2.8】实型数据输出格式应用示例。

```
main()
{
  float x=138.35;
  double y=35648256.3645687;
  printf("x=%11f,%-14.4f,%5.4f\n",x,x,x);
  printf("y=%4f,%16.4f,%.1f\n",y,y,y);
}
```

运行结果：

```
x=␣138.350006,138.3500␣␣␣␣␣␣,138.3500
y=35648256.364569,␣␣␣35648256.3646,35648256.4
```

x 的值应为 138.35，但输出为 138.350 006，这是由于实数在内存中的存储误差引起的。

（3）格式符%e，以标准指数形式输出。由系统自动指定 6 位小数，指数部分占 5 位（如 e+003），其中“e”占 1 位，指数符号占 1 位，指数占 3 位，共计 11 位。因为小数点前必须有且只有 1 位非零数字，所有用%e 格式输出的实数共占 13 列宽度。例如，

```
printf("%e",234.567);
```

运行结果：

```
2.345670e+002
```

（4）格式符%g，系统根据数值的大小，自动选择%f 或%e 格式（选择输出时占宽度较小的一种），且不输出无意义的 0。

例如，若 a=123.456，则：

```
printf("%f,%e,%g",a,a,a);
```

运行结果：

```
123.456001,1.234560e+002,123.456
```

用%f 格式输出占 10 列，用%e 格式输出占 13 列，用%g 格式时，自动从上面两种格式中选择较短的一种，故按%f 格式用小数形式输出，最后 3 位无意义，不输出。

2.6 字符型数据

2.6.1 字符型常量

字符型常量是由两个单引号（'）括起来的单个字符构成。

例如，'A'、'f'、'9'、'$'等都是有效的字符常量。字符常量中的字母是区分大小写的，如'A'和'a'是不同的字符常量。

C 语言还允许用一种特殊形式的字符常量，就是以一个“\”开头的字符序列。例如，前面用的 printf()函数中的“\n”，代表一个回车符。这类字符称为转义字符，意思是将反斜杠“\”后面的字符转换成另外的意义。如'\n'中的“n”不代表字母 n 而作为“换行”符。常用的转义字符如表 2-6 所示。

表 2-6　转义字符及含义

字符形式	含义
\n	换行，将当前位置移到下一行开头
\t	横向跳格（跳到下一个输出区）
\v	竖向跳格
\b	退格
\r	回车，将当前位置移到本行开头
\f	走纸换页
\\	反斜杠字符“\”
\"	双引号字符
\'	单引号（撇号）字符
\ddd	1～3 位八进制数所代表的字符
\xhh	1～2 位十六进制数所代表的字符

表 2-6 中倒数第 2 行是用八进制数 ASCII 码表示一个字符，例如，'\101'代表字符'A'。'\040'代表“空格”。倒数第 1 行是用十六进制数 ASCII 码表示一个字符，例如，'\x41'代表字符'A'，'\x20'代表“空格”。

注意：

（1）单引号中的字符只能是一个字符。例如，ch='ab'是错误的。

（2）双引号括起来的一个字符与单引号括起来的一个字符表示的是两种不同的数据，如"a"、'a'，前者表示字符串 a，后者表示字符 a。

（3）在内存中，每个字符常量都占用一字节，具体存放的是该字符对应的 ASCII 码值。例如，'a'、'A'在内存中存放的是十进制整数 97、65。

（4）字符型数据可以像整数一样参与四则运算。例如，'a'−'A' = 32。

【例 2.9】转义字符应用示例。

```
main()
{
 printf("\101  \x42  C\n");
 printf("I say:\"How are you?\"\n");
 printf("\\C Program\\\n");
 printf("Turbo\'C\'");
}
```

运行结果：

```
A B C
```

```
I say: "How are you?"
\C Program\
Turbo 'C'
```

程序中用 printf()函数直接输出双引号内的各个字符。第 3 行“\101”表示十进制数 65（代表大写字母 A）；“\x42”表示十进制数 66（代表大写字母 B）；“\n”代表换行；第 4 行“\"”表示输出双引号；第 5 行“\\”表示输出“\”；第 6 行“\'”表示输出单引号。

2.6.2 字符型变量

用来存放单个字符型数据的变量称为字符变量，其定义的关键字是 char。例如：

```
char c1,c2;
```

它表示 c1 和 c2 为字符型变量，均可以存放一个字符，因此可以用下面语句对 c1、c2 赋值：

```
c1='a';c2='b';
```

字符变量在内存中占用 1 个字节。

字符数据与整型数据变量值可以互相赋值，例如：

```
int i;char ch;
i='A';ch=65;
```

是合法的。

2.6.3 如何输入字符型数据

1. 用 scanf()输入字符

字符型数据的输入与整型数据的输入格式一样，只是格式字符不一样。其格式字符为“%c”，用于控制单个字符的输入。

在用“%c”格式输入字符时，空格字符和转义字符都作为有效字符输入。

【例 2.10】字符型数据输入应用示例。

```
main()
{
  char a,b;
  printf("input character a,b\n");
  scanf("%c%c",&a,&b);
  printf("%c%c\n",a,b);
}
```

由于 scanf()函数"%c%c"中没有空格，输入 M␣N，结果输出只有 M。而输入改为 MN 时，则可输出 MN 两字符，见下面的输入运行情况。

运行结果 1：	运行结果 2：
input character a,b	input character a,b
M N	MN
M	MN

2. 用 getchar()函数输入字符

Getchar()函数的功能是从键盘上输入一个字符且一次只能输入一个字符，其一般形式为：

```
getchar();
```

函数的值就是从键盘输入的字符。

从功能角度来看，scanf()函数可以完全代替 getchar()函数。在 Turbo C 屏幕下运行含本

函数程序时，将退出 Turbo C 屏幕进入用户屏幕等待用户输入。输入完毕再返回 Turbo C 屏幕。使用本函数前必须用文件包含命令 include 将文件 stdio.h 包含进来才能使用。

【例 2.11】getchar()函数输入字符应用示例。

```
#include "stdio.h"
main()
{
  char ch;
  printf("Please input one character: ");
  ch=getchar();          /*输入 1 个字符并赋给 ch*/
  printf("%c\n",ch);
}
```

运行结果：

```
Please input one character: w
w
```

2.6.4 如何输出字符型数据

1. 用 printf()函数输出字符

字符型数据的输出与整型数据的输出格式一样，只是格式字符不一样。其格式字符为“%c”，用于控制单个字符的输出。

对格式说明符 c 可以指定输出字段的宽度。

%mc：m 为指定的输出字段的宽度。若 m 大于一个字符的宽度，则输出时向右对齐，左端补以空格符。

【例 2.12】字符型数据输出格式应用示例。

```
main()
{
  char c='A';
  int i=65;
  printf("c=%c,%5c,%d\n",c,c,c);
  printf("i=%d,%c",i,i);
}
```

运行结果：

```
c=A,␣␣␣␣A,65
i=65,A
```

需要强调的是：在 C 语言中，整数可以用字符形式输出，字符数据也可以用整数形式输出。

2. 用 putchar()函数输出字符

Putchar()函数的功能是向标准输出设备输出一个字符，其一般形式为：

```
putchar(ch);
```

例如：

putchar('A'); 输出大写字母 A。

putchar(x); 输出字符变量 x 的值。

putchar('\n'); 换行。对控制字符则执行控制功能，不在屏幕上显示。

同 getchar()函数一样，使用本函数前必须要用文件包含命令 include 将 stdio.h 文件包含进来才能使用。

【例 2.13】putchar()函数应用示例。

```
#include "stdio.h"
main()
{
  char c;                /*定义字符变量*/
  c='H';                 /*给字符变量赋值*/
  putchar(c);            /*输出该字符*/
  putchar('\x48');       /*输出字母 H*/
  putchar(0x48);         /*直接用 ASCII 码值输出字母 H*/
  putchar('\n');         /*输出换行符*/
}
```

运行结果：

```
HHH
```

从本例中的连续 4 个字符输出函数语句可以分清字符变量的不同赋值方法。

2.7　字符串常量

C 语言除了允许使用字符常量外，还允许使用字符串常量。字符串常量是由一对双引号括起来的字符序列。例如，"Hello"、"B"、"How do you do"都是字符串常量。双引号仅起定界符的作用，并不是字符串中的字符。字符串常量中不能直接包括单引号、双引号和反斜杠“\”，只能使用转义字符。

C 语言中没有专门的字符串变量。字符串如果需要存放在变量中，需要用字符型数组来存放，有关字符串的输入/输出在后面介绍。

例如：

```
char b;
b='a';
```

是正确的，而：

```
b="a";
```

是错误的。

C 语言中规定在每个字符串的结尾加一个字符'\0'作为字符串结束标志。

可以用 s 格式符输出一个字符串，有以下几种用法：

（1）%ms：m 为输出时字符串所占的列数。如果字符串的长度（字符个数）大于 m，则按字符串的本身长度输出，否则，输出时字符串向右对齐，左端补以空格符。

（2）%-ms：m 的意义同上。如果字符串的长度小于 m，则输出时字符串向左对齐，右端补以空格符。

（3）%m.ns：输出占 m 列，但只取字符串左端 n 个字符。这 n 个字符输出在 m 列的右侧，左补空格。

（4）%-m.ns：其中 m、n 含义同上，n 个字符输出在 m 列范围的左侧，右端补以空格符。如果 n>m，则 m 自动取 n 值，即保证 n 个字符正常输出。

【例 2.14】s 格式输出字符串常量应用示例。

```
main()
{
  printf("%s,%5s,%-10s\n","Internet","Internet","Internet");
```

```
    printf("%10.5s,%-10.5s,%4.5s\n","Internet","Internet","Internet");
}
```

运行结果：

```
Internet,Internet,Internet
Inter,Inter␣␣␣␣␣,Inter
```

注意：系统输出字符和字符串时，不输出单引号和双引号。

对于实数，无论小数表示形式还是指数表示形式，在计算机内部都用浮点方式来实现存储。所谓浮点方式是相对于定点方式而言的。定点数是指小数点位置是固定的，小数点位于符号位和第一个数值之间，它表示的是纯小数；整型数据是定点表示的特例，只不过它的小数点的位置在数值位后。实际上计算机处理的数据不一定是纯小数或整数，而且有些数据的数值很大或很小，不能直接用定点数表示，那么采取另一种表示方法——浮点表示法，更方便灵活。

小　　结

本章重点介绍了C语言的基本语法单位：字符集、标识符、关键字和分隔符等，以及C语言的数据类型，常量和变量的使用，scanf()、getchar()、putchar()和printf()函数的使用方法。

数据是程序处理的对象。C语言中的数据类型分为：基本类型和复杂类型。基本类型是C语言编译系统内置的，包括整型（类型标识符为int）、浮点类型（单精度类型标识符为float，双精度类型标识符为double）。复杂类型包括构造类型、指针类型、枚举类型及自定义类型。

数据除了类型之分外，还可分为常量和变量。不同类型的数据取值范围、所适应的运算也不尽相同，它们在内存中所分配的存储单元数目也不同，这些同时也决定了该变量能进行的运算。

习　　题

一、简答题

1. 什么是常量和变量？什么是数据类型和数据类型的长度？C语言有哪些数据类型？各种基本类型的名字如何表示？

2. 各种类型的常量如何表示？字符常量和字符串常量有什么不同？

3. C语言为什么规定对所有用到的变量要“先定义，后使用”，这样做有什么好处？

4. 将下面的十进制数，用八进制和十六进制数表示：

5，36，231，-218，3671，-111，2345。

二、填空题

1. 在C语言中，格式输入库函数为__________，格式输出库函数为__________。

2. C 语言规定，标识符只能由__________、__________、__________ 3 种字符组成，而且第一个字符必须是__________或__________。

3. 在 C 语言中，八进制整型常量以__________开头，十六进制整型常量以______开头。

4. 在内存中占 16 位的无符号整型变量的范围是__________到__________。

5. 'a'在内存中占__________字节，"a"在内存中占__________字节，"\101"在内存中占__________字节。

三、选择题

1. 下列常数中合法的是（　　）。

A. 081　　B. 0x6g　　C. -5e2.3　　D. '{'

2. 下列变量名中合法的是（　　）。

A. auto　　B. _auto　　C. -auto　　D. 2_and

3. 下列变量定义中正确的是（　　）。

A. int a=b=c= 0;　　B. char a,b,c = '\0';

C. float x=1; y=2;　　D. double x =1e-5,b

4. 字符型常量在内存中存放的是（　　）。

A. BCD 代码　　B. 内部码　　C. ASCII 代码　　D. 十进制码

5. 有以下程序段：

```
char c1,c2;
c1=getchar();
c2=getchar();
putchar(c2);
putchar(c1);
```

若输入为：a,b↙，则输出为（　　）。

A. ,a　　B. a,b　　C. b,a　　D. b,

四、程序分析题

1. 用 scanf()函数输入数据，使 a=24，b=36，x=12.3，y=456.7，在键盘上如何输入？

```
main()
{
   int a,b;
   float x,y;
   scanf("a=%d,b=%d␣x=%fy=%e",&a,&b,&x,&y);
}
```

2. 当输入 12345,abc 时，分析下列程序的运行结果。

```
main()
{
  int a;
  char c;
  scanf("%3d%3c",&a,&c);
  printf("%d,%c\n",a,c);
}
```

3. 当输入 1234567 时，分析下列程序的运行结果。

```
main()
```

```
{
  int x,y;
  scanf("%2d%*2s%1d",&x,&y);
  printf("%d\n",x+y);
 }
```

4. 分析下列程序的运行结果。

```
main()
 {
   int a=10,b=23,c=7;
   float x=2.2,y=3.3,z=-4.4;
   long int e=11274,f=123456;
   char c1='w',c2='z';
   printf("a=%3d  b=%3d  c=%2d\n",a,b,c);
   printf("x=%f,y=%f,z=%f\n",x,y,z);
   printf("x+y=%8.4f  y+z=%.4f  z+x=%.2f\n",x+y,y+z,z+x);
   printf("e=%5ld f=%9ld\n",e,f);
   printf("c1='%c'or%d\n",c1,c1);
   printf("c2='%c'or%d\n",c2,c2);
   printf("%s,%4.2s\n","PROGRAM","PROGRAM");
}
```

五、编程题

1. 输入一个华氏温度，要求输出摄氏温度。公式为 C=5(F−32)/9，取 2 位小数。
2. 用“*”号输出字母 C 的图案。

C语言程序提供的运算

通过本章学习，掌握C语言中各种运算符及其构成的表达式，掌握C语言中各类数值型数据间的混合运算及数据类型的转换。

在C语言中表达式 2>3&&!3+5||2>4?6:7 如何计算，计算结果会是如何？这就必须学习运算符的表示方法、功能、优先级及结合性。

3.1　运算符及表达式

C语言提供丰富的运算符和表达式，这为编程带来了方便和灵活。C语言运算符的作用是与操作数构造表达式，实现相应运算。

1. 运算符

用来表示各种运算的符号称为运算符。C语言程序具有44种运算符，其中一部分与其他高级语言相同，而另外一部分与汇编语言相似。

运算符必须有运算对象。C语言程序的运算符按其在表达式中与运算对象的关系（连接运算对象的个数）可以分为：

（1）单目运算符。一个运算符连接一个运算对象。

（2）双目运算符。一个运算符连接两个运算对象。

（3）三目运算符。一个运算符连接三个运算对象。

若按它们在表达式中所起的作用又可以分为：

（1）算术运算符（+、-、*、/、%）；

（2）关系运算符（>、<、 ==、>=、<=、!=）；

（3）逻辑运算符（!、&&、||）；

（4）位运算符（<<、>>、~、|、∧、&）；

（5）赋值运算符（= 及其扩展的复合赋值运算符）；

（6）条件运算符（?:）；

（7）逗号运算符（,）；

（8）指针运算符（*、&）；

（9）求字节数运算符（size of）;

（10）强制类型转换运算符（(类型)）;

（11）分量运算符（. ->）;

（12）下标运算符（[ ]）;

（13）其他（如函数调用运算符()）。

2. 表达式

表达式就是用运算符将运算对象（常量、变量、函数）连接而成的符合C语言程序规则的算式。C语言程序是一种表达式语言，它的多数语句都与表达式有关。正是由于C语言程序具有丰富的多种类型的表达式，才得以体现出C语言程序所具有的表达能力强、使用灵活、适应性好的特点。从本质上说，表达式是对运算规则的描述并按规则执行运算，运算的结果是一个值，称为表达式的值，其类型称为表达式的类型。因此表达式代表一个值，它们等于计算表达式所得结果的值和类型。

对表达式的计算要既要知道运算符的功能，又要知道运算符的优先级及运算符的结合性。

（1）运算符的优先级。当表达式中出现多个运算符，计算表达式的值时，就会遇到哪个先算，哪个后算的问题，我们把这个问题称为运算符的优先级。计算表达式值时，优先级高的运算符要先进行运算。

（2）运算符的结合性。同级别的运算符还规定了是自左向右，还是自右向左运算，这个问题称为运算符的结合性。结合性分为自左向右结合和自右向左结合。

3.2 算术运算

3.2.1 算术运算符

C语言程序中的算术运算有双目运算和单目运算两种。

1. 双目运算符

+：加法运算符，如5+7。

-：减法运算符，如7-4。

*：乘法运算符，如8*3。

/：除法运算符，如7/3。

%：取模运算符，或称求余运算符。

【说明】

（1）两个整数相除的结果为整数。例如，5/3的结果值为1，舍去小数部分。而1/25的值为0。如果参加运算的两个数中有一个数为实数，则结果是double型，因为所有实数都按double型进行运算。

（2）%要求两侧均为整型数据，结果的符号与%左边的操作数相同。例如，9%7的值为2，-9%7的值为-2，3%-7的值为3。

2. 单目运算符

+：正值运算符，如+4。

-：负值运算符，如-9。

++：自增运算符，如++i、i++。

--：自减运算符，如—i、i--。

自增和自减运算符的功能是使变量自身的内容增 1 和减 1。

++i 或--i：先进行 i=i+1 或 i=i-1 的运算，然后使用 i 变量的值。

i++或 i--：先使用 i 变量的值，然后进行 i=i+1 或 i=i-1 的运算。

例如：

（1）i=1;j=i++;经过运算，j 的值为 1，i 的值为 2；

而 i=1;j=++i;经过运算，j 的值为 2，i 的值为 2。

（2）i=1;printf("%d",i++);输出结果为 1；

而 i=1;printf("%d",++i);输出结果为 2。

注意：

（1）自增运算符和自减运算符只能用于变量而不能用于常量或表达式。

例如：

① 3++ 是不合法的，因为 3 是常量，常量的值不能改变。

② (i+j)++ 也是不合法的，假如 i+j 的值为 1，那么自增后得到的 2 无变量可供存放。

（2）++和--的结合方向是“自右至左”。

例如：i=3; printf("%d",-i++); i 的左面是负号运算符，右面是自加运算符。按自右至左结合，相当于-(i++)，则先取出 i 的值使用，输出-i 的值-3，然后使 i 增值为 4。注意(i++)是先用 i 的原值进行运算以后，再对 i 加 1。不要认为先加完 1 后再加负号，输出-4，这是不对的。

一般自增（减）运算符用于循环语句中使循环变量自动加（减）1。也用于指针变量，使指针指向下一个地址。这些将在以后的章节中介绍。

尽量不要在一般的表达式中将自增或自减运算符与其他运算符混合使用。

3.2.2 算术表达式

由算术运算符、括号以及运算对象（也称操作数）组成的符合 C 语言程序语法规则的式子，称为 C 语言程序算术表达式。

下列式子均为算术表达式：

```
97%3+72/8
a*b+c/d-e
```

算术运算符优先级及结合性规定：

（1）单目算术运算符优先于双目算术运算符，双目算术运算符中的乘、除、取模优先于加、减。

（2）单目算术运算符的结合性是自右向左。

（3）同级双目算术运算符的结合性是自左向右。

注意：

（1）算术表达式应能正确地表达数学公式。例如，数学表达式$\frac{a+b}{c+d}$，相应的 C 语言程序表达式为：(a+b)/(c+d)，而不能写成 a+b/c+d。

（2）算术表达式的结果不应超过其所能表示的数的范围。如32767+1，其结果会得出不正确的值。

【例3.1】整除运算符“/”和求余运算符“%”应用示例。

```
main()
{
  int x,y;
  x=10;
  y=3;
  printf("%d\n",x/y);
  printf("%d\n",x%y);
}
```

运行结果：

```
3
1
```

【例3.2】先使用变量值和后使用变量值应用示例。

```
main()
{
  int a,b,c,d;
  a=1;
  b=2;
  c=(a++)+(a++)+(a++);
  d=(++b)+(++b)+(++b);
  printf("c=%d,d=%d\n",c,d);
  printf("a=%d,b=%d\n",a,b);
}
```

运行结果：

```
c=3,d=13
a=4,b=5
```

【说明】

（1）对于表达式(a++)+(a++)+(a++)，它是先把a的原值1取出来，作为表达式中a的值，然后进行3个a的相加，所以输出c的值为3。最后再实现自增，所以输出a的值为4。即c=(a++)+(a++)+(a++); 等价于 c=a+a+a; a=a+1;a=a+1;a=a+1;。

（2）而对于表达式(++b)+(++b)+(++b)，先使第一个“++b”自增，得b=3；然后再使第二个“++b”自增，得b=4，二个b相加的结果为8；再使第三个“++b”自增，得b=5；d=8+5得13。即：d=(++b)+(++b)+(++b); 等价于b=b+1;b=b+1;d=b+b;b=b+1;d=d+b；。

3.3 关系运算

3.3.1 关系运算符

关系运算符可用来比较两个数值大小，也称比较运算符。关系运算符均为二目运算符，C语言程序提供6种关系运算符：

（1）<：小于，如1<2。

（2）<=：小于或等于，如x<=y。

（3）>：大于，如 2>1。

（4）>=：大于或等于，如 x>=y。

（5）==：等于，如 x==y。

（6）!=：不等于，如 2!=3。

关系运算符要求两个操作数是同一种数据类型，其结果为逻辑值，即关系成立时，其值为“真”，用整数 1 表示；关系不成立时，其值为“假”，用整数 0 表示。

关系运算符优先级及结合性规定：

（1）算术运算符优先于关系运算符。

（2）<、<=、>、>= 优先于 ==、!=。

（3）<、<=、>、>= 同级，结合性自左至右。

（4）==、!=同级，结合性自左至右。

3.3.2 关系表达式

由关系运算符将两个表达式（可以是算术表达式、关系表达式、逻辑表达式、赋值表达式或字符表达式）连接起来的式子称为关系表达式。

下面都是合法的关系表达式：

x<y、a+b>c+d、(a>b)<(c>d)、'x'>'y'、1>2>3。

关系表达式进行的是关系运算，也就是“比较运算”。比较的结果只可能有两个：“真”或“假”。任何时候答案只可能是其中的一个，两种结果相互对立，不可能同时出现。

注意：

（1）“1>2>3”作为关系式来说是正确的，其值为 0，即先计算“1>2”的结果为“0”（假），然后计算“0>3”的结果为“0”（假），它并不代表 1>2 且 2>3。

（2）关系运算符“==”和赋值运算符“=”是表示不同的意义。“2==3”的结果为“0”(假)，而“2=3”是不正确的表达式。

【例 3.3】各种关系运算符的比较应用示例。

```
main()
{
  int a=3,b=2,c=1;
  printf("%d\n",a>b);
  printf("%d\n",b<c);
  printf("%d\n",a==b+c);
  printf("%d\n",a>b>c);
}
```

运行结果：

```
1
0
1
0
```

对于表达式“a>b”值为真，所以输出 1；对于表达式“b<c”值为假，所以输出 0；对于表达式“a==b+c”，因为关系运算符的优先级低于算术运算符，所以先计算“b+c”，其值为 3，接着判断 3 是否与 a 相等，判断为真，所以输出 1；对于表达式“a>b>c”，因为关系

运算符的结合方向是自左向右，所以先判断“a>b”，其值为真，即为 1，接着判断 1 是否大于 c，显然结果为假，所以输出 0。

注意： 如果用浮点数比较来测试某个条件，可能永远得不到所期望的结果，因为浮点数相除的结果有误差。

【例 3.4】用浮点数进行比较无法得到等值结果应用示例。

```
main()
{
  float a,b;
  a=3.2;
  b=0.6;
  printf("%d\n",a/b*b==a);
}
```

运行结果：

```
0
```


3.4 逻 辑 运 算

3.4.1 逻辑运算符

逻辑运算实际上是复合的关系运算，不仅要判断其中的各个小命题成立与否，还取决于每个小命题影响大命题成立的方式。

逻辑运算是在关系运算结果之间进行的运算，所有参与逻辑运算的运算量都是逻辑量（即值只为“真”或“假”的量），所以逻辑运算的结果也是逻辑值（“真”或“假”）。

C 语言程序提供 3 种逻辑运算符：

（1）&&：逻辑与，如，a>b && a<c。

（2）||：逻辑或，如，a>b||a<c。

（3）!：逻辑非，如，!(a<b)。

“&&”和“||”为二目运算符，它要求有两个操作数。“!”是单目运算符，仅对其右边的对象进行逻辑求反运算。

当 a 和 b 的值为不同组合时，其运算规则如表 3-1 所示。

表 3-1　逻辑运算规则

数据 a	数据 b	!a	!b	a&&b	a||b
T	T	F	F	T	T
T	F	F	T	F	T
F	T	T	F	F	T
F	F	T	T	F	F

表 3-1 中，T 表示真值，F 表示假值。

逻辑运算符的优先级及结合性规定：

（1）逻辑非（!）优先于双目算术运算符，双目算术运算符优先于关系运算符，关系运

算符优先于逻辑与（&&），逻辑与（&&）优先于逻辑或（||）。

（2）单目逻辑运算符（!）和单目算术运算符（+、-、++、--）是同级别的，结合性是自右向左。

（3）双目逻辑运算符的结合性是自左向右。

例如：

```
(a>b)&&(c<d)      /*等价于 a>b&&c<d*/
(a==b)||(c==d)    /*等价于 a==b||c==d*/
(!a)||(b>c)       /*等价于!a||b>c*/
!!!x              /*等价于!(!(!x)))*/
```

3.4.2 逻辑表达式

用逻辑运算符将关系表达式或逻辑量连接起来的式子就是逻辑表达式。例如，a&&b、(a+b)&&(x-y)、!a 均为逻辑表达式。

逻辑运算符两侧的运算对象不但可以是 0 和 1，或者是 0 或非 0 的整数，也可以是任何类型的数据，可以是字符型、实型或指针型等。系统最终以 0 和非 0 来判定它们属于“真”或“假”。C 语言程序系统对任何非 0 值都认定为逻辑“真”，而将 0 值认定为逻辑“假”。例如，2&&2.5 的值是真（1），-2.5&&0 的值是假（0）。

注意：在 C 语言程序中，若逻辑运算符的左操作数已经能够确定表达式的值，则系统不再计算右操作数的值。

【例 3.5】各种逻辑运算符的比较应用示例。

```
main()
{
   int a=3,b=4,c=5,x=0,y=0;
   printf("%d\n",a+b>c&&b==c);
   printf("%d\n",a++||c++);
   printf("%d\n",!(x=a)&&(y=b));
   printf("a=%d,c=%d\n",a,c);
   printf("x=%d,y=%d\n",x,y);
}
```

运行结果：

```
0
1
0
a=4,c=5
x=4,y=0
```

第 4 行的表达式 a+b>c&&b==c 可以写成((a+b)>c)&&(b==c)，即 a+b=7 时，表达式可写成(7>c) && (b==c)。7>c 的值为 1，表达式可写成 1 && (b==c)。b==c 的值为 0，表达式可写成 1 && 0 ，最后表达式的值为 0。

第 5 行的表达式“a++||c++”，可以写成(a++)||(c++)，先计算 a++，结果是一个非 0 的数，也即是真（1），而 1||（逻辑或）任何数，其结果都是 1，所以 c++没有被求解，a 值自增之后变为 4，c 的值没有变，仍是 5。

同理，在第 6 行表达式中，先计算(x=a)，把 a 的值 4 赋给 x，x 的值也为 4，表达式可

写成!4，其结果为 0，而 0&&（逻辑与）任何数，其结果都是 0，所以 y=b 也没有被求解，所以 y 的值没有变。

【例 3.6】判断某一年 year 是否闰年。闰年的条件是符合下面二者之一：

（1）能被 4 整除，但不能被 100 整除。

（2）能被 4 整除，又能被 400 整除。

可以用一个逻辑表达式来表示：

```
(year%4==0&&year%100!=0)||year%400==0
```

当 year 为某一整数值时，上述表达式值为真（1），则 year 为闰年；否则为非闰年。

3.5 赋值运算

3.5.1 赋值运算符

赋值运算符分为 2 种：基本赋值运算符和复合赋值运算符。

1. **基本赋值运算符**

C 语言程序的赋值运算符是“=”，它的作用是将赋值运算符右边的数据或表达式的值赋给一个变量。

例如：

```
a=4;      /*将常量 4 赋给变量 a*/
a=b+3;    /*将表达式 b+3 的值赋给变量 a*/
```

如果赋值运算符两侧的数据类型不一样，在赋值时要进行类型转换。如：“a=b;”执行该语句时，b 的结果转换为 a 的类型后才能进行赋值运算。

2. **复合赋值运算符**

在赋值运算符“=”之前加上其他运算符，可以构成复合赋值运算符。在 C 语言程序中，凡是二目运算符，都可以与赋值符一起组成复合赋值符。C 语言程序规定可以使用 10 种复合赋值运算符，如+=、-=、*=、/=、%=。

例如：

```
a+=2;        /*等价于 a=a+2*/
x*=y+4;      /*等价于 x=x*(y+4)*/
x%=9;        /*等价于 x=x%9*/
```

赋值运算符优先级及结合性：

（1）赋值运算符优先于逗号运算符，低于其他运算符。

（2）赋值运算符都是自右向左执行的。

C 语言程序采用复合赋值运算符，一是为了简化程序，使程序精练；二是为了提高编译效率。

3.5.2 赋值表达式

由赋值运算符将一个变量和一个表达式连接起来的式子称为赋值表达式。

赋值表达式一般形式如下：

【语法格式】<变量> <赋值运算符> <表达式>

【功能】将赋值运算符右边的“表达式”的值赋给左边的变量。注意，赋值表达式左边必须为变量，例如：

下面的表达式均为赋值表达式。

```
b=4;                /*b 的值为 4*/
e=f=-2;             /*等价于 e=(f=-2),其值为-2*/
a=(10+20)%8/3;      /*a 的值为 2*/
x=(y=10)/(d=2);     /*x 的值为 5*/
```

赋值表达式也可以包含复合的赋值运算符，例如：如果 a=10，表达式 a+=a-=a*a 的值为-180。其求解步骤为：

（1）先进行 a-= a*a 的计算，它相当于 a=a-a*a=10-10*10=-90。

（2）再进行 a+= a= -90 的计算，它相当于 a=a+(-90)=-90-90=-180。

【例 3.7】有符号数据传送给无符号变量应用示例。

```
main()
{
  unsigned a;int b=-1;a=b;
  printf("%u",a);     /*"%u"是输出无符号数时所用的格式符*/
}
```

运行结果：

```
4294967295
```

【例 3.8】各种赋值表达式应用示例。

```
main()
{
   int a=3,b=4,c=5;a+=b*=c;
   printf("%d,%d,%d\n",a,b,c);
}
```

运行结果：

```
23,20,5
```

表达式 a+=b*=c，先计算 b*=c，相当于 b=b*c=4*5=20；接着计算 a+=20，相当于 a = a+20=3+20=23。故输出语句结果为：23,20,5（c 没有变）。

3.6 其他运算

3.6.1 条件运算符和条件表达式

1. 条件运算符

条件运算符为：“?:”，它要求有 3 个操作对象。它是 C 语言程序中唯一的一个三目运算符。

2. 条件表达式

条件表达式的一般形式如下：

【语法格式】<表达式 1>?<表达式 2>:<表达式 3>

【功能】先计算表达式 1 的值，如果为真，则计算表达式 2 的值并把它作为整个表达式的值；如果表达式 1 的值为假，则计算表达式 3 的值并把它作为整个表达式的值。例如：

```
c=a>b?a:b
```

该表达式表示：如果 a 大于 b，则将 a 赋给 c，否则将 b 赋给 c，即 c 为 a 与 b 中值较大者。

条件运算符优先级及结合性：

（1）条件运算符优先级别高于赋值运算符，低于关系运算符、逻辑运算符和算术运算符。

（2）条件运算符的结合方向是“自右至左”。

例如：

条件表达式：“2>3?1:3<2?4:5”的值为5。

【说明】<表达式1>、<表达式2>和<表达式3>的类型可以不同。

3.6.2　逗号运算符和逗号表达式

逗号运算符为“,”，它的作用是将两个表达式连接起来，组成一个逗号表达式。

逗号表达式的一般形式如下：

【语法格式】`表达式1,表达式2`

【功能】先求表达式1的值，再求表达式2的值，表达式2的值就是整个逗号表达式的值。

例如：3-4,4+2；表达式“3-4,4+2”的值为6。又如，逗号表达式：a = 2+4,a+6。先对a = 2+4进行处理，然后计算a+6，a的值为6，整个表达式的值为12。

一个逗号表达式可以与另一个表达式组成一个新的逗号表达式。例如：(a = 2*5,a*3),a+7；

先计算a = 2*5，a = 10，然后再计算a*3 = 30（但a的值未变，仍是10），最后计算a +7，即整个表达式的值为17。

逗号表达式的一般形式可以扩展为：

```
表达式1,表达式2,表达式3,…,表达式n
```

表达式n的值是整个表达式的值。

逗号运算符优先级及结合性：

逗号运算符是所有运算符中级别最低的，它采用自左向右结合。

3.7　各类数值型数据间的混合运算

整型、单精度型、双精度型数据可以混合运算。字符型数据可以与整型通用，因此，整型、实型（包括单、双精度）、字符型数据间可以混合运算。在进行运算时，不同类型的数据要先转换成同一类型，然后进行运算。混合运算的类型转换规则如图3-1所示。

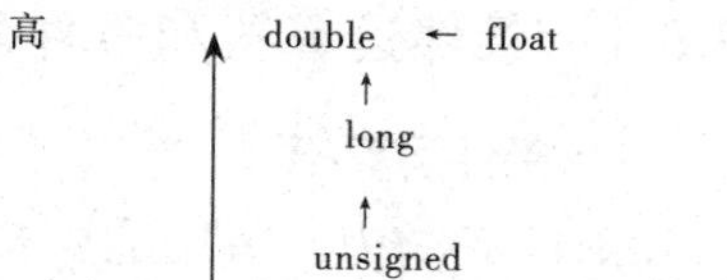

高　↑　double ← float
　　　　↑
　　　long
　　　　↑
　　　unsigned
　　　　↑
低　　int ← char，short

图3-1　混合运算的类型转换规则

图3-1中横向向左的箭头表示一定要转换，例如，float型数据在运算时一律先转换成double型，以提高运算精度（即使是两个float型数据相加，也先都化成double型，然后再相加），char型和short型转换成int型。

纵向的箭头表示当运算对象为不同类型时转换的方向。例如，int型与double型数据进行运算，先将int型的数据转换成double型，然后在两个同类型（double型）数据间进行运算，结果为double型。

【说明】

（1）当单、双精度浮点型数据赋给整型变量时，浮点数的小数部分将被舍弃。

（2）当整型数据赋给浮点数变量时，数值上不发生任何变化，但有效位增加。

（3）如果算术运算符两个运算对象都为整数，那么，运算将按照整型数据的运算规则，这就意味着对于除法运算来讲，其结果的小数部分将被舍弃。在这种情况下，即使运算结果赋给浮点型变量也是一样的，结果的小数部分也将被舍弃。

例如：

```
float b;
int a=8;
…
b=20/a;
```

b 的结果是 2.0，而不是 2.5。

（4）只要某个算术运算对象中有一个是浮点型数据，其运算将按照浮点型规则来进行，即运算结果的小数部分被保留下来。

3.8 类型转换

3.8.1 类型的隐含转换

类型的隐含转换又称赋值转换，是右操作数的值被转换成左操作数的类型，是由系统自动隐含进行的强制性转换，它不受算术转换规则的约束，转换的结果类型完全由赋值运算符左操作数的类型决定，例如：

```
int n;
char c;
float x;
```

表达式：n=x+c 所进行的类型转换为：c 被转换成 float 型；x+c 的结果（float 型）被转换为 int 型，所以赋值表达式的结果为 int 型。

3.8.2 类型的强制转换

强制类型转换的一般形式如下：

【语法格式】(类型说明符名)(表达式)

【功能】把表达式的运算结果强制转换成类型说明符所表示的类型。

例如：

```
(double) a      /*将 a 转换成 double 型*/
(int)(x+y)      /*将 x+y 的值转换成整型*/
(float)(5%3)    /*将 5%3 的值转换成 float 型*/
```

注意：表达式应该用括号括起来。如果写成(int)x+y 则只将 x 转换成整型，然后与 y 相加。

需要说明的是，在强制类型转换时，得到一个所需类型的中间变量，原来变量的类型未发生变化，例如：

【例 3.9】类型的强制转换应用示例。

```
main()
{
  float x;
```

```
    int i;
    x=4.5;
    i=(int)x;
    printf("x=%f,i=%d\n",x,i);
}
```

运行结果：

x=4.500000,i=4

x 的类型仍为 float 型，值仍等于 4.5。

小 结

C 语言程序中运算符和表达式数量之多，在高级语言中是少见的。正是丰富的运算符和表达式使 C 语言程序功能十分完善。这也是 C 语言程序的主要特点之一。

C 语言程序的运算符不仅具有不同的优先级，而且还有一个特点，就是它的结合性。在表达式中，各运算量参与运算的先后顺序不仅要遵守运算符优先级别的规定，还要受运算符结合性的制约，以便确定是自左向右进行运算还是自右向左进行运算。这种结合性是其他高级语言的运算符所没有的，因此也增加了 C 语言程序的复杂性。

C 语言程序的运算符可分为以下几类：

1. 算术运算符

用于各类数值运算。包括加（+）、减（-）、乘（*）、除（/）、求余（或称取模运算，%）、自增（++）、自减（--）共 7 种。

2. 关系运算符

用于比较运算。包括大于（>）、小于（<）、等于（==）、大于或等于（>=）、小于或等于（<=）和不等于（!=）6 种。

3. 逻辑运算符

用于逻辑运算。包括与（&&）、或（||）、非（!）3 种。

4. 位运算符

参与运算的量，按二进制位进行运算。包括位与（&）、位或（|）、位非（~）、位异或（∧）、左移（<<）、右移（>>）6 种。将在第 12 章介绍。

5. 赋值运算符

用于赋值运算，分为简单赋值（=）、复合赋值（+=、-=、*=、/=、%=、&=、|=、∧=、>>=，<<=）2 类共 11 种。

6. 条件运算符

这是一个三目运算符，用于条件求值（?:）。

7. 逗号运算符

用于把若干表达式组合成一个表达式（,）。

8. 指针运算符

用于取内容（*）和取地址（&）2 种运算。将在第 10 章介绍。

9. 求字节数运算符

用于计算数据类型所占的字节数（sizeof）。

10．其他运算符

有函数调用运算符：()，下标运算符：[]，分量运算符：->，. 等几种。

C 语言程序中，运算符的运算优先级共分为 15 级。1 级最高，15 级最低。在表达式中，优先级较高的运算符先于优先级较低的运算符进行运算。而当一个运算量两侧的运算符优先级相同时，则按运算符的结合性所规定的结合方向处理。C 语言程序中各运算符的结合性分为两种，即左结合性（自左至右）和右结合性（自右至左）。例如，算术运算符的结合性是自左至右，即先左后右。最典型的右结合性运算符是赋值运算符。各种运算符的优先级和结合性见附录 B。

最后介绍了类型的隐含转换和类型的强制转换的相关概念。

习　　题

一、选择题

1．若有：int a=10,b=9,c=8;，执行下面两条语句 c=(a-=(b-5));c=(a%11)+(b=3); 后，变量 b 的值为（　　）。

A．9　　B．4　　C．3　　D．2

2．设 x，y，z 和 k 都是 int 型变量，则执行表达式 x=(y=4,z=16,k=32)后，x 的值为（　　）。

A．52　　B．32　　C．16　　D．4

3．假设已说明 i 为整型变量，f 为单精度实型变量，d 为双精度实型变量，则表达式 10+'a'+i*f-d 最后所得值的数据类型为（　　）。

A．字符型　　B．整型　　C．单精度实型　　D．双精度实型

4．设 x 为 int 型变量，则执行以下语句后，x 的值为（　　）。

```
x=10;x+=x-=x-x;
```

A．10　　B．20　　C．30　　D．40

5．已知 int i=1,j;，执行语句 j=-i++;后，i 和 j 的值分别为（　　）。

A．1，1　　B．1，-1　　C．2，-1　　D．2，-2

6．设 x，y，t 均为 int 型变量，则执行语句 x=y=3;t=++x||--y;后，y 的值为（　　）。

A．4　　B．3　　C．2　　D．1

7．当 c 的值不为 0 时，在下列选项中能正确将 c 的值赋给变量 a、b 的是（　　）。

A．c=b=a;　　B．(a=c)||(b=c);　　C．(a=c)&&(b=c);　　D．a=c=b;

8．判断变量 ch 中的字符是否为数字字符，最简单的正确表达式是（　　）。

A．ch>=0&&ch<=9　　B．'0'<=ch<='9'

C．ch>='0'||ch<='9'　　D．ch>='0'&&ch<='9'

9．若 w=1;x=2;y=3;z=4;，则条件表达式 w>x?w:y<z?y:z 的结果是（　　）。

A．4　　B．3　　C．2　　D．1

10．若定义了 int x;，则将 x 强制转化成双精度类型应该写成（　　）。

A．(double) x　　B．x (double)　　C．double (x)　　D．(x) double

11．设 m，n，a，b，c，d 均为 0，执行(m=a==b)||(n=c==d)后，m，n 的值是（　　）。

A．0，0　　B．0，1　　C．1，0　　D．1，1

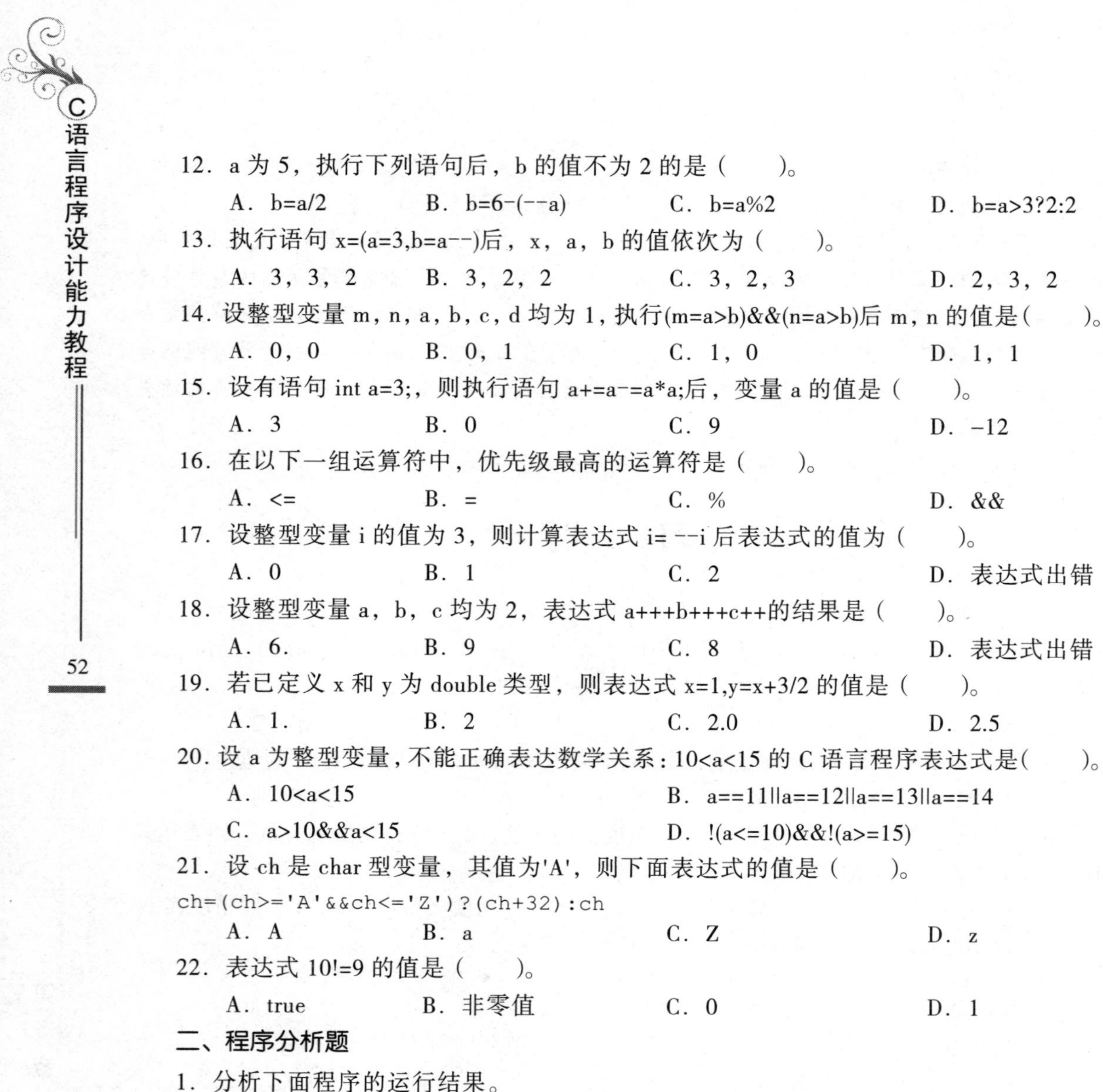

12. a为5，执行下列语句后，b的值不为2的是（　　）。

A. b=a/2　　B. b=6-(--a)　　C. b=a%2　　D. b=a>3?2:2

13. 执行语句 x=(a=3,b=a--)后，x，a，b的值依次为（　　）。

A. 3，3，2　　B. 3，2，2　　C. 3，2，3　　D. 2，3，2

14. 设整型变量 m，n，a，b，c，d 均为1，执行(m=a>b)&&(n=a>b)后 m，n 的值是（　　）。

A. 0，0　　B. 0，1　　C. 1，0　　D. 1，1

15. 设有语句 int a=3;，则执行语句 a+=a-=a*a;后，变量 a 的值是（　　）。

A. 3　　B. 0　　C. 9　　D. -12

16. 在以下一组运算符中，优先级最高的运算符是（　　）。

A. <=　　B. =　　C. %　　D. &&

17. 设整型变量 i 的值为3，则计算表达式 i= --i 后表达式的值为（　　）。

A. 0　　B. 1　　C. 2　　D. 表达式出错

18. 设整型变量 a，b，c 均为2，表达式 a+++b+++c++的结果是（　　）。

A. 6.　　B. 9　　C. 8　　D. 表达式出错

19. 若已定义 x 和 y 为 double 类型，则表达式 x=1,y=x+3/2 的值是（　　）。

A. 1.　　B. 2　　C. 2.0　　D. 2.5

20. 设 a 为整型变量，不能正确表达数学关系：10<a<15 的 C 语言程序表达式是（　　）。

A. 10<a<15　　B. a==11||a==12||a==13||a==14

C. a>10&&a<15　　D. !(a<=10)&&!(a>=15)

21. 设 ch 是 char 型变量，其值为'A'，则下面表达式的值是（　　）。

```
ch=(ch>='A'&&ch<='Z')?(ch+32):ch
```

A. A　　B. a　　C. Z　　D. z

22. 表达式 10!=9 的值是（　　）。

A. true　　B. 非零值　　C. 0　　D. 1

二、程序分析题

1. 分析下面程序的运行结果。

```
main()
{
  int a=5,b=4,x,y;
  x=a++*a++*a++;
  printf("a=%d,x=%d\n",a,x);
  y=--b*--b*--b;
  printf("b=%d,y=%d\n",b,y);
}
```

2. 分析下面程序的运行结果。

```
main()
{
  int a=-10,b=-3;
  printf("a/b=%d\n",a/b);
  printf("a++=%d,b++=%d\n",a++,b++);
  printf("++a=%d,++b=%d\n",++a,++b);
}
```

3. 分析下面程序的运行结果。

```
main()
{
  int a,b,d=241;
  a=d/100%9;
  b=(-1)&&(-1);
  printf("%d,%d\n",a,b);
}
```

4. 分析下面程序的运行结果。

```
main()
{
  int a,b,c;
  a=(b=(c=3)*5)*2-3;
  printf("a=%d,b=%d,c=%d\n",a,b,c);
}
```

5. 分析下面程序的运行结果。

```
main()
{
  int a=3, b=7;
  printf("%d\n",a++ + ++b);
  printf("%d\n",b%a);
  printf("%d\n",!a>b);
  printf("%d\n",a+b);
  printf("%d\n",a&&b);
}
```

6. 分析下面程序的运行结果。

```
main()
{
  int i=16,j,x=6,y,z;
  j=i+++1;
  printf("%d\n",j);
  x*=i=j;
  printf("%d\n",x);
  x=1;y=2;z=3;
  x+=y+=z;
  printf("%d\n",z+=x>y?x++:y++);
  x=y=z=-1;
  (++x)||(++y)&&(++z);
  printf("%d %d %d\n",x,y,z);
}
```

第4章

顺序结构程序设计

通过本章学习，应具备熟练运用常用的算法进行顺序结构程序设计的能力，了解三种基本程序设计结构，掌握顺序结构程序的基本写法，掌握常用的算法，学会设计顺序结构程序。

C语言程序设计分为三种基本结构，即顺序结构、选择结构、循环结构，其中顺序结构是最简单的一种。顺序结构程序由什么语句组成，程序的功能如何实现？

4.1 C语言程序结构

4.1.1 C语言三种基本结构

学习计算机语言的目的是利用语言工具设计出可供计算机运行的程序，但不管是何种语言，从程序流程的角度来说，都可以分为三种基本结构，即顺序结构、选择结构、循环结构。这三种基本结构可以组成所有的各种复杂程序。C语言也提供了多种语句来实现这些程序结构。第4、5、6章将介绍这些基本语句及其应用，使读者对C程序有一个初步的认识，为后面的学习打下基础。可以用流程图来表示这三种基本结构。

1. 顺序结构

顺序结构中的语句是按书写的顺序执行的，语句的执行顺序与书写的顺序一致。

用图4-1来表示顺序结构。A，B两个框是顺序执行的，执行完A框中语句后，必然跟着执行B框中语句，顺序结构比较简单。

在顺序结构中，程序的流程是固定的，不能跳转，只能按照书写的先后顺序逐条逐句地执行。这样，一旦发生特殊情况，无法进行特殊处理，但在实际应用中，有很多时候需要根据不同的条件执行不同的操作步骤，这就需要采用选择结构来处理。

2. 选择结构

选择结构是当程序执行到某一语句时，对选择的条件进行判断，从两条执行语句中选择一条语句执行。

用图4-2来表示选择结构，选择结构又称分支结构或条件结构。此结构中包含一个判断框，根据判断框中给定的条件P是否成立来决定到底是执行A框中的语句还是B框中的语句。

3. **循环结构**

循环结构是当满足某种循环条件时，将一条或多条语句重复地执行若干遍，直到不满足循环条件为止。

循环结构又称重复结构，它可分为两种：当循环和直到循环。

（1）当循环可用图 4-3 来表示，表示当给定的条件 P 满足时，反复执行 A 框中的语句，直到条件 P 不能成立为止跳出循环，这种循环如果在一开始就不满足条件 P 时，A 框中的语句一次都不执行。

（2）直到循环如图 4-4 所示，这种循环先执行 A 框中的语句，再做条件 P 的判断，其他和当循环一致，因此这种循环即使一开始不满足条件 P 也会执行一次 A 框中的语句。

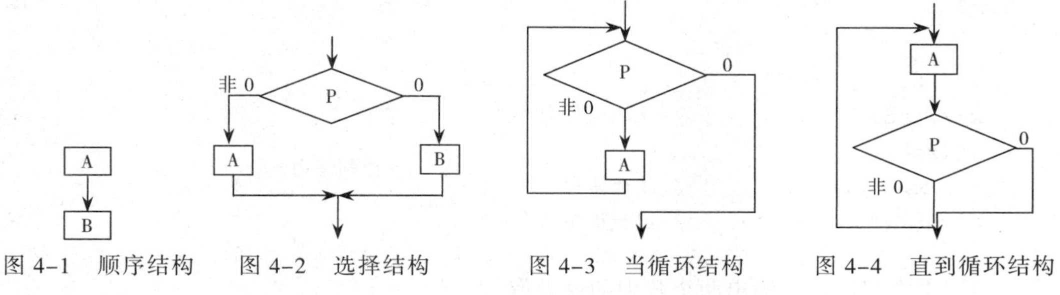

图 4-1　顺序结构　　图 4-2　选择结构　　图 4-3　当循环结构　　图 4-4　直到循环结构

编写程序时，以上 3 种结构多是同时出现的。

4.1.2　C 语言语句分类

C 语言程序的执行部分是由语句组成的，程序的功能也是由执行语句实现的。C 语言执行部分语句可分为以下 5 类：

1. **表达式语句**

表达式语句由表达式加上分号“;”组成。

【语法格式】表达式;

【功能】执行表达式语句就是计算表达式的值。例如，“x=y+z;” 这是一个赋值语句，“y+z;”这是一个加法运算语句，但计算结果不能保留，因此该表达式语句无实际意义。又如，自增 1 语句，“i++;”表示 i 值增 1，也是一个表达式语句。

2. **控制语句**

控制语句包括选择结构语句和循环结构语句。

3. **函数调用语句**

函数调用语句由函数名、实际参数加上分号“;”组成，也可以没有参数。

【语法格式】函数名(实际参数表);

【功能】执行函数调用语句就是调用函数体并把实际参数赋予函数定义中的形式参数，然后执行被调函数体中的语句，求取函数值（在第 8 章函数中再详细介绍）。例如，printf ("C Program"); 调用库函数，输出字符串。

4. **复合语句**

把多个语句用括号“{}”括起来组成的一个语句称为复合语句。在程序中应把复合语句看成是单条语句，而不是多条语句，例如：

```
{   x=y+z;
    a=b+c;
    printf("%d%d",x,a);}
```

是一条复合语句。复合语句内的各条语句都必须以分号“;”结尾。

5. **空语句**

只有分号“;”组成的语句称为空语句。空语句是什么也不执行的语句，但并不意味着空语句就是无用的语句。在程序中的空语句，可用来作空循环体。例如，while(getchar()!='\n'); 该语句的功能是，只要从键盘输入的字符不是回车就重新输入。这里的循环体为空语句。

【例 4.1】C 语言各种语句应用示例。

```
main()
{
  int x,y,z,t;
  x=2,y=3;                /*表达式语句*/
  if(x<y)                                    
   {t=x;x=y;y=t;}         /*复合语句*/       } /*控制语句*/
  printf("%d\n",x);       /*函数调用语句*/
}
```

【说明】本程序用来输出两个数中的最大值。

4.2 顺序结构

在这一节中主要介绍顺序结构程序的基本写法。

在顺序结构程序中，各语句（或命令）是按照位置的先后次序顺序执行的，且每个语句都会被执行到。

在顺序结构程序中，一般包括以下几个部分：

（1）程序开头的编译预处理命令部分。例如，#define PI 3.14

（2）变量类型的定义部分。例如，float r,s;

（3）提供数据部分。例如，scanf("%f",&r);

（4）运算部分。例如，s=PI*r*r;

（5）输出部分。例如，printf("%f\n",s);

【例 4.2】顺序结构程序中各部分应用示例。

```
#define  PI  3.14                /*编译预处理命令部分*/
main()
{
   float  r,s;                   /*变量类型的定义部分*/
   scanf("%f",&r);               /*提供数据部分*/
   s=PI*r*r;                     /*运算部分*/
   printf("%f\n",s);             /*输出部分*/
}
```

【说明】本程序用来计算圆的面积。

【例 4.3】输入任意 3 个整数，求它们的和及平均值。

```
main()
{
   int n1,n2,n3,s;
   float aver;
   printf("Please input three numbers:");
   scanf("%d,%d,%d",&n1,&n2,&n3);
   s=n1+n2+n3;
    aver=s/3.0;
   printf("n1=%d,n2=%d,n3=%d\n",n1,n2,n3);
   printf("s=%d,aver=%7.2f\n",s,aver);
}
```

运行结果：

```
Please input three numbers:
3,4,5↙
n1=3,n2=4,n3=5
s=12,aver=␣␣␣4.00
```

【说明】本程序用输入语句分别输入 3 个整数并分别赋给 n1、n2、n3，然后将 3 个数相加，和赋值给变量 s，并将 s 除以 3 取平均值得到最后结果。

【例 4.4】输出 ch1，ch2 的各种输出结果。

```
main()
{
 char ch1,ch2;
 ch1='a';ch2='B';
 printf("ch1=%c,ch2=%c\n",ch1-32,ch2+32);
 printf("ch1+200=%d\n",ch1+200);
 printf("ch1+200=%c\n",ch1+200);
 printf("ch1+256=%d\n",ch1+256);
 printf("ch1+256=%c\n",ch1+256);
}
```

运行结果：

```
ch1=A,ch2=b
ch1+200=297
ch1+200=)
ch1+256=353
ch1+256=a
```

【说明】本程序使 ch1='a', ch2='B';并将它们按照各种情况输出。需注意字母的大小写转换：小写字母-32 转为大写字母，大写字母+32 转为小写字母。而“ch1+200”或“ch1+256”则可得到相应的 ASCII 值。

【例 4.5】从键盘输入一个小写字母，要求用大小写字母形式输出该字母及对应的 ASCII 码值。

```
#include  "stdio.h"
main()
{
   char c1,c2;
   printf("Input  a  lowercase  letter: ");
   c1=getchar();
```

```
    putchar(c1);printf(",%d\n",c1);
    c2=c1-32;          /*将小写字母转换成对应的大写字母*/
    printf("%c,%d\n",c2,c2);
}
```

运行结果:

```
Input  a  lowercase  letter: c↙
c,99
C,67
```

【例 4.6】将两个数进行互相交换。

解法 1:

```
main()
{
  int a,b,t;
  printf("Please input two numbers:");
  scanf("%d,%d",&a,&b);   /*输入两个整数*/
  printf("Before changed a=%d,b=%d\n",a,b);
  t=a;a=b;b=t;            /*利用t做中间变量进行互换*/
  printf("After changed a=%d,b=%d\n",a,b);
}
```

运行结果:

```
Please input two numbers:23,35↙
Before changed a=23,b=35
After changed a=35,b=23
```

解法 2:

```
main()
{
  int a,b;
  printf("Please input two numbers:");
  scanf("%d,%d",&a,&b);   /*输入两个整数*/
  printf("Before changed a=%d,b=%d\n",a,b);
  a=a+b;b=a-b;a=a-b;      /*未使用中间变量进行互换*/
  printf("After changed a=%d,b=%d\n",a,b);
}
```

运行结果:

```
Please input two numbers:23,35↙
Before changed a=23,b=35
After changed a=35,b=23
```

小　　结

本章内容可概括如下:

1. 程序设计的 3 种基本结构为顺序结构、选择结构、循环结构。

2. 基本语句可分为 4 类:

(1) 表达式语句。

(2) 赋值语句。

(3) 复合语句。

(4) 空语句。

3. 顺序结构程序设计是按照位置的先后次序顺序执行的一种语句，是最基本的一种语句。

习　　题

一、选择题

1. 以下（　　）是非法的赋值语句。

   A. n=(i2,i++)　　B. j++　　C. ++(i+1)　　D. x=j>0

2. 若有语句：int a,b,c;，则下面输入语句正确的是（　　）。

   A. scanf("%D%D%D",a,b,c);　　B. scanf("%d%d%d",a,b,c);

   C. scanf("%d%d%d",&a,&b,&c);　　D. scanf("%D%D%D",&a,&b,&c);

3. 若有如下语句：

```
unsigned a;
float b;
```

以下能正确输入数据的语句是（　　）。

   A. scanf("%d%f",&a,&b);　　B. scanf("%c%f",&a,&b);

   C. scanf("%u%f",&a&b);　　D. scanf("%d%d",&a,&b);

4. 有如下语句：

```
int k1,k2;
scanf("%d,%d",&k1,&k2);
```

要给 k1、k2 分别赋值 12 和 34，从键盘输入数据的格式应该是（　　）。

   A. 12　34　　B. 12,34

   C. 1234　　D. %12,%34

5. 执行下面程序段，给 x、y 赋值时，不能作为数据分隔符的是（　　）。

```
int x,y;
scanf("%d%d",&x,&y);
```

   A. 空格　　B.【Tab】键　　C. 回车　　D. 逗号

6. 下面合法的语句是（　　）。

   A. int a=8,b;
      b=++a++;
      printf("%d,%d",a,b++);

   B. int a;
      printf("\\"%d\\"",scanf("%d",&a));

   C. char a;
      scanf("%c",&a);
      char b=scanf("b=%c",&b);

   D. char c; c=getchar();
      putchar(c);

7. 执行下面程序时，欲将 25 和 2.5 分别赋给 a 和 b，正确的输入方法是（　　）。

```
int a;
float b;
scanf("a=%d,b=%f",&a,&b);
```

A．25 2.5　　B．25,2.5　　C．a=25,b=2.5　　D．a=25 b=2.5

8．下面合法的赋值语句是（　　）。

A．x+y=2002;　　B．ch="green";　　C．x=(a+b)++;　　D．x=y=0316;

9．有以下程序：

```
main()
{
   int m=0256,n=256;
   printf("%O  %O\n",m,n);
}
```

程序运行后的输出结果是（　　）。

A．0256　0400　　B．0256　256　　C．256　400　　D．400　400

10．若下面选项中的变量已正确定义，则正确的赋值语句是（　　）。

A．x1=26.8%3　　B．1+2=x2　　C．x3=0x12　　D．x4=1+2=3

二、填空题

1．下面的程序运行后输出为__________。

```
#include  "stdio.h"
#include  "math.h"
main()
{
   int a,b;
   float c;
   b=5;c=6;c=b+7;b=c+1;
   a=sqrt((double)b+c);    /*sqrt()是开平方库函数,定义在math.h中*/
   printf("%d,%f,%d",a+6,c,b);
}
```

2．程序设计 3 种基本结构为__________、__________、__________。

三、编程题

已知三角形的三边长，求其面积。

提示：输入的三边能构成三角形，三角形的面积公式为：

$$\text{Area}=\sqrt{s(s-a)(s-b)(s-c)}\quad (s=((a+b+c)/2)$$

第5章

选择结构程序设计

学习目标

通过本章学习，应具备熟练运用选择结构进行程序设计的能力，掌握 if 语句的使用，掌握嵌套的 if 语句，掌握条件运算符表示选择结构，掌握 switch 语句的使用，学会用选择结构进行程序设计。

问题导入

在生活中经常会遇到这样的情况，一件事情有两种或更多的可能发生，这时必须做出选择，事情会因为选择的不同走向不同的发展。同样，在程序设计的时候，也会有做出选择的时候，C 语言需要用哪种类型的语句来处理这种情形，如何实现选择结构程序设计呢？

选择结构也称分支结构，是在做选择的时候给出一个条件，根据这个条件是否满足来作出判断并决定程序的走向。在 C 语言中，一般用 if 语句或 switch 语句来实现选择结构，选择一般可以是两种可能，即二重分支，但也可是多重分支，即进行多重选择。

5.1 if 语句

if 在英语中是“如果”的意思，所以 if 语句很形象地说明了它的含义，它可以用来判定给定的条件是否满足，根据判定结果的真假来决定程序的走向。

5.1.1 if 语句的三种形式

C 语言提供了 if 语句的三种不同形式。

1. if 形式

【语法格式】

```
if(表达式)
   语句;
```

【功能】如果表达式的值为真，则执行其后的语句，否则不执行该语句。

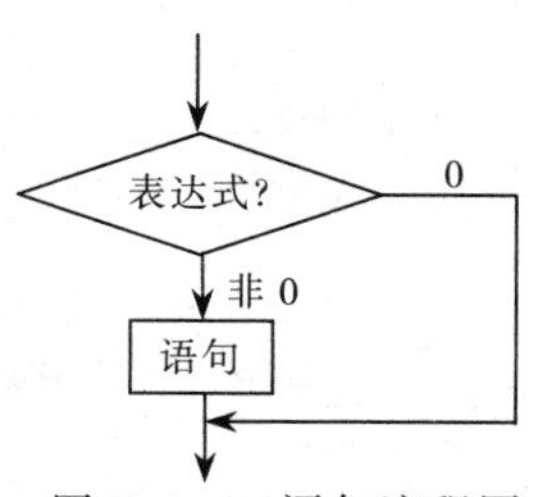

图 5-1 if 语句流程图

【说明】

（1）这种结构实际上只有一种选择，如图 5-1 所示。

（2）表达式必须用圆括号括起来，不能省略。

（3）表达式可以是任何类型，常用的是关系表达式或逻辑表达式。例如：

① 使用关系表达式：

```
x=-1;
if(x<0)
x=-x;
printf("%d",x);
```

② 使用逻辑表达式：

```
x=2;
if(x>1&&x<5)
x=x+2;
printf("%d",x);
```

③ 使用一般表达式：

```
x=2;
if(x)
x=x+2;
printf("%d",x);
```


（4）关系运算符“==”与赋值运算符“=”表示的是不同意义。例如：

① 使用关系运算符“==”：

```
x=0;
if(x==0)
x=x+2;
printf("%d",x);          /*输出结果为 2*/
```

② 使用赋值运算符“=”：

```
x=0;
if(x=0)
x=x+2;
printf("%d",x);          /*输出结果为 0*/
```

（5）执行的语句可以是单个语句，也可以是复合语句（包括嵌套 if 语句）。例如：

① 使用单个语句：

```
x=-1;
if(x>0)
x=x+2;
x=x+1;
printf("%d",x);       /*输出结果为 0;*/
```

② 使用复合语句：

```
x=-1;
f(x>0)
{x=x+2;x=x+1;}
printf("%d",x);       /*输出结果为-1*/
```

【例 5.1】计算 x 的绝对值。

```
main()
{
   int x;
   scanf("%d",&x);
   if(x<0)
      x=-x;
   printf("|x|=%d\n",x);
}
```

运行结果：

```
-35↙
|x|=35
```

【例 5.2】求两个数中的最大数。

```
main()
{
   int a,b,max;
   printf("\n please input two numbers: ");
   scanf("%d%d",&a,&b);
   max=a;
   if(max<b)
     max=b;
   printf("max=%d",max);
}
```

【说明】本例程序中，输入两个数 a、b，把 a 先赋予变量 max，再用 if 语句判别 max 和 b 的大小，如 max 小于 b，则把 b 赋予 max；如 max 比 b 大，则不做赋值。因此 max 中总是大数，最后输出 max 的值。

【例 5.3】输入 3 个整数，按从大到小的顺序排列。

```
main()
{
   int x,y,z;
   printf("input three numbers: ");
   scanf("%d%d%d",&x,&y,&z);
   if(x<y)
     x=x+y,y=x-y,x=x-y;
   if(x<z)
     x=x+z,z=x-z,x=x-z;
   if(y<z)
     y=y+z,z=y-z,y=y-z;
   printf("%d,%d,%d\n",x,y,z);
}
```

运行结果：

```
input three numbers:4 22 12↙
22,12,4
```

【说明】该例中 x=x+y,y=x−y,x=x−y;是一个逗号表达式，可以不用加{}。

2. if…else 形式

【语法格式】

```
if(表达式)
   语句 1;
else
   语句 2;
```

【功能】如果表达式的值为真，则执行语句 1，否则执行语句 2。

这里有两条语句，根据表达式的值决定到底执行哪条，如图 5-2 所示。

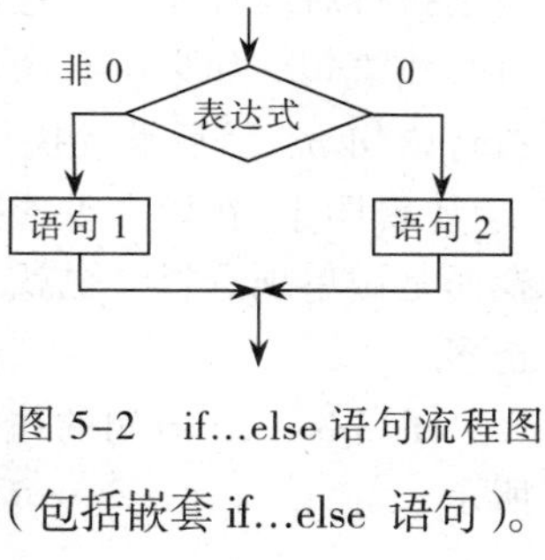

图 5-2　if…else 语句流程图

【说明】

（1）语句 1 和语句 2 可以是任何可执行语句，也可以是复合语句（包括嵌套 if…else 语句）。

（2）if 语句中，每个 else 前面有一个分号，一个语句结束处有一个分号。例如：

```
if(x==0)
  printf("false");
else                  /*else 前有分号*/
  printf("true");   /*结束处有分号*/
```

（3）按结构化程序要求，一般将 else 及其后语句 2 另起一行，并让 else 与 if 对齐。

【例 5.4】用 if...else 形式编写程序，求两个数的最大数。

```
main()
{
   int a,b;
   printf("input two numbers: ");
   scanf("%d%d",&a,&b);
   if(a>b)
     printf("max=%d\n",a);
   else
     printf("max=%d\n",b);
}
```


【说明】例 5.2 中的 a 赋值给 max 这一步被省去了，可以直接将 a 和 b 进行比较，然后将大者放入 max，而且看到表达式走向两条不同的语句。读者请注意比较二者的不同。

3. if...else...if 形式

前两种形式的 if 语句做的选择一般都是两重分支。当含有多个分支时，一般采用 if...else...if 语句。

【语法格式】

```
if(表达式 1)
   语句 1;
else if(表达式 2)
        语句 2;
     else if(表达式 3)
             语句 3;
          ...
          else if(表达式 n-1)
                  语句 n-1;
               else
                  语句 n;
```

【功能】从表达式1 开始依次判断表达式的值，当出现某个值为真时，则执行其后所对应的语句。然后跳出整个 if 语句之外继续执行后续程序，注意这里并不会再去执行其他语句。如果所有的表达式均为假，则执行语句 *n*。然后继续执行后续程序。

【说明】 在做多重选择时不会做多项选择而是做单项选择，也就是多选一，不是多选多。

if...else...if 语句的执行过程如图 5-3 所示。

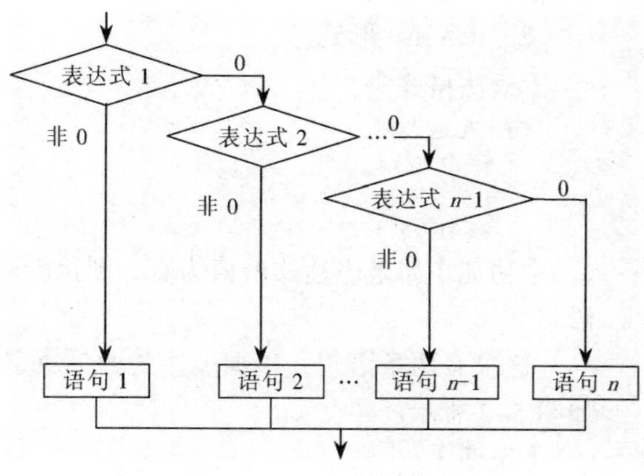

图 5-3　if...else...if 语句流程图

【例 5.5】if...else...if 形式应用示例。

```
main()
{
   int x,y;
   scanf("%d",&x);
   if(x>0)
      y=1;
   else if(x==0)
            y=0;
         else  y=-1;
   printf("%d,%d\n",x,y);
}
```

5.1.2　if 语句的嵌套

这里接触到一个新的概念—— 嵌套，它指的是在程序设计中的某种结构或函数的执行部分又使用了另一种结构。当 if 语句中的执行语句又使用了if 语句时，则构成了if 语句嵌套的情形。if 语句嵌套有两种形式。

【语法格式 1】

```
if(表达式 1)
  if(表达式 2)语句;
```

【语法格式 2】

```
if(表达式 1)
  if(表达式 2)语句 1;
  else 语句 2;
else  if(表达式 3)语句 3;
      else 语句 4;
```

【说明】

（1）语法格式 1 中，当表达式 1、表达式 2 同时为真时，执行语句内容。

（2）语法格式 2 中，当表达式 1、表达式 2 同时为真时，执行语句 1 内容；当表达式 1 为真、表达式 2 为假时，执行语句 2 内容；当表达式 1 为假、表达式 3 为真时，执行语句 3 内容；当表达式 1 为假、表达式 3 为假时，执行语句 4 内容。

（3）在这里嵌套内的 if 语句是 if...else 型的，这就会出现多个 if 和多个 else 重叠的情况，如果写成像上面这么整齐的格式有时还比较好区分，但有时情况往往不是这样，而且就算写在同一列上对齐的一组 if...else 语句有时也不一定就是一组。这时要特别注意 if 和 else 的配对问题。

例如：

```
if(x>y)
  if(y>z)
    printf("%d",x);
  else
    printf("%d",y);
```

其中的 else 究竟是与哪一个 if 配对呢？

应该理解为：

```
if(x>y)
{if(y>z)
```

还是应理解为：

```
if(x>y)
  if(y>z)
```

```
    printf("%d",x);}            printf("%d",x);
  else                        else
    printf("%d",y);             printf("%d",y);
```

为了避免这种二义性，C语言规定，else 总是与它前面最近的 if 配对，因此对上述例子应按后一种情况理解。当然还有方法就是将希望放在一组的 if...else 语句用{}括起来以确定配对关系，这种方法更加容易识别及安全。

【例 5.6】编程计算如下分段函数的值。

$$y=\begin{cases}1 & (0<x<3)\\2 & (x<=0)\\3 & (x>=3)\end{cases}$$

方法一：用 if 语句的嵌套形式编程。

```
main()
{
  int x,y;
  scanf("%d",&x);
  if(x>0)
     if(x>=3) y=3;
     else  y=1;
  else y=2;
     printf("x=%d ,y=%d \n",x,y);
}
```

方法二：用 if...else...if 形式编程。

```
main()
{
  int x,y;
  scanf("%d",&x);
  if(x<=0)  y=2;
  else  if  (x<3) y=1;
        else y=3;
  printf("x=%d ,y=%d \n",x,y);
}
```

方法三：用 if 形式编程。

```
main()
{
  int x,y;
  scanf("%d",&x);
  if(x>0&&x<3)  y=1;
  if(x<=0) y=2;
  if(x>=3) y=3;
  printf("x=%d ,y=%d \n",x,y);
}
```

【例 5.7】编写一道程序，从键盘上输入年份 year（4 位十进制数），判断其是否闰年。闰年的条件是：能被 4 整除，但不能被 100 整除，或者能被 400 整除。

```
main()
{
   int year,leap=0;    /*leap=0: 预置为非闰年*/
   printf("Please input the year:");
   scanf("%d",&year);
   if(year%4==0)
```

```
    if(year%100!=0) leap=1;
    else
       if(year%400==0) leap=1;
  if(leap)
    printf("%d is a leap year.\n",year);
  else
    printf("%d is not a leap year.\n",year);
}
```

运行结果：

```
Please input the year:
2006↙
2006 is not a leap year
```

【说明】

可以看到这个题目用了{}，可以很容易地区分嵌套的层次，阅读起来比较轻松。

5.1.3 条件运算符与 if 语句的关系

前面已经学习过条件运算符，它与 if 语句相比，功能比较简单。

【语法格式】表达式 1?表达式 2:表达式 3

【说明】根据表达式 1 的值来决定最终表达式的取值是表达式 2 还是表达式 3，相当于：

```
if (表达式1) 表达式2;
else  表达式3;
```

但要注意条件运算符最终得到的是一个值，而 if 语句是得到一个语句的执行，所以要注意区别使用。

【例 5.8】编写程序，用条件表达式实现，将大写字母改写为小写字母。

```
main()
{
   char ch;
   printf("Input a character: ");
   scanf("%c",&ch);
   ch=(ch>='A'&&ch<='Z')?(ch+32):ch;
   printf("ch=%c\n",ch);
}
```

运行结果：

```
Input a character:
B↙
ch=b
```

【说明】这个程序利用条件运算符判断 ch 的值，如果是大写字母，则将 ch 加上 32 变为其对应小写字母的 ASCII 表示，并赋值给 ch，如果不是大写字母则不变（大写字母与相应小写字母 ASCII 码值相差 32）。如果改写成用 if 语句则为：

```
main()
{
   char ch;
   printf("Input a character: ");
   scanf("%c",&ch);
   if(ch>='A'&&ch<='Z')
      ch=ch+32;
  printf("ch=%c\n",ch);
}
```

5.2 switch 语句

if 语句只提供了两重分支供选择，C 语言还提供了另一种用于多分支选择的 switch 语句。

【语法格式】

```
switch(表达式)
{   case 常量表达式 1:语句 1;
    case 常量表达式 2:语句 2;
    …
    case 常量表达式 n:语句 n;
    default:语句 n+1;}
```

【功能】计算表达式的值，并逐个与其后的常量表达式值比较，当表达式的值与某个常量表达式的值相等时，即执行其后的语句，然后不再进行判断，继续执行后面所有 case 后的语句。如表达式的值与所有 case 后的常量表达式均不相同时，则执行 default 后的语句。

如果希望在执行某个 case 后的语句后不再继续执行每个 case 语句，需要在后面加上 break 语句，表示退出整个语句，即：

```
switch(表达式)
{   case 常量表达式 1:语句 1;break;
    case 常量表达式 2:语句 2;break;
    …
    case 常量表达式 n:语句 n;break;
    default:语句 n+1;break;
}
```

switch 语句流程图如图 5-4 所示。

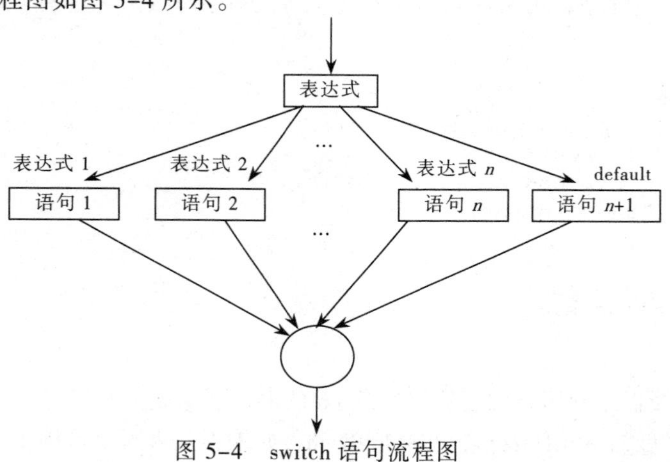

图 5-4　switch 语句流程图

【例 5.9】switch 语句应用示例。

```
main()
{
   int x,y=0;
   scanf("%d",&x);
   switch(x)
    { case 1:y++;
      case 2:y++;
      case 3:y++;break;
```

```
      default:y++;}
      printf("x=%d,y=%d",x,y);
}
```

运行结果 1:

```
input one number:1↙
x=1,y=3
```

运行结果 2:

```
input one number:3↙
x=3,y=1
```

运行结果 3:

```
input one number:5↙
x=5,y=1
```

【例 5.10】输出数字对应的星期的英文单词。

```
main()
{
   int a;
   printf("input integer number: ");
   scanf("%d",&a);
   switch(a)
   { case 1:printf("Monday\n");
     case 2:printf("Tuesday\n");
     case 3:printf("Wednesday\n");
     case 4:printf("Thursday\n");
     case 5:printf("Friday\n");
     case 6:printf("Saturday\n");
     case 7:printf("Sunday\n");
     default:printf("error\n");}
}
```

运行结果:

```
input integer number:
4
Thursday
Friday
Saturday
Sunday
error
```

【说明】本程序是要求输入一个数字，输出数字对应的星期英文单词。但是，当输入 4 之后，却执行了 case 4 以及以后的所有语句，即输出了 Tuesday 及以后的所有单词。这当然是不希望的。

为什么会出现这种情况呢？这是因为在 switch 语句中，“case 常量表达式”只相当于一个语句标号，而并不是程序分支的标志，表达式的值和某标号相等则转向该标号执行，但不能在执行完该标号的语句后自动跳出整个 switch 语句，所以后面才会继续执行 case 语句。这是与前面介绍的 if 语句会自动跳出是不一样的，应特别注意。

为了避免上述情况，应该使用 break 语句，用于跳出 switch 语句，修改例题的程序，在每个 case 语句之后增加 break 语句，使每一次执行之后均可跳出 switch 语句，从而避免输出不应有的结果。修改后程序如下:

```
main()
{
```

```
    int a;
    printf("input integer number: ");
    scanf("%d",&a);
    switch(a)
    {  case 1:printf("Monday\n");break;
       case 2:printf("Tuesday\n");break;
       case 3:printf("Wednesday\n");break;
       case 4:printf("Thursday\n");break;
       case 5:printf("Friday\n");break;
       case 6:printf("Saturday\n");break;
       case 7:printf("Sunday\n");break;
       default:printf("error\n");}
}
```

在使用switch语句时还应注意以下几点：

（1）switch后面的“表达式”，可以是int、char和枚举型中的一种。

（2）在case后的各常量表达式的值不能相同，否则会出现自相矛盾的情况。

（3）多个case子句，可共用同一条件语句。

例如：

```
switch(x)
{  case 1:
   case 2: printf("%d",x+1);}
```

也可写为：

```
switch(x)
{  case 1:case 2: printf("%d",x+1);}
```

（4）在case后，允许有多个语句，可以不用{}括起来，但是switch语句中的花括号是不能省略的。

（5）各case和default子句的先后顺序可以变动，而不会影响程序执行结果。

（6）default子句可以省略不用。

（7）用switch语句实现的多分支结构程序，完全可以用if语句或if语句的嵌套来实现。

（8）一般说来switch语句适合实现判断条件是具体数值的问题，if语句适合实现判断条件是一个范围的问题，解题时要注意灵活运用。

（9）switch语句可以嵌套，即在一个switch语句中嵌套另一个switch语句，但是要注意，break语句只能跳出当前层的switch语句。

5.3 选择结构程序设计举例

【例5.11】已知某企业员工的基本工资为500元，某月所接工程的利润profit（整数）与利润提成的关系如下（计量单位：元）：

```
profit<1000            /*没有提成*/
1000≤profit<2000       /*提成10%*/
2000≤profit<5000       /*提成15%*/
5000≤profit<10000      /*提成20%*/
10000≤profit           /*提成25%*/
```

编写程序，计算企业员工某月工资。

算法设计要点：

为使用 switch 语句，必须将利润 profit 的范围与提成问题，转换成整数与提成的关系。分析本题可知，提成的变化点都是 1 000 的整数倍（1 000、2 000、5 000…），如果将利润 profit 整除 1 000，则当：

```
profit<1000              /*对应 0*/
1000≤profit<2000         /*对应 1*/
2000≤profit<5000         /*对应 2、3、4*/
5000≤profit<10000        /*对应 5、6、7、8、9*/
10000≤profit             /*对应 10、11…*/
```

这样问题就由一个范围问题转换成一个数值问题，解决了 switch 语句的处理。

```
main()
{
  long profit;
  int grade;
  float salary=500;
  printf("Input  profit: ");
  scanf("%ld",&profit);
  grade=profit/1000;
  switch(grade)
  {  case  0:break;                          /*profit<1000*/
     case  1:salary+=profit*0.1;break;       /*1000≤profit<2000*/
     case  2:
     case  3:
     case  4:salary+=profit*0.15;break;      /*2000≤profit<5000*/
     case  5:
     case  6:
     case  7:
     case  8:
     case  9: salary+=profit*0.2;break;     /*5000≤profit<10000*/
     default: salary+=profit*0.25;}          /*10000≤profit */
 printf("salary=%.2f\n",salary);
}
```

运行结果：

```
Input  profit:5↙
salary=500.00
```

【例 5.12】编写可以完成加、减、乘、除运算的计算器程序。

算法设计要点：

（1）定义三个实型变量，其中两个变量用来存放操作数，一个变量用来存放计算结果。定义一个字符变量用来存放运算符（+、-、*、/）。

（2）用 switch 语句对输入的运算符作五种不同的处理方法：加、减、乘、除、运算符及出错处理。

```
#include <math.h>
main()
{
  float a,b,c;
  char op;
  printf("Please input  operator: ");
  scanf("%c", &op);
```

```
  printf("Please input  the two operands:");
  scanf("%f,%f", &a,&b);
  switch(op)
   {
     case  '+':c=a+b;
               printf("%f+%f=%f\n",a,b,c);break;
     case  '-':c=a-b;
               printf("%f-%f=%f\n",a,b,c);break;
     case  '*':c=a*b;
               printf("%f*%f=%f\n",a,b,c);break;
     case  '/':if(fabs(b)<1e-6)
                 printf("Divisor is zero,input error.\n");/*除数为0，报错*/
               else {c=a/b; printf("%f/%f=%f\n",a,b,c);}
               break;
     default: printf("Operator invalid\n");}
}
```

运行结果：

```
Please input  operator:* ↙
Please input  the two operands:2,3↙
2.000000*3.000000=6.000000
```


【例 5.13】求一元二次方程 $ax^2+bx+c=0$ 的解（$a\neq 0$）。

算法设计要点：

一元二次方程 $ax^2+bx+c=0$ 的解有以下几种情况：

（1）若 $a=0$，$b=0$，则等式不成立。

（2）若 $a=0$，则方程只有一个根 $-c/b$。

（3）除以上两种情况，可用判断 $d=b^2-4ac$ 的值来求解方程的根。

① 若 $d>0$，则方程有两个实根。

② 若 $d=0$，则方程有一个实根。

③ 若 $d<0$，则方程有两个复根。

程序如下：

```
#include "math.h"
main()
{
   float a,b,c,disc,x1,x2,p,q;
   scanf("%f,%f,%f",&a,&b,&c);
   disc=b*b-4*a*c;
   if(fabs(disc)<=1e-6)                          /*fabs(): 求绝对值库函数*/
      printf("x1=x2=%7.2f\n", -b/(2*a));         /*输出两个相等的实根*/
   else
      {  if(disc>1e-6)
         {  x1=(-b+sqrt(disc))/(2*a);            /*求出两个不相等的实根*/
            x2=(-b-sqrt(disc))/(2*a);
            printf("x1=%7.2f,x2=%7.2f\n",x1,x2);  }
         else
         {  p=-b/(2*a);                          /*求出两个共轭复根*/
            q=sqrt(fabs(disc))/(2*a);
            printf("x1=%7.2f+%7.2f i\n",p,q);   /*输出两个共轭复根*/
            printf("x2=%7.2f-%7.2f i\n",p,q);}}
}
```

【例 5.14】编写程序，根据人的身高和体重，计算体重指数，判断健康情况。

算法设计要点：

体重指数为 $t=w/h^2$,其中 w 代表体重，单位为 kg，h 代表身高，单位为 m。

当 $t<18$ 时，体重偏轻；

当 $18\leqslant t<25$，体重正常；

当 $25\leqslant t<30$，体重偏高；

当 $t\geqslant 30$，体重超重。

```
main()
{
  float  h,w,t;
  printf("Input weight and height:");
  scanf("%f,%f",&w,&h);
  t=w/(h*h);
  if(t>=18)
  {
    if(t>=25)
    {
       if(t>=30) printf("Your overweight\n");
       else printf("You  weight  on\n");
    }
    else printf("Your weight  is  normal\n");
  }
  else printf("You are underweight  \n");
}
```

运行结果：

```
Input weight and height:55,1.65↙
Your weight  is  normal
```

小　　结

选择结构程序设计是C语言中非常重要的一种程序设计方法，尽管C语言程序设计非常复杂，一个规模较大的C程序往往需要结合多种不同的程序设计方法才能解决，但选择结构本身却十分简单。本章介绍了C语言提供的if语句的3种不同形式：if语句，if…else语句及if…else if语句;if语句的嵌套使用；switch语句。

习　　题

一、选择题

1．对 if 语句中表达式的类型，下面正确的描述是（　　）。

A．必须是关系表达式　　B．必须是关系表达式或逻辑表达式

C．必须是关系表达式或算术表达式　　D．可以是任意表达式

2．多重 if...else 语句嵌套使用时，寻找与 else 配套的 if 方法是（　　）。

A．缩排位置相同的 if　　B．其上最近的 if

C．下面最近的 if　　D．同行上的 if

3. 以下错误的if语句是（　　）。

A．if(x>y) z=x;

B．if(x==y) z=0;

C．if(x!=y) printf("%d",x) else printf("%d",y);

D．if(x<y) { x++;y--;}

4. 以下程序的输出为（　　）。

```
main()
{  int a=20,b=30,c=40;
   if(a>b) a=b,
   b=c;c=a;
   printf("a=%d,b=%d,c=%d",a,b,c);}
```

A．a=20,b=30,c=20　　B．a=20,b=40,c=20

C．a=30,b=40,c=20　　D．a=30,b=40,c=30

5. 对于条件表达式(k)?(i++):(i--)来说，其中的表达式k等价于（　　）。

A．k ==0　　B．k==1　　C．k!=0　　D．k!=1

6. 下面程序运行结果为（　　）。

```
main()
{  char c='a';
   if('a'<c<='z')
     printf("LOW");
   else printf("UP");}
```

A．LOW　　B．UP

C．LOWUP　　D．语句错误，不能编译

7. 对下述程序，正确的判断是（　　）。

```
main()
{  int a,b;
   scanf("%d,%d",&a,&b);
   if(a>b)a=b;b=a;
   else a++;b++;
   printf("%d,%d",a,b);}
```

A．有语法错误，不能通过编译　　B．若输入4,5，则输出5,6

C．若输入5,4，则输出4,5　　D．若输入5,4，则输出5,5

8. 分析以下程序，结论是（　　）。

```
main()
{  int x=5,a=0,b=0;
   if(x=a+b) printf("****\\n");
   else printf("####\\n");}
```

A．有语法错误，不能通过编译　　B．能通过编译，但不能连接

C．输出****　　D．输出####\n

9. 对下面的程序，正确的说法是（　　）。

```
main()
{  int a,b=1,c=2;
   a=b+c,a+b,c+3;
   c=(c)?a++:b--;
   printf("c=%d/n",(a+b,c));}
```

A．无错误　　B．第3行有错误

C．第4行有错误　　D．第5行有错误

10．下列关于 switch 语句和 break 语句的结论中，正确的是（　　）。

A．break 语句是 switch 语句的一部分

B．在 switch 语句中可以根据需要使用或不使用 break 语句

C．在 switch 语句中必须使用 break 语句

D．switch 语句是 break 语句的一部分

11．在下面的条件语句中，只有一个在功能上与其他 3 条语句不等价，它是（　　）。

A．if(a) s1;else s2;　　　B．if(a==0) s2;else s1

C．if(a!=0) s1;else s2　　　D．if(a==0) s1;else s2

12．有如下程序：

```
main()
{ int x=1,a=0,b=0;
  switch(x)
  {  case 0:b++;
     case 1:a++;
     case 2:a++;b++;  }
     printf("a=%d,b=%d\n",a,b);  }
```

则该程序的输出结果是（　　）。

A．a=2,b=1　　B．a=1,b=1　　C．a=1,b=0　　D．a=2,b=2

13．若 int k;且有下面程序片段，则输出结果为（　　）。

```
k=-3;
if(k<0)  printf("####");
else      printf("&&&&");
```

A．####　　　B．&&&&

C．####&&&&　　　D．有语法错误，无法运行

14．与语句 if(a>b)if(c>d)x =1;else x=2;等价的是（　　）。

A．if(a>b){if(c>d)x=1;else x=2;}　　　B．if(a>b){if(c>d)x=1;}else x=2;

C．if((a>b)&&(c>d))x=1;else x=2;　　　D．if(a<=b)x=2;else if(c>d)x=1;

15．下面程序运行时，当输入字符“B”后按【Enter】键，输出的结果是（　　）。

```
main( )
{  char a;
   scanf("%c",&a);
   switch(a)
   {  case 'a':  printf("1"); break;
      case 'b':  printf("2"); break;
      case 'c':  printf("3"); break;
      default:  prinrf("4");  }
}
```

A．1　　B．2　　C．3　　D．4

二、程序分析题

1．下面程序的输出结果是-11，请填空。

```
main()
{  int x=100,a=200,b=50;
   int v1=25,v2=20;
   if(a<b)
   if(b!=50)
```

```
    if(!v1)
    x=11;
    else  if(v2)
    x=12;
    x=_______;
printf("%d",x);  }
```

2．写出下面程序的运行结果：

```
#include "stdio.h"
main()
{   int a=-1,b=1,c=5;
    switch(a>0)
       { case 1:switch(b-2<0)
                { case 1:printf("&");break;
                  case 2:printf("*");break;  }
         case 0:switch(c==5)
                { case 0:printf("!");break;
                  case 1:printf("#");break;
                  default:printf("%%");  }
       default:printf("@");  }}
```


3．假定所有变量均已正确说明，下列程序段运行结束后 x 的值是_______。

```
a=b=c=0;x=35;
if(!a)  x--;
else if(b);
if(c) x=3;
else  x=4;
```

4．任意输入 3 条边（a，b，c）后，若能构成三角形且为等腰、等边和直角，则分别输出 DY、DB 和 ZJ，若不能构成三角形则输出 NO，请填空。

```
main()
{  float a,b,c,a2,b2,c2;
   scanf("%f%f%f%",&a,&b,&c);
   printf("%5.1f,%5.1f,%5.1f",a,b,c);
   if(a+b>c&&b+c>a&&a+c>b)
   {
      if(__________)printf("DY");
      if(__________)printf("DB");
      a2=a*a;b2=b*b;c2=c*c;
      if(__________)printf("ZJ");
      printf("\n");   }
   else printf("NO\n");  }
```

三、编程题

1．输入某年某月某日，判断这天是该年的第几天？

2．利用条件运算符的嵌套来完成此题：学习成绩≥90 分的同学用 A 表示，60～89 分之间的同学用 B 表示，60 分以下的同学用 C 表示。

3．给一个不多于 5 位的正整数，要求：(1) 求它是几位数，(2) 逆序打印出各位数字。

4．一个 5 位数，判断它是不是回文数。如，12321 是回文数，个位与万位相同，十位与千位相同。

5．输入 3 个整数 x、y、z，请把这 3 个数由小到大输出。

第6章 循环结构程序设计

学习目标

通过本章学习，应具备熟练运用循环结构进行程序设计的能力，掌握循环的概念，了解goto语句构成的循环，掌握用while、do...while、for语句实现循环的方法及break、continue语句，学会用循环结构进行程序设计。

问题导入

循环结构是指程序中的某一段程序需要被反复地执行，几乎所有实际应用的程序都会使用循环结构。那么C语言程序的循环结构有什么规定，如何使用它呢？

6.1 认识循环结构

循环结构是结构化程序设计中的三种基本结构之一。循环结构中被重复执行的语句称为循环体，其特征是当条件成立时，执行循环体的语句，当条件不成立时跳出循环，执行循环结构后面的语句。

【例 6.1】编程计算 1+2+3+4+5 的值。

```
main()
{
  int s=0;
  s=s+1;
  s=s+2;
  s=s+3;
  s=s+4;
  s=s+5;
  printf("s=%d\n",s);
}
```

本程序使用顺序结构，做了5次赋值操作，才得到最后的结果，因此步骤上会显得很烦琐，若是求1+2+⋯+i，当i的值很大时，程序会达到一个相当大的容量。经过观察，发现每次赋值运算实际上都是在做类似的工作，像这样每次具有相似或相同工作的步骤就可以采用循环结构来处理，那么观察下面例题是如何采用循环结构处理的。

【例 6.2】用循环语句计算 1+2+3+4+5 的值。

```
main()
{
  int s=0,i;
   for(i=1;i<=5;i++)
     s=s+i;
   printf("s=%d\n",s);
}
```

这样处理，不管 i 的值有多大，都不会对程序的规模有影响，程序中采用了循环语句 for 来进行处理，除了 for 语句以外还有 while，do...while，goto 语句也可构成循环，本章将介绍这几种结构。

6.2　goto 语句以及用 goto 语句构成的循环

goto 语句又称无条件转向语句。

【语法格式】goto 语句标号;

【功能】使程序转向标号所在的语句行执行。

【说明】其中语句标号用标识符表示。

语句标号在程序中出现，表现为:

语句标号: 语句

【例 6.3】使用 goto 语句实现求解 1～100 累计和。

```
main()
{
   int i=1,s=0,n=100;
   loop:s+=i;
        i++;
   if(i<=n)
      goto loop;
   printf("s=%d\n",s);  }
```

在 C 语言发展过程中，一直对 goto 语句有很大的争议。支持者认为 goto 语句灵活方便，书写程序比较自如。结构化程序设计方法则主张限制使用 goto 语句，认为使用 goto 语句可能造成程序流程随意无规律，可读性降低。另外，从功能上说，for 语句可完全代替 goto 语句，所以该语句也不是必需的。

6.3　while 语句

while 语句可以实现“当型”循环结构。

6.3.1　while 语句的语法

【语法格式】

```
while(表达式)
              {
                    循环体
              }
```

while 语句流程图如图 6-1 所示。

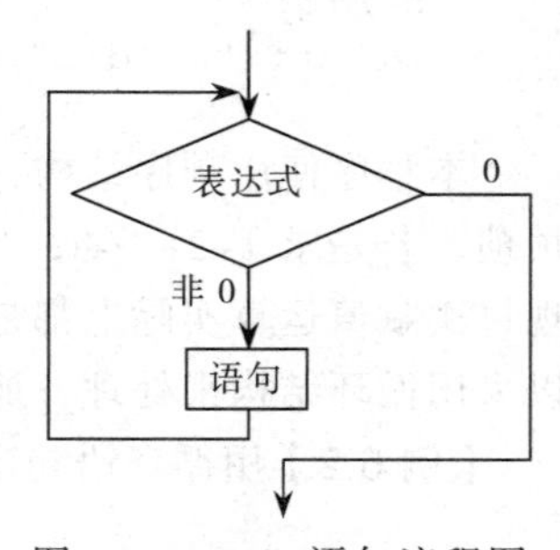

图 6-1　while 语句流程图

【功能】表达式是循环条件，当表达式的值为非 0 时，重复执行后面循环体的内容，直到表达式值为 0 时，退出循环。

【例 6.4】while 语句应用示例。

```
main()
{
  int i=1;
  while(i<=5)
  {
     printf("%d",i);
     i++;
  }
}
```

运行结果：

```
1 2 3 4 5
```

【例 6.5】使用 while 语句求解 1～100 的累计和。

```
main()
{
  int i=1,s=0;
  while(i<=100)
  {
    s=s+i;
    i++;
  }
  printf("s=%d\n",s);
}
```

运行结果：

```
s=5050
```

【说明】可以看到，当 i<=100 时，表达式满足，执行循环体；当 n>100 时，条件不满足，退出循环。

6.3.2 使用 while 语句需要注意的问题

使用 while 语句应注意以下几点：

（1） while 语句中的表达式一般由关系表达式或逻辑表达式组成，只要表达式的值为真（非 0）即可继续循环。

【例 6.6】输出 0，2，4，…，2*n*（*n*=0，1，2，3，4，…）。

```
main()
{
   int a=0,n;
   printf("\n input n: ");
   scanf("%d",&n);
   while(n--)
     printf("%d",a++*2);
}
```

运行结果：

```
input n:6
0 2 4 6 8 10
```

【说明】本例程序将执行 n 次循环，每执行一次，n 值减 1。循环体输出表达式 a++*2

的值。while 语句可写成：

```
while(n)
{
  n=n-1;
  printf("%d",a*2);
  a=a+1;
}
```

（2）循环体如没有用括号，一般表示其后第一条语句是循环体内容，若循环体包括有一个以上的语句，则必须用{}括起来，组成复合语句，且复合语句的内容为循环体内容。

（3）应注意循环条件的选择以避免死循环，所以在构建循环条件时就应该注意表达式是否有结束的可能，并在循环体中应有使循环趋于结束的语句。

【例 6.7】一个错误的程序。

```
main()
{
   int a,n=0;
   while(a=5)
     printf("%d",n++);
}
```


【说明】while 语句的循环条件为赋值表达式 a=5，因此该表达式的值永远为真，而循环体中又没有其他中止循环的手段，因此该循环将无休止地进行下去，形成死循环。

（4）在程序中允许 while 语句的循环体又有其他循环语句，从而形成双重循环，这将在后面进一步介绍。

6.4　do...while 语句

总的来说，do...while 语句和 while 语句差别不大，但也有些运行顺序上的区别。

6.4.1　do...while 语句的语法

【语法格式】

```
do
{
  循环体
}
while(表达式);
```

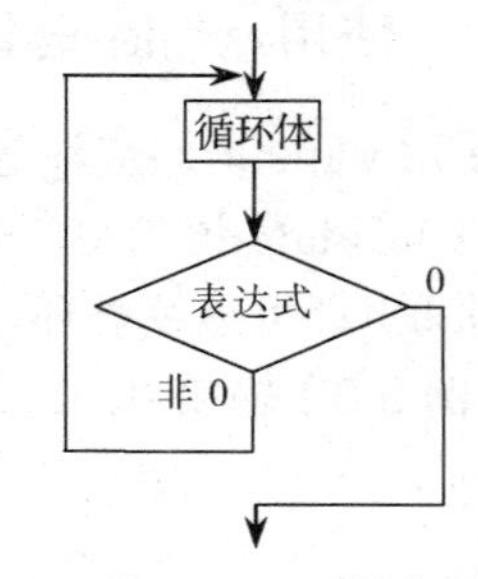

图 6-2　do...while 语句流程图

【功能】先执行循环体语句一次，再判断表达式的值，若为真（非 0）则继续循环，否则终止循环，其流程图如图 6-2 所示。

do...while 语句和 while 语句的区别在于 do...while 是先执行后判断，因此 do...while 至少要执行一次循环体。而 while 是先判断再执行，如果条件不满足，则一次循环体语句也不执行。

while 语句和 do...while 语句一般都可以相互改写，如例 6.4 又可改写为如下程序。

【例 6.8】do...while 语句应用示例。

```
main()
{
```

```
   int i=1;
   do
   {
     printf("%d\n",i); i++;
   }
   while(i<=5);
}
```

运行结果：

```
1
2
3
4
5
```

【例 6.9】使用 do…while 语句求解 1～100 的累计和。

```
main()
{
   int n=1,s=0;
   do
   {
      s=s+n; n++;
   }
   while(n<=100);
   printf("s=%d\n",s);
}
```

运行结果：

```
s=5050
```

在一般情况下，用 while 和 do…while 处理问题时结果是一样的，只有当一开始表达式就为假（非 0）时两种结果才不同。

6.4.2 使用 do…while 语句需要注意的问题

do…while 语句还应注意以下几点：

（1）在 if 语句和 while 语句中，表达式后面都不能加分号，而在 do…while 语句的表达式后面则必须加分号。原因是这里表示一个语句的结束，初学者很容易忽视。

（2）do…while 语句也可以组成多重循环，而且也可以和 while 语句相互嵌套。

（3）在 do 和 while 之间的循环体由多个语句组成时，也必须用{}括起来组成一个复合语句。

（4）do…while 和 while 语句相互替换时，要注意修改循环控制条件。

把例 6.6 的 while 语句改为 do…while 语句，程序如下：

```
main()
{
   int a=0,n;
   printf("\ninput n: ");
   scanf("%d",&n);
   do
     printf("%d",a++*2);
   while(--n);
   }
```

这里循环条件由 n--改为--n，原因就是 do...while 语句比 while 语句少了一次判断，所以需要在判断时先对 n 减 1，再做判断，这样次数上可达到一致，读者可自行推导。

6.5 for 语句

for 语句是 C 语言所提供的功能更强、使用更广泛的一种循环语句。前面几种循环语句一般适用于循环次数不确定、仅用条件判断循环结束的情况，for 语句则不仅可用于这种情况，它还适用于循环次数确定的情况。

6.5.1 for 语句的语法

【语法格式】

```
for(表达式 1;表达式 2;表达式 3)
        {
            循环体
        }
```

【功能】

（1）首先计算表达式 1 的值。

（2）再计算表达式 2 的值，若值为真（非 0）则执行循环体一次，否则跳出循环。

（3）然后再计算表达式 3 的值，转回第（2）步重复执行。在整个 for 循环过程中，表达式 1 只在第一次时运行，后面循环中不再运行，因此表达式 1 常被用于赋初值。表达式 2 和表达式 3 则可能计算多次。循环体可能多次执行，也可能一次都不执行。for 语句的执行过程如图 6-3 所示。

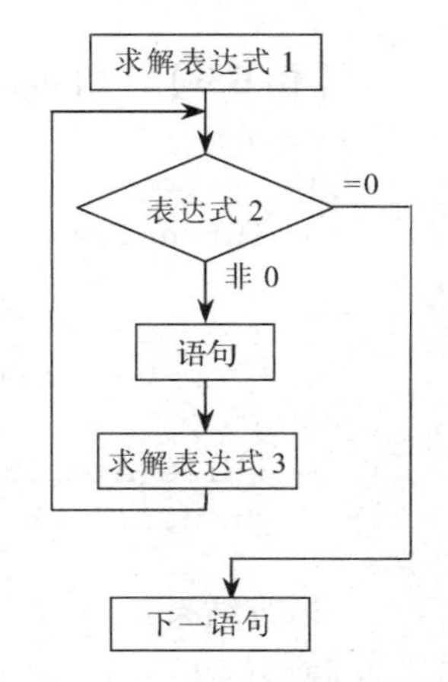

图 6-3　for 语句流程图

【说明】表达式 1 通常用来给循环变量赋初值，一般是赋值表达式。也允许在 for 语句外给循环变量赋初值，此时可以省略该表达式。

表达式 2 通常是循环条件，一般为关系表达式或逻辑表达式。

表达式 3 通常可用来修改循环变量的值。

这 3 个表达式都可以是逗号表达式，即每个表达式都可由多个表达式组成，且 3 个表达式都是任选项，都可以省略。其中的“语句”即为循环体语句。

【例 6.10】for 语句应用示例。

```
main()
{
   int i;
   for(i=1;i<=5;i++)
     printf("%d,",i);
}
```

运行结果：

```
1,2,3,4,5,
```

【例 6.11】使用 for 语句求解 1～100 的累计和。

```
main()
{
```

```
    int n,s=0;
    for(n=1;n<=100;n++)
      s=s+n;
    printf("s=%d\n",s);
}
```

【说明】这里第 1 个表达式 n=1 设定了初值；第 2 个表达式 n<=100，表示当 n<=100 时进行循环，则 n>100 时退出循环；第 3 个表达式 n++表示每循环一次使得循环变量发生改变，最终使得 n>100 退出循环，而且 for 循环也必须使循环能够得以结束。

作为类比，下面再求 n 的阶乘。

【例 6.12】求 n 的阶乘 $n!$（$n!=1\times 2\times \cdots \times n$）。

```
main()
{
    int i,n;
    long  fact=1;
    printf("Input  n: ");
    scanf("%d",&n);
    for(i=1;i<=n;i++)
       fact *=i;
    printf("%d!=%ld\n",n,fact);
}
```

运行结果：

```
Input n: 5↙
5!=120
```

6.5.2　使用 for 语句需要注意的问题

在使用 for 语句中要注意以下几点：

（1）for 语句中的各表达式都可省略，但分号间隔符不能少。例如：

```
for(;表达式 2;表达式 3)          /*省去了表达式 1*/
for(表达式 1;;表达式 3)          /*省去了表达式 2*/
for(表达式 1;表达式 2;)          /*省去了表达式 3*/
for(;;)                         /*省去了全部表达式*/
```

① 省去表达式 1，此时应在 for 之前给循环变量赋初值，例如，将例 6.12 中循环部分可改为：

```
i=1;
for(;i<=n;i++)
   fact*=i;
```

② 省去表达式 2 将造成循环无休止进行下去，也就是程序会认为表达式 2 始终为真，循环不停止。

③ 省去表达式 3 也将造成无限循环，但这时可在循环体内设法结束循环。

例如，例 6.11 中循环部分也可改为：

```
for(n=1;n<=100;)
{
   s=s+n;
   n++;
}
```

④ 如果省去表达式 1、表达式 3，只保留表达式 2，这种情况下，完全等价于 while

语句，例如：

```
n=1;
for(;n<=100;)
{
   s=s+n;
   n++;
}
```

本例中省略了表达式 1 和表达式 3，由循环体内的 n++语句进行循环变量 n 的递增，以控制循环次数。

⑤ 如果所有表达式均被省略，相当于 while(1)语句，循环变量不增值，造成死循环。

```
for(;;)
{
   a++;n--;
   printf("%d",a*2);
   if(n==0)break;
}
```

本例中 for 语句的表达式全部省去。由循环体中的语句实现循环变量的递减和循环条件的判断。当 n 值为 0 时，由 break 语句中止循环，转去执行 for 以后的程序。在此情况下，for 语句已等效于 while(1)语句。如在循环体中没有相应的控制手段，则造成死循环。

（2）循环体可以是空语句。

【例 6.13】 用空循环体形式编写程序，统计字符个数。

```
#include "stdio.h"
main()
{
   int n=0;
   printf("input a string:\n");
   for(;getchar()!='\n';n++);
   printf("%d",n);
}
```

【说明】本例是统计字符个数，在程序中省去了 for 语句的表达式 1，表达式 3 也不是用来修改循环变量，而是用作输入字符的计数。这样，就把本应在循环体中完成的计数放在表达式 3 中完成了，因此循环体是空语句。应注意的是，空语句后的分号不可少，如果缺少此分号，则把后面的 printf 语句当成循环体来执行。反过来说，如果循环体不为空语句时，不能在表达式的括号后加分号，这样又会认为循环体是空语句而不能循环执行。这些都是编程中常见的错误，读者要十分注意。

6.6 循环的嵌套

循环语句的循环体内，又包含另一个完整的循环结构，称为循环的嵌套。循环嵌套的概念，不只是在 C 语言中，在其他高级语言中也适用。

几种循环语句 for、while、do...while 相互嵌套，可以构成多重循环，可以构成二重、三重甚至更多循环。

1. 几种循环嵌套形式

【语法格式 1】

```
for(;;)
  {
  …
   for(;;)
     {
     …
   }
     …
   }
```

【语法格式 2】

```
  do
     {
     …
  for(;;)
  {
     …
      }
  …
 }
 while();
```

【语法格式 3】

```
 while()
 {
 …
  for(;;)
  {
   …
    }
    …
   }
```

【语法格式 4】

```
for(;;)
{…
while()
{
 …
   }
     …
  }
```

【例 6.14】循环嵌套应用示例。

```
main()
{
   int i,j;
   for(i=1;i<=2;i++)
   {
     for(j=1;j<=3;j++)
       printf("%d ",i*j);
     printf("\n");
   }
}
```

运行结果:

```
1 2 3
2 4 6
```

【例 6.15】输出一个由*组成的直角三角形图形。

```
main()
{
   int i,j;
   for(i=1;i<=5;i++)
   {
      for(j=1;j<=i;j++)
        printf("*");
      printf("\n");
   }
}
```

运行结果:

```
*
**
***
****
*****
```

【说明】本例中使用了一组二重循环，在外层循环中使用的循环变量 i 从 1 到 5，即循环 5 次，内层循环使用的变量 j 循环次数则由当前这次的 i 值决定，所以内层循环的次数从 1 次到 5 次，每次输出一个“*”，且每当一次内层循环结束以后，进行换行。所以最后输出一个由“*”组成的三角形。

2. **循环嵌套的几点说明**

（1）循环嵌套时，外循环必须完整包含内循环，不能出现一个循环部分在另一循环内部，还有一部分在另一循环外部，即循环的嵌套不能交叉。

（2）循环嵌套时，外循环与内循环的变量名不能同名，否则容易造成混乱。

（3）对于多重循环嵌套，可以通过 continue 语句结束本层的一次循环，进入本层的下一次循环。

（4）对于多重循环嵌套，可以通过 break 语句跳出循环，但 break 语句只能跳出该语句所在的一层循环。

6.7 几种循环的比较

以上介绍了 4 种不同的循环语句，那么它们有什么不同之处及相同之处呢？

（1）4 种循环语句在本质上没有很大差别，一般可以互相替换使用。一般不提倡大家使用 goto 语句，事实上使用其他 3 种语句已经足够完成任务。

（2）while、do...while、for 语句其实都有循环条件以及使循环趋于结束的语句，只是位置不同，while、do...while 循环条件一般在 while 后面括号内指定，for 语句则在表达式 2 中指定。while、do...while 使循环趋于结束的语句一般在循环体部分出现，for 语句在表达式 3 中指定。

（3）while、do...while、for 语句设置循环变量初始化语句，在循环之前书写，for 语句则在表达式 1 处出现。

（4）while、do...while、for 语句可以使用 break 语句中途退出循环，goto 语句则不能用该语句中途退出。

6.8 break 语句和 continue 语句

6.8.1 break 语句

break 语句用在 switch 语句或循环语句中，其作用是跳出 switch 语句或跳出本层循环，转去执行其后面的程序，即使此时循环条件还是满足的。由于 break 语句的转移方向是明确的，所以不需要语句标号与之配合。

【语法格式】

```
break;
```

使用 break 语句可以使循环语句有多个出口，在一些情况下使编程更加灵活、方便。

【例 6.16】break 语句应用示例。

```
main()
{
   int i;
   for(i=1;i<=10000;i++)
   {
      printf("%d ",i);
      if (i==3) break;
   }
}
```

运行结果：

```
1 2 3
```

【例 6.17】判断输入的一行字符中是否有相邻的两字符相同的情况，若有则退出循环。

```
#include "stdio.h"
main()
{
   char a,b;
   printf("input a string:\n");
   b=getchar();
   while((a=getchar())!='\n')
   {
      if(a==b)
      {
         printf("same character\n");
         break;
      }
      b=a;
   }
}
```

【说明】while((a=getchar())!='\n')语句作用是不到行尾则一直循环，而循环体中如果出现前后输入的两个字符是相同的则退出本次循环，即使还没有到行尾。此题的本意是不断输入一行字符，如中间有相邻两字符相同则输出 same character。

运行结果：

```
input a string:
I am a student↙
```

【例 6.18】判断 2～100 以内的数哪些是素数。

```
main()
{
   int n,i;
   for (n=2;n<=100;n++)
   {
     for(i=2;i<n;i++)
         if(n%i==0) break;
     if(i>=n)
         printf("%d",n);
   }
}
```

运行结果：

```
2  3  5  7  11  13  17  19  23  29  31 37  41  43  47  53  59  61  67  71
73  79  83  89  97
```

【说明】第一层循环表示对1～100的100个数逐个判断，是否是素数，共循环99次，在第2层循环中则将数n用2～n-1逐个去除，若某次除尽则跳出该层循环，说明其不是素数；如果在所有的数都未除尽的情况下结束循环，则为素数，此时应有i≥n，故可经此判断后输出素数。然后转入下一次大循环。实际上，2以上的所有偶数均不是素数，因此可以将程序中循环变量的步长值改为2，即每次增加2，此外只需对第2层循环用n/2去除就可判断该数是否素数。这样将大大减少循环次数，减少程序运行时间。读者可自行进行更改。

6.8.2 continue 语句

continue 语句只能用在循环体中。

【语法格式】

```
continue;
```

【功能】结束本次循环，不再执行循环体中 continue 语句之后的语句，转入下一次循环条件的判断与执行。应注意的是，本语句只结束本层本次循环，并不跳出整个循环。而break语句则退出整个当前这层的循环，使用时需注意区分。

【例 6.19】continue 语句应用示例。

```
main()
{
  int i;
  for(i=1;i<=10000;i++)
  {
    if (i<10000) continue;
    printf("%d ",i);
  }
}
```

运行结果：

```
10000
```

【例 6.20】取1～100中能被3整除的数并输出。

```
main()
{
   int n;
   for(n=1;n<=100;n++)
   {
       if(n%3!=0)
         continue;
       printf("%d ",n);
   }
}
```

【说明】continue 语句的作用是将循环中 n%3!=0 的情况都跳过，即取1～100中能被3整除的数并输出，其他数都跳过不计。

6.9 循环结构程序设计举例

【例 6.21】求 Fibonacci 数列的前20个数。该数列的生成方法为：$F_1=1$，$F_2=1$，$F_n=F_{n-1}+F_{n-2}$

（$n\geqslant 3$），即从第3个数开始，每个数等于前2个数之和。

```
main()
{
   long int f1=1,f2=1;                        /*定义并初始化数列的头2个数*/
   int i=1;                                   /*定义并初始化循环控制变量i*/
   for(;i<=10;i++)                            /*1组2个,10组20个数*/
   {
      printf("%15ld%15ld", f1, f2);           /*输出当前的2个数*/
      if(i%2==0) printf("\n");                /*输出2次（4个数）,换行*/
      f1+=f2;                                 /*计算下2个数*/
      f2+=f1;
   }
}
```

运行结果：

```
1          1          2          3
5          8          13         21
34         55         89         144
233        377        610        987
1597       2584       4181       6765
```

【例6.22】打印出所有的“水仙花数”，所谓“水仙花数”是指一个3位数，其各位数字立方和等于该数本身。例如，153是一个“水仙花数”，因为$153=1^3+5^3+3^3$。

算法设计要点：

利用for循环控制100～999个数，每个数分解出个位，十位，百位。再将各位数字的立方加起来与当前数进行比较，相等则是水仙花数，否则不是。

```
main()
{
   int i,j,k,n;
   printf("'water flower'number is:");
   for(n=100;n<1000;n++)
   {
     i=n/100;            /*分解出百位*/
     j=n/10%10;          /*分解出十位*/
     k=n%10;             /*分解出个位*/
     if(i*100+j*10+k==i*i*i+j*j*j+k*k*k)
       printf("%-5d",n);
   }
   printf("\n");
}
```

运行结果：

```
'water flower'number is: 153  370  371  407
```

【例6.23】将一个正整数分解质因数。例如，输入42，打印42=2×3×7。

算法设计要点：

对n进行分解质因数，应先找到一个最小的质数k，然后按下述步骤完成：

（1）如果这个质数恰好等于n，则说明分解质因数的过程已经结束，打印即可。

（2）如果n<>k，但n能被k整除，则应打印出k的值，并用n除以k的商，作为新的正整数n，重复执行第1步。

（3）如果 n 不能被 k 整除，则用 k+1 作为 k 的值，重复执行第（1）步。

```
main()
{
   int n,i;
   printf("\nplease input a number:\n");
   scanf("%d",&n);
   printf("%d=",n);
   for(i=2;i<=n;i++)
   {
     while(n!=i)
     {
        if(n%i==0)
        {
            printf("%d*",i);
            n=n/i;
        }
        else
          break;
     }
   }
   printf("%d",n);
 }
```

运行结果：

```
please input a number:
170
170=2*5*17
```

【例 6.24】打印出如下图案（菱形）。

算法设计要点：

先把图形分成两部分来看待，前 4 行一个规律，后 3 行一个规律，利用双重 for 循环，第 1 层控制行，第 2 层控制列。而且本例需要两个双重循环，一个控制前 4 行，一个控制后 3 行。

```
   *
  ***
 *****
*******
 *****
  ***
   *
```

```
main()
{
    int i,j,k;
    for(i=0;i<=3;i++)
    {
       for(j=0;j<=2-i;j++)
          printf(" ");
       for(k=0;k<=2*i;k++)
          printf("*");
       printf("\n");
    }
    for(i=0;i<=2;i++)
    {
```

```
        for(j=0;j<=i;j++)
          printf(" ");
        for(k=0;k<=4-2*i;k++)
          printf("*");
        printf("\n");
    }
}
```

小　　结

C语言提供了3种循环语句while、do...while、for。

1. for语句是主要用于给定循环变量初值、步长增量以及循环次数的循环结构。

2. 如要在循环过程中才能确定循环次数及控制条件，可用while或do...while语句。

3. 3种循环语句可以相互嵌套组成多重循环。循环之间可以并列但不能交叉。

4. 可用goto语句把流程转出循环体外，但不能从外面转向循环体内。

5. break语句可用于退出当前循环，继续执行循环后的语句。continue语句则用于退出当前当次循环，后面循环还将继续执行。

6. 在循环程序中应避免出现死循环，应保证循环变量的值在运行过程中可以得到修改，并使循环条件逐步变为假，从而结束循环。

本章必须反复做大量练习才能掌握。

对循环类语句应考虑如下3个要点：

（1）初值的选择，即考虑进入循环前，起始值是什么。一般对于累加器，初值常设为0；累乘器，初值常设为1。

（2）确定循环的条件，即变问题为规律性的重复操作。考虑循环的条件是什么？重复到何时结束？

（3）确定循环体，即找出反复执行的内容是什么。

习　　题

一、选择题

1. 以下叙述正确的是（　　）。

   A．do...while语句构成的循环不能用其他语句构成的循环来代替

   B．do...while语句构成的循环只能用break语句退出

   C．用do...while语句构成的循环，在while后的表达式为非零时结束循环

   D．用do...while语句构成的循环，在while后的表达式为零时结束循环

2. 有下面的程序段：

```
int k=2;
while(k=0)
{  printf("%d",k);k--;}
```

则下面描述中正确的是（　　）。

A．while 循环执行10次　　B．循环是无限循环

C．循环语句一次也不执行　　D．循环体语句执行一次

3. 以下程序段的循环次数是（　　）。

```
for (i=2;i==0; ) printf("%d",i--);
```

A. 无限次　　B. 0次　　C. 1次　　D. 2次

4. 下面程序的输出结果是（　　）。

```
main()
{  int x=9;
   for(;x>0;x--)
   {  if(x%3==0)
   {  printf("%d",--x);
   continue;  }}}
```

A. 741　　B. 852　　C. 963　　D. 875421

5. 以下不是死循环的程序段是（　　）。

A.
```
int i=100;
while(1)
{  i=i%100+1;
if (i>=100) break;  }
```

B.
```
for( ; ; );
```

C.
```
int k=0;
do{ ++k; }
while (k>=0);
```

D.
```
int s=36;
while(s);
--s;
```

6. 下述程序段的运行结果是（　　）。

```
int a=1,b=2,c=3,t;
while(a<b<c)
{  t=a;a=b;b=t;c--;}
   printf("%d,%d,%d",a,b,c);
```

A. 1,2,0　　B. 2,1,0　　C. 1,2,1　　D. 2,1,1

7. 下面程序的功能是从键盘输入一组字符，从中统计大写字母和小写字母的个数，下面程序中应填入的语句是（　　）。

```
#include "stdio.h"
main ()
{ int m=0,n=0;
   char c;
   while(( ________ )!='\n')
  {if(c>='A'&&c<='Z') m++;
    if(c>='a'&&c<='z') n++;  }}
```

A. c=getchar()　　B. getchar()

C. c= =getchar()　　D. scanf("%c",&c)

8. 下述语句执行后，变量 k 的值是（　　）。

```
int k=1;
while(k++<10);
```

A. 10　　B. 11

C. 9　　D. 无限循环，值不定

9. 下面的 for 循环语句（　　）。

```
int i,k;
for(i=0,k=-1;k=1;i++,k++)
printf("***");
```

A．判断循环结束的条件非法　　B．是无限循环

C．只循环一次　　D．一次也不循环

10．语句 while (!E);括号中的表达式!E 等价于（　　）。

A．E==0　　B．E!=1　　C．E!=0　　D．E==1

11．以下是死循环的程序段是（　　）。

A．
```
for (i=1; ; )
{ if(i++%2==0) continue;
if(i++%3==0) break; }
```

B．
```
i=32767;
do{ if(i<0) break;}
while(++i);
```

C．
```
for(i=1; ;)
  if(++i<10)
   continue;
```

D．
```
i=1;
 while(i--);
```

12．执行语句 for (i=1;i++<4;);后，变量 i 的值是（　　）。

A．3　　B．4　　C．5　　D．不确定

13．以下程序段（　　）。

```
x=-1;
do
{ x=x*x; }
while(!x);
```

A．是死循环　　B．循环执行 2 次　　C．循环执行 1 次　　D．有语法错误

14．下面程序的功能是在输入的一批正数中求最大者，输入 0 结束循环，横线处应输入（　　）。

```
main ()
{  int a,max=0;
     scanf("%d",&a);
     while( _________ )
    { if(max<a) max=a;
       printf("%d",max); }}
```

A．a==0　　B．a　　C．!a= =1　　D．!a

15．以下不是死循环的语句是（　　）。

A．for(y=9,x=1;x>++y;x=i++) i=x;　　B．for(; ; x++=i);

C．while(1) { x++; }　　D．for(i=10; ;i--) sum+=i;

16．下面程序段的运行结果是（　　）。

```
x=y=0;
while(x<15) y++,x+=++y;
  printf("%d,%d",y,x);
```

A．20,7　　B．6,12　　C．20,8　　D．8,20

17．以下 for 循环的执行次数是（　　）。

```
for(x=0,y=0;(y=123)&&(x<4);x++);
```

A．无限循环　　B．循环次数不定　　C．4 次　　D．3 次

18. 若运行以下程序时，输入 2473 后按【Enter】键，则程序的运行结果是（　　）。

```
#include "stdio.h"
 main()
   {  int c;
     while((c=getchar())!='\n')
        switch(c-'2')
         { case 0:
           case 1:putchar(c+4);
           case 2:putchar(c+4); break;
           case 3:putchar(c+3);
           default:putchar(c+2); break; }
     printf("\n");   }
```

A. 668977　　B. 668966　　C. 66778777　　D. 6688766

19. 下面程序的功能是：计算 1 到 10 之间（不含 10）的偶数和奇数之和，横线处应分别填入（ ① ）和（ ② ）。

```
#include  "stdio.h"
main( )
{  int a, b, i;
   a=b=0;
   for(i=0;i<10;i+=2)
   {   a=_____ ; b= _____;  }
   printf("sum of evens:%d, sum of odds: %d \ n", a, b);
   }
```

① A. a+i　　B. a+i+1　　C. a+i−1　　D. a+1

② A. b+i　　B. b + i+1　　C. b+i−1　　D. b+1

二、填空题

1. C 语言中的 3 种循环语句分别是__________语句、__________语句和__________语句。

2. 至少执行一次循环体的循环语句是__________。

3. 循环功能最强的循环语句是__________。

4. 有如下程序段：

```
for(a=1,i=-1;-1<i<1;i++)
{ a++;printf("%2d",a); }
  printf("%2d",i);
```

运行结果是__________。

三、程序分析题

1. 写出下面程序运行的结果。

```
main()
{ int i=0,sum=1;
   do
     {sum+=i++;}
   while(i<5);
   printf("%d\n",sum);}
```

2. 写出下面程序运行的结果。

```
main()
{  int   c=2,d=3;
   if(c>d)  c=4;
   else  if(c==d)  c=5;
```

```
    else  c=6;
    printf("%d\n",c);}
```

3. 写出下面程序运行的结果。

```
main( )
{  int  a ,b;
   for(a=1,b=1;a<=100;a++)
   { if(b>=10)  break;
        if(b%3==1)
            {b+=3;
             printf("%d  ",b);
             continue;}
             b++; } }
```

4. 写出下面程序运行的结果。

```
main ( )
{   int k=1,n=263;
    do{k*=n%10;n/=10;}
      while (n);
    printf("%d\n",k);  }
```

四、编程题

1. 有 1、2、3、4 个数字，能组成多少个互不相同且无重复数字的三位数？分别为多少？

2. 一个整数，它加上 100 后是一个完全平方数，再加上 168 又是一个完全平方数，请问该数是多少？

3. 输出 9×9 口诀表。

4. 两个乒乓球队进行比赛，各出 3 人。甲队为 a、b、c3 人，乙队为 x、y、z3 人，以抽签决定比赛名单。有人向队员打听比赛的名单：a 说他不和 x 比，c 说他不和 x、z 比，请编写程序排出三队赛手的名单。

5. 有一分数序列：2/1，3/2，5/3，8/5，13/8，21/13，…，求出这个数列的前 20 项之和。

6. 请输入星期几的第一个字母来判断是星期几，如果第一个字母一样，则继续判断第二个字母。

第7章 数　组

学习目标

通过本章学习，应具备熟练运用数组进行程序设计的能力，掌握数组的概念、定义和引用，了解字符及字符串操作的常用函数，学会应用数组进行程序设计。

问题导入

对处理同一类型大量数据，若用简单变量的方法定义数据的变量，将是非常烦琐的事情，那么C语言如何解决这类问题呢？

在程序设计中，为了处理方便，把具有相同类型的若干变量按有序的形式组织起来，这些按序排列的同类数据元素的集合称为数组。在C语言中，数组属于构造数据类型。一个数组可以分解为多个数组元素,这些数组元素的类型可以是基本数据类型或是构造类型。如果按数组元素的类型分类，数组可分为数值数组、字符数组、指针数组、结构数组等多种类型。如果按数组的下标个数分类，数组可分为一维数组、二维数组和多维数组。当处理大量的、同类型的数据时，利用数组是很方便的。下面将在本章中学习数组的定义、引用、初始化及数组的应用。

7.1　数组的引入

通过前面整型、浮点型、字符型等基本数据类型的学习，读者可以完成一些基本问题的程序编制。例如，“输入3个学生的C语言成绩，将3人的成绩从低到高输出”。该问题可以这样编写程序：

```
main()
{
    int a,b,c,temp;
    printf("enter three integers:\t");
    scanf("%d,%d,%d",&a,&b,&c);
    if(a>b)
     { temp=a;a=b;b=temp; }
    if(a>c)
     { temp=a;a=c;c=temp; }
    if(b>c)
     { temp=b;b=c;c=temp; }
```

```
    printf("%d<%d<%d",a,b,c);
}
```

通过设置 3 个整型变量分别记录 3 个同学的成绩，用 3 个选择语句完成 3 个学生的成绩排序。如果将此题改成 100 个、1 000 个、10 000 个学生成绩排序呢？通过本题的方法分别定义 10 000 个学生成绩为整型变量的方法显然是不可取的。

解决本问题的方法只有构造一种新的数据类型，它可以一次定义大量的相同的数据类型，也就是本章所要介绍的数组类型。

数组可以从下面几个方面来理解。

（1）数组：具有相同数据类型的数据的有序集合。

（2）数组元素：数组中的元素。数组中的每一个数组元素具有相同的名称，以下标区分，可以作为单个变量使用，也称为下标变量。在定义一个数组后，在内存中使用一片连续的空间依次存放数组的各个元素。

（3）数组的下标：数组元素位置的一个索引或指示。

（4）数组的维数：数组元素下标的个数。

7.2　一维数组的定义和引用

只有一个下标的数组称为一维数组。

7.2.1　一维数组的定义

C 语言规定，数组必须先定义，后引用。

【语法格式】类型说明符　数组名[下标常量表达式],…;

【功能】定义一个一维数组，下标常量表达式的值就是数组元素的个数。

例如：

```
int a[10];
```

定义一个数组，数组名 a，有 10 个元素，每个元素的类型均为整型。这 10 个元素分别是：a[0]、a[1]、a[2]、…、a[8]、a[9]。数组元素的下标是从 0 开始的。

【说明】

（1）数组的类型实际上是指数组元素的数据类型。对于同一个数组，其所有元素的数据类型都必须是相同的。

（2）数组名的书写规则应符合标识符的书写规定，即以字母或下画线开头的字母、数字、下画线序列。

（3）在同一个函数里，数组名不能与其他变量名相同。

例如：

```
main()
{  int a;
   float a[10];
   …  }
```

上例是错误的，因为在同一个程序中整型变量名与实型数组名同名。

（4）方括号中下标常量表达式的值表示数组元素的个数。

例如：a[5]表示数组 a 有 5 个元素，但是其下标从 0 开始计算，因此 5 个元素分别为 a[0]，a[1]，a[2]，a[3]，a[4]。

（5）不能在方括号中用变量来表示元素的个数，但是可以是符号常数或常量表达式。

例如：

```
#define FD 5
main()
{  int a[3+2],b[7+FD];
   …  }
```

上例是合法的，但是下述说明方式是错误的。

```
main()
{  int n=5;
   int a[n];
   …  }
```

n 的值固定是 5，但是 n 是变量，不符合定义规则。

（6）允许在同一个变量定义语句中，同时定义多个数组和多个变量。

例如：

```
int a,b,c,d,k1[10],k2[20];
```


（7）C 语言不允许对数组的大小做动态定义。

例如：

```
int n;
scanf("%d",&n);
int a[n];
```

在编译时，C 编译器根据已知数组大小静态分配内存。所谓静态分配内存空间大小就是在程序设计之前就分配好了内存空间的方式，所以不能接受变量作为下标常量表达式来定义数组大小。

7.2.2　一维数组元素的引用

定义数组之后，就可以引用其每一个元素。C 语言规定，不能一次引用整个数组，只能逐个引用数组中的每个数组元素。数组元素是通过下标来引用的。

【语法格式】数组名[下标]

下标可以是整型常量或整型表达式，但必须有确定的下标值。注意不要超出数组下标的取值范围。

例如：

```
a[0]=a[5]+a[7]-a[2*3]
```

一般引用一维数组，配合单循环语句实现。

【例 7.1】使数组元素 a[0]～a[9]的值分别为 0～9，然后逆序输出。

```
main()
{
   int i,a[10];
   for(i=0;i<=9;i++)
     a[i]=i;
   for(i=9;i>=0;i--)
     printf("%2d",a[i]);
```

```
}
```
运行结果：

```
9 8 7 6 5 4 3 2 1 0
```

【例 7.2】输入 100 个整型数据，找出其中的最大值并输出。

算法设计要点：

设置一个数组存放 100 个整型数据，设置一个变量 max 存放数组中的第一个元素（buffer[0]），将其余的数据与第一元素比较，将每次比较中较大的数存入变量 max 中。

```
main()
{
   int buffer[100],max,i;
   for(i=0;i<100;i++)
     scanf("%d",&buffer[i]);
   max=buffer[0];
   for(i=1;i<100;i++)
     if(max<buffer[i])
        max=buffer[i];
   printf("max=%d",max);
}
```

【说明】数组元素的地址也是通过“&”运算得到的，和变量的输入方式一致，但注意不要写成&buffer。

例如：buffer[3]元素的地址用&buffer[3]表示。

7.2.3 一维数组的初始化

可以用赋值语句或输入语句对数组元素赋值，但占用程序运行时间。C 语言允许对数组进行初始化。初始化就是在程序运行之前，使数组各下标变量有一个初值。数组的初始化是在编译阶段进行的，这样将减少程序运行时间、提高效率。

【语法格式】类型说明符　数组名[下标常量表达式]={数值,数值,…};

【功能】定义一个一维数组，同时为数组元素赋值。

【说明】

（1）在数组定义的同时对数组全部元素初始化。

例如：

```
int a[5]={1,2,3,4,5};
```
这样在编译时使：

```
int a[5];
a[0]=1;a[1]=2;a[2]=3;a[3]=4;a[4]=5;
```
（2）在数组定义的同时对部分数组元素赋初值。

例如：

```
int a[5]={1,2,3};
```
如果只对部分数组元素赋初值，若是数值型元素，其余项为 0；若是字符型元素，其余项为空操作符'\0'。

（3）如果想对所有的元素全部赋初值，可以省略定义元素个数。

例如：

```
int a[5]={1,2,3,4,5};
```

可以写为：

```
int a[ ]={1,2,3,4,5};
```

系统会根据赋初值的个数算出数组元素个数，因此不能既省略定义元素个数，又仅对部分元素赋初值。

7.2.4　一维数组程序举例

【例 7.3】对输入的 10 个整数按从大到小的顺序排序。

（1）采用选择排序法。

算法设计要点：

第 1 次找到 10 个元素中最大的元素，将其值与第 0 个数据元素的值对换，第 0 个元素的值就为 10 个数中的最大数；第 2 次在剩余的 9 个元素中找到最大的元素，将其值与第 1 个数据元素的值对换，第 1 个元素的值就为 10 个数中的次大数，依此类推。

```
main()
{
   int i,j,p,q,t,a[10];
   printf("\ninput 10 numbers:\n");
   for(i=0;i<10;i++)
     scanf("%d",&a[i]);
   for(i=0;i<10;i++)
   {
       p=i;q=a[i];
       for(j=i+1;j<10;j++)
         if(q<a[j])
         {
            p=j;q=a[j];
         }
       if(i!=p)
       {
           t=a[i];a[i]=a[p];a[p]=t;
       }
       printf("%d  ",a[i]);
   }
}
```

运行结果：

```
input 10 numbers:
2 3 8 5 9 3 5 2 1 0↙
9 8 5 5 3 3 2 2 1 0
```

（2）采用冒泡排序法。

算法设计要点：

第 1 次循环，前后两两比较，如果后面的数比前面的数大，则两个数对换位置，第 1 次循环将最小数置于最后一个位置；第 2 次循环，除最小数外，其他的数继续两两比较，如果后面的数比前面的数大再次两两交换，第 2 次循环将次小数置于倒数第 2 个位置；依此类推，总共循环（待排序数的总个数-1）次。

```
main()
{
   int a[10],i,j,t;
```

```
   printf("\ninput 10 numbers:\n");
   for(i=0;i<10;i++)
     scanf("%d",&a[i]);
   for(i=0;i<10-1;i++)
     for(j=0;j<10-(i+1);j++)
         if(a[j]<a[j+1])
         {
             t=a[j];a[j]=a[j+1];a[j+1]=t;
         }
   for(i=0;i<10;i++)
     printf("%8d",a[i]);
   printf("\n");
}
```

运行结果：

```
input 10 numbers:
2 3 8 5 9 3 5 2 1 0
9 8 5 5 3 3 2 2 1 0
```

【例 7.4】Fibonacci 数列问题：用数组来处理 Fibonacci 数列的前 20 项。

算法设计要点：

Fibonacci 数列来源一个古老的兔子问题，数列的特征是：除第 1 和第 2 项之外，其余项是它的前两项之和，即数列为 0，1，1，2，3，5，8，13，…。

本程序利用一个数组 f[20]来存放 Fibonacci 数列。

```
main()
{
   int i; int f[20]={0,1};
   for(i=2;i<20;i++)
      f[i]=f[i-1]+f[i-2];
   for(i=0;i<20;i++)
   {
      printf("%-10d",f[i]);
      if((i+1)%5==0)  printf("\n");  /*每行输出 5 项*/
   }
}
```

运行结果为：

```
0            1            1            2            3
5            8            13           21           34
55           89           144          233          377
610          987          1597         2584         4181
```

【例 7.5】选举投票问题。

已知候选人 5 个，编号和姓名为：

（1）王小二

（2）李明明

（3）楼阿毛

（4）张小莉

（5）叶文青

有 n 个人参加投票，请统计投票结果（每人最多选投 3 票）。

```
main()
{
   int  a[3],c[6],i,j,n;
   for(i=1;i<6;i++)
     c[i]=0;
   printf("people num=");
   scanf("%d",&n);
   for(i=1;i<=3*n;i++)
     scanf("%d",&a[i]);
   for(i=1;i<=3*n;i++)
     c[a[i]]++;
   printf("Wangxer  Limm  Louam   Zhangxl   Yewq\n");
   printf("------------------------------------\n");
   for(i=1;i<6;i++)
      printf("%10d ",c[i]);
   printf("\n");
}
```

运行结果：

```
Wangxer      Limm     Louam    Zhangxl      Yewq
-------------------------------------------------
      0          0        2         1          3
```

【说明】如果输入的投票人数是 2 人，同时输入这 2 人对 5 位候选人（Wangxer、Limm、Louam、Zhangxl、Yewq）的投票情况，例如，4，4，4，3，2，2，表示第 1 人选 4 号，第 2 人选 2、3 号。

7.3　二维数组的定义和引用

在实际问题中有很多量是二维的或多维的，因此 C 语言允许构造多维数组。多维数组元素有多个下标。本小节只介绍二维数组，多维数组可由二维数组类推得到。

二维数组的数组元素可以看成是排列为行列形式的矩阵。二维数组也用统一的数组名来表示，第一个下标表示行，第二个下标表示列。

7.3.1　二维数组的定义

【语法格式】类型说明符 数组名[行数][列数],…;

【功能】定义一个二维数组，行数 × 列数的值就是数组元素的个数。

例如：

```
int a[3][4];
```

定义了一个 3 行 4 列的数组，数组名为 a，其数组元素的类型为整型。该数组的数组元素共有 3 × 4=12 个，即：

```
a[0][0],a[0][1],a[0][2],a[0][3]
a[1][0],a[1][1],a[1][2],a[1][3]
a[2][0],a[2][1],a[2][2],a[2][3]
```

二维数组在概念上是二维的，即是说其下标在两个方向上变化，而不是像一维数组只在一个方向变化。但是，实际的硬件存储器却是连续编址的，也就是说存储器单元是按一维线性排列的。

在C语言中，二维数组是按行排列的。按行顺次存放，先存放 a[0]行，再存放 a[1]行，最后存放 a[n]行。每行中的各个元素也是依次存放。

int a[3][4]的存放情况，如图 7-1 所示。

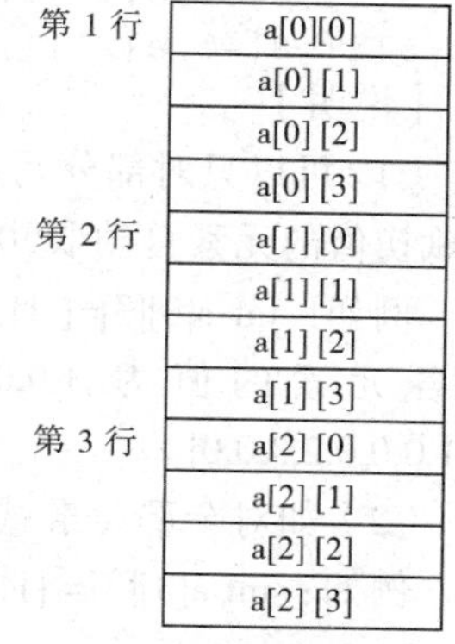

图 7-1　二维数组的存储表示

7.3.2　二维数组的引用

定义了二维数组，就可以引用该二维数组的所有元素。

【语法格式】数组名[行数][列数]

【说明】行数和列数可以是整型常量或整型表达式。

例如：若定义 int a[3][2];则可以引用：

```
a[2][1]=a[0][0] +a[1][1];
```

一般引用二维数组，配合双重循环语句实现。

【例 7.6】二维数组应用示例。

```
main()
{
   int i,j,a[2][3];
   for(i=0;i<2;i++)
     for(j=0;j<3;j++)
        a[i][j]=i+j;
   for(i=1;i>=0;i--)
   {
      for(j=2;j>=0;j--)
        printf("%3d",a[i][j]);
      printf("\n");
   }
}
```

运行结果：

```
3 2 1
2 1 0
```

7.3.3　二维数组的初始化

二维数组的初始化可以采用以下两种方法之一进行。

【语法格式】

（1）类型说明符 数组名[行数][列数] = {{数值 01,数值 02,… },{数值 11,数值 12,…},…};

例如：

```
int a[3][4]={{0,0,1,1},{1,0,0,2},{1,2,3,4}};
```

则：

```
a[0][0]=0,a[0][1]=0,a[0][2]=1,a[0][3]=1;
a[1][0]=1,a[1][1]=0,a[1][2]=0,a[1][3]=2;
a[2][0]=1,a[2][1]=2,a[2][2]=3,a[2][3]=4;
```

（2）类型说明符 数组名[行数][列数] = {数值 01,数值 02,数值 11,数值 12,…};

例如：

```
int a[3][4]={0,0,1,1,1,0,0,2,1,2,3,4};
```

则：

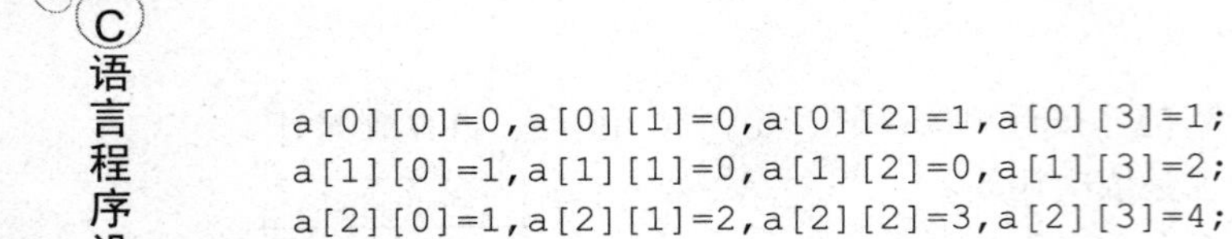

```
a[0][0]=0,a[0][1]=0,a[0][2]=1,a[0][3]=1;
a[1][0]=1,a[1][1]=0,a[1][2]=0,a[1][3]=2;
a[2][0]=1,a[2][1]=2,a[2][2]=3,a[2][3]=4;
```

【说明】

（1）可以只对部分元素赋初值，若是数值型，未赋初值的元素自动取0值；若是字符型，未赋初值的元素自动取'\0'值。

例如：int a[3][3]={{1},{2},{3}};是对每 1 行的第 1 列元素赋值，未赋值的元素取 0 值，赋值后各元素的值为{1,0,0,2,0,0,3,0,0}。int a[3][3]={{0,1},{0,0,2},{3}};赋值后的元素值为{0,1,0,0,0,2,3,0,0}。

（2）如对全部元素赋初值，则第一维的长度可以不给出。

例如：int a[3][3]= {1,2,3,4,5,6,7,8,9};可以写为：int a[][3]={1,2,3,4,5,6,7,8,9};。

7.3.4　二维数组程序举例

【例 7.7】将二维数组行列元素互换，存到另一个数组后输出。

算法设计要点：

本程序定义了一个二维数组 a，存放互换前的数组，又定义了一个二维数组 b，存放互换后的数组。转换时，b 数组的行下标和列下标分别对应 a 数组的列下标和行下标，即 b[j][i]=a[i][j]。

```
main()
{
  int a[2][3]={{1,2,3},{4,5,6}};
  int b[3][2],i,j;
  printf("array a:\n");
  for(i=0;i<2;i++)
  {
    for(j=0;j<3;j++)
    {
      printf("%5d",a[i][j]);
      b[j][i]=a[i][j];
    }
    printf("\n");
  }
  printf("array b:\n");
  for(i=0;i<3;i++)
    {
    for(j=0;j<2;j++)
      printf("%5d",b[i][j]);
    printf("\n");
  }
}
```

运行结果：

```
array a:
1 2 3
4 5 6
array b:
1 4
2 5
3 6
```

【例 7.8】一个学习小组有 5 个人，每个人有 3 门课的考试成绩（见表 7-1）。求全组各分科的平均成绩和各科总平均成绩。

表 7-1 成 绩 表

科目 姓名	math	C	vfp
张	80	75	92
王	61	65	71
李	59	63	70
赵	85	87	90
周	76	77	85

算法设计要点：

可设一个二维数组 a[5][3]存放 5 个人 3 门课的成绩。再设一个一维数组 v[3]存放所求得各分科平均成绩，设变量 average 为全组各科总平均成绩，编程如下：

```
main()
{
   int i,j,s=0,average,v[3],a[5][3];
   printf("input score\n");
   for(i=0;i<3;i++)
   {
     for(j=0;j<5;j++)
     {
        scanf("%d",&a[j][i]);s=s+a[j][i];
     }
     v[i]=s/5;
     s=0;
    }
    average=(v[0]+v[1]+v[2])/3;
    printf("math:%d\nC:%d\n vfp:%d\n",v[0],v[1],v[2]);
    printf("Total:%d\n",average);
}
```

运行结果：

```
input score
80 75 92
61 65 71
59 63 70
85 87 90
76 77 85
math:74
C:69
vfp:83
Total:75
```

【说明】首先用一个双重循环。在内循环中依次读入某一门课程的各个学生的成绩，并把这些成绩累加起来，退出内循环后再把该累加成绩除以 5 赋值给 v[i]，这就是该门课程的平均成绩。外循环共循环 3 次，分别求出 3 门课各自的平均成绩并存放在 v 数组之中。退出外循环之后，把 v[0]，v[1]，v[2]相加除以 3 即得到各科总平均成绩。最后按题意输出各个成绩。

7.4 字 符 数 组

用来存放字符类型数据的数组称为字符数组，每个数组元素存放的值都是单个字符。字符数组分为一维字符数组和多维字符数组。一维字符数组常用来存放一个字符串，而二维字符数组常用来存放多个字符串。

7.4.1 字符数组的定义

字符数组类型定义的形式与前面介绍的数值型数组相同，只是类型说明符部分是 char。

1. 一维字符数组

例如：

```
char ch[4];
```

定义一个字符数组，数组名为 ch，有 4 个元素，每个元素的类型均为字符型。它可用来存放一个不多于 3 个字符的字符串。

2. 二维或多维字符数组

字符数组也可以是二维或多维数组。

例如：

```
char str[2][3];
```

定义了一个二维字符数组，数组名 str，有 2×3=6 个元素，每个元素的类型均为字符型。它可用来存放 2 个字符串，每个字符串不多于 3 个字符。

7.4.2 字符数组的引用

字符数组的逐个字符引用，与引用数值数组元素类似。

例如：

```
char ch[4];
ch[0]='A';ch[1]='B'; ch[2]='C';ch[3]='\0';
```

字符数组 ch 存放了一个字符串"ABC"。

7.4.3 字符数组的初始化

字符数组也允许在类型定义时作初始化赋值。

例如：

```
char c[10]={'C','','p','r','o','g','r','a','m'};
```

初始化后各元素的值为：

```
c[0]='C';c[1]='';c[2]='p;c[3]='r';c[4]='o';c[5]='g';
c[6]='r';c[7]='a';c[8]='m';
```

其中 c[9]未赋值，由系统自动赋予'\0'值。当对全体元素赋初值时也可以省去长度说明。

C 语言允许用字符串的方式对数组作初始化赋值。

例如：

```
char c[]={'C',' ','p','r','o','g','r','a','m'}; 可写为:
char c[]={"C program"};
```

或去掉{}写为: `char c[]="C program";`

上面的数组 c 在内存中的实际存放情况为:C program\0。

【例 7.9】一维字符数组的初始化应用示例。

```
main()
{
   int i;char ch[]={'A','B','C'};
   for(i=0;i<3;i++)
     printf("%c",ch[i]);
   printf("\n");
}
```

运行结果:

```
ABC
```

【例 7.10】二维字符数组的初始化应用示例。

```
main()
{
   int i,j;
   char ch[][5]={{'B','A','S','I','C'},{'d','B','A','S','E'}};
   for(i=0;i<=1;i++)
   {
     for(j=0;j<=4;j++)
       printf("%c",ch[i][j]);
     printf("\n");
   }
}
```

运行结果:

```
BASIC
dBASE
```

【说明】二维字符数组由于在初始化时全部元素都赋以初值,因此一维下标的长度可以省去长度说明。

7.4.4 字符串和字符串结束标志

字符串是指若干有效字符的序列。C 语言中的字符串,可以包括字母、数字、专用字符、转义字符等。

字符串在C语言中没有专门的字符串变量,通常用一个字符数组来存放一个字符串。

C 语言规定:以'\0'作为字符串结束标志,'\0'代表 ASCII 码为 0 的字符,表示一个“空操作”,只起一个标志作用。因此可以对字符型数组采用整体操作,即可以整体引用字符数组。

例如:

`char str[ ]={"abc"};` 或 `char str[ ]="abc";`

字符数组 str 存放了一个字符串"abc",各数组元素表示为:str[0]='a',str[1]='b',str[2]='c',str[3]='\0',它占 4 字节。

【说明】

(1)系统在存储字符串常量时,会在串尾自动加上一个串结束标志'\0'。

（2）结束标志也要在字符数组中占用1个元素的存储空间，因此在说明字符数组长度时，至少为字符串所需长度加1。

7.4.5 字符串处理函数

C语言提供了丰富的字符串处理函数，大致可分为字符串的输入、输出、合并、修改、比较、转换、复制、搜索几类。使用这些函数可大大减轻编程的负担。用于输入/输出的字符串函数，在使用前应包含头文件 stdio.h；使用其他字符串函数则应包含头文件 string.h。

下面介绍几个最常用的字符串函数。

1. 字符串输出函数 puts()

【语法格式】puts(str);

【功能】将字符串输出到显示器。

【说明】

（1）str 可以是地址表达式（一般为数组名或指针变量），也可以是字符串常量。

（2）字符串中允许包含转义字符，输出时产生一个控制操作。

（3）该函数一次只能输出一个字符串，而 printf()函数也能用来输出字符串，且一次能输出多个。

（4）在屏幕上显示该字符串，并用'\n'取代字符串的结束标志'\0'，所以用 puts()函数输出字符串时，不要求另加换行符。

【例 7.11】字符串输出函数应用示例。

```
#include "stdio.h"
main()
{
   char s[]="BASIC\ndBASE";  /*\n表示回车符*/
   puts(s);puts(s);
}
```

运行结果：

```
BASIC
dBASE
BASIC
dBASE
```

【说明】puts()函数中可以使用转义字符，因此输出结果成为两行。puts()函数完全可以由 printf()函数取代。当需要按一定格式输出时，通常使用 printf()函数。puts()函数在输出时自动换行。

2. 字符串输入函数 gets()

【语法格式】gets(str);

【功能】从标准输入设备键盘上输入一串字符串。gets()函数得到一个函数值，即为该字符数组的首地址。

【说明】

（1）str()是地址表达式（一般为数组名或指针变量）。

（2）gets()读取的字符串，其长度没有限制，编程者要保证字符数组有足够大的空间，用于存放输入的字符串。

（3）该函数输入的字符串中允许包含空格，而 scanf()函数不允许。

【例 7.12】字符串输入函数应用示例。

```
#include "stdio.h"
main()
{
   char st[15];
   printf("input string:");
   gets(st);
   puts(st);
}
```

运行结果：

```
input string:this is a book!↙
this is a book!
```

【说明】当输入的字符串中含有空格时，输出仍为全部字符串。说明 gets()函数并不以空格作为字符串输入结束的标志，而以回车符作为输入结束标志，这是与 scanf()函数不同的地方。

3. **字符串连接函数 strcat()**

【语法格式】strcat(str1,str2);

【功能】把 str2 中的字符串连接到 str1 中字符串的后面，并删去 str1 后的串标志'\0'。本函数返回值是 str1 的首地址。

【说明】

（1）str1 是地址表达式（一般为数组名或指针变量），str2 可以是地址表达式（一般为数组名或指针变量），也可以是字符串常量。

（2）由于没有边界检查，编程者要保证 str1 定义得足够大，以便容纳连接后的目标字符串；否则，会因长度不够而产生问题。

（3）连接前两个字符串都有结束标志'\0'，连接后 str1 原字符串的结束标志'\0'被舍弃，只在连接后的字符串最后保留一个'\0'。

【例 7.13】字符串连接函数应用示例。

```
#include "string.h"
#include "stdio.h"
main()
{
   char st1[30]="My name is ";
   char st2[10];
   printf("input your name:\n");
   gets(st2);
   strcat(st1,st2);
   puts(st1);
}
```

运行结果：

```
input your name:LiPin↙
My name is LiPin
```

【说明】本程序把初始化赋值的字符数组与动态赋值的字符串连接起来。要注意的是，str1 应定义足够的长度，否则不能全部装入被连接的字符串。

4. **字符串复制函数 strcpy()**

【语法格式】strcpy(str1,str2);

【功能】把 str2 中的字符串复制到 str1 中，串结束标志'\0'也一同复制。相当于把一个字符串赋予一个字符数组。

【说明】

（1）str1 是地址表达式（一般为数组名或指针变量），str2 可以是地址表达式（一般为数组名或指针变量），也可以是字符串常量。

（2）str1 必须定义得足够大，以便容纳复制过来的字符串。复制时，连同结束标志'\0'一起复制。

（3）不能用赋值运算符“=”将一个字符串直接赋值给一个字符数组，只能用 strcpy()函数来处理。

【例 7.14】字符串复制函数应用示例。

```
#include "string.h"
#include "stdio.h"
main()
{
   char st1[15],st2[]="C Language";
   strcpy(st1,st2);
   puts(st1);
}
```


运行结果：

```
C Language
```

5. **字符串比较函数 strcmp()**

【语法格式】`strcmp(str1,str2)`

【功能】按照 ASCII 码顺序比较 str1、str2 表示的两个字符串，并由函数返回值确定比较结果。

（1）字符串 1=字符串 2，返回值等于零。

（2）字符串 1>字符串 2，返回值大于零。

（3）字符串 1<字符串 2，返回值小于零。

【说明】

（1）str1、str2 可以是地址表达式（一般为数组名或指针变量），也可以是字符串常量。

（2）两个字符串的比较是两个字符串之间逐个字符的比较。

（3）不能使用关系运算符“==”来比较两个字符串，只能用 strcmp()函数来处理。

【例 7.15】字符串比较函数应用示例。

```
#include "string.h"
#include "stdio.h"
main()
{
   int k;
   char st1[15],st2[]="C Language";
   printf("input a string:\n");
   gets(st1);
   k=strcmp(st1,st2);
   if(k==0) printf("st1=st2\n");
   if(k>0) printf("st1>st2\n");
   if(k<0) printf("st1<st2\n");
}
```

运行结果：

```
input a string:
Basic Language
st1<st2
```

【说明】本程序中把输入的字符串 st1 和数组 st2 中的串比较，比较结果返回到 k 中，根据 k 值再输出提示串。当输入为 Basic Language 时，由 ASCII 码可知“Basic Language”小于“C Language”，故 k<0，输出结果为“st1<st2”。

6. **测字符串长度函数 strlen()**

【语法格式】strlen(str)

【功能】测字符串的实际长度（不含字符串结束标志'\0'）并作为函数返回值。

【说明】str 可以是地址表达式（一般为数组名或指针变量），也可以是字符串常量。

【例 7.16】测字符串长度函数应用示例。

```
#include "string.h"
#include "stdio.h"
main()
{
   int k;
   char st[]="C language";
   k=strlen(st);
   printf("The lenth of the string is %d\n",k);
}
```

运行结果：

```
The lenth of the string is 10
```

7. **将字符串中大写字母转换成小写函数 strlwr()**

【语法格式】strlwr(str)

【功能】将字符串中的大写字母转换成小写，其他字符（包括小写字母和非字母字符）不转换。

【说明】str 可以是地址表达式（一般为数组名或指针变量），也可以是字符串常量。

8. **将字符串中小写字母转换成大写函数 strupr()**

【语法格式】strupr(str)

【功能】将字符串中小写字母转换成大写，其他字符（包括大写字母和非字母字符）不转换。

【说明】str 可以是地址表达式（一般为数组名或指针变量），也可以是字符串常量。

7.4.6 字符数组的输入/输出比较

1. **字符数组的输入**

除了可以通过初始化使字符数组各元素得到初值外，也可以使用 scanf()函数配合循环语句逐个输入、使用 scanf()函数整串输入或使用 gets()函数整串输入字符。

（1）使用 scanf()函数配合循环语句，采用"%c"格式符逐个输入字符。

```
char str[10];int i;
for(i=0;i<10;i++)
```

```
scanf("%c",&str[i]);
```

读入字符结束后,不会自动在末尾加结束标志'\0',所以输出时最好也使用逐个字符输出。

（2）使用 scanf()函数，采用"%s"格式符整串输入字符。

```
char str[10];
scanf("%s",str);
```

输入的字符串中不能有空格，否则空格后面的字符不能读入。

（3）使用 gets()函数整串输入字符。

```
char str[10];
gets(str);
```

输入的字符串中可包含空格。

2. **字符数组的输出**

字符数组的输出，可以使用 printf()函数配合循环语句逐个输出、使用 printf()函数整串输出或使用 puts()函数整串输出字符。

（1）使用 printf()函数配合循环语句，采用"%c"格式符逐个输出字符。


```
char str[]="ABC";int i;
for(i=0;i<3;i++)
  printf("%c",str[i]);
```

（2）使用 printf()函数，采用"%s"格式符整串输出字符。

```
char str[]="ABC";
printf("%s",str);
```

（3）使用 puts()函数整串输出字符。

```
char str[]="ABC";
puts(str);
```

7.5　字符数组应用举例

【例 7.17】用循环语句实现，统计从键盘输入的字符串的字符个数。

本程序用数组 a 存放字符串，用变量 i 记录字符串的字符个数。

```
#define MAX 80
main()
{
   char a[MAX];
   int i=0;
   printf("enter a string:");
   scanf("%s",a);
   do
     i=i+1;
   while(a[i]!='\0');
   printf("%d",i);
 }
```

运行结果：

```
enter a string: this is a book! ↙
4
```

【例 7.18】把输入的数字字符串转化成整数输出。

算法设计要点：

利用一个数组 s 存放数字字符串，设计一个标志变量 sign 并初始化为 1，判断输入的字符是运算符还是 0～9 的数字字符，如果是运算符，则 sign=-1；如果是数字字符，则 sign=1。

```
main()
{
   char s[7];
   int i=0,n,sign;
   printf("input numberic string: ");
   scanf("%s",s);
   sign=1;
   if(s[i]=='+'||s[i]=='-')
     sign=(s[i++]=='+')?1:-1;
   for(n=0;s[i]>='0'&&s[i]<='9';i++)
     n=n*10+s[i]-'0';
   n=sign*n;
   printf("%d\n",n);
 }
```

运行结果：

```
input numberic string:4569+7↙
4569
```

【例 7.19】定义两个字符数组，使用输入函数为其赋值，将两个字符串连接起来并输出（不用 stract()函数完成）。

```
#include "stdio.h"
main()
{
   int i,j;
   char str1[160];
   char str2[80];
   puts("Please input the first string: ");
   gets(str1);
   puts("Please input the second string: ");
   gets(str2);
   i=0;
   while(str1[i]!='\0')
     i++;
   j=0;
   while(str2[j]!='\0')
   {
       str1[i]=str2[j];i++;j++;
   }
  str1[i]='\0';
  puts(str1);
}
```

【例 7.20】输入 5 个国家的名称并按字母顺序排列输出。

算法设计要点：

5 个国家名应由一个二维字符数组来处理，利用 strcmp()函数完成 5 个国家名称的字母的比较。

```
#include "stdio.h"
#include "string.h"
```

```
main()
{
   char st[20],cs[5][20];
   int i,j,p;
   printf("input country's name:\n");
   for(i=0;i<5;i++)
     gets(cs[i]);
   printf("\n");
   for(i=0;i<5;i++)
   {
     p=i;
       strcpy(st,cs[i]);
       for(j=i+1;j<5;j++)
       if(strcmp(cs[j],st)<0)
       {
          p=j;strcpy(st,cs[j]);
       }
       if(p!=i)
       {
          strcpy(st,cs[i]);
          strcpy(cs[i],cs[p]);
          strcpy(cs[p],st);
       }
    }
    puts(cs[i]);
    printf("\n");
}
```


知识扩展

1. 多维数组

当数组元素的下标在两个或两个以上时，该数组称为多维数组。其中以二维数组最常用。

多维数组定义格式如下：

类型说明符 数组名[整型常数 1][整型常数 2]…[整型常数 n],…;

多维数组在三维空间中不能用形象的图形表示。多维数组在内存中排列顺序的规律是：第一维的下标变化最慢，最右边的下标变化最快。

在数组定义时，多维数组的维数从左到右第一个称第一维，第二个称第二维，依此类推。多维数组元素的顺序仍由下标决定。下标变化是先变最右边的，再依此变化左边的下标。

2. 三维数组

如果是三维数组，则定义格式如下：

类型说明符 数组名[页数][行数][列数],…;

例如：

```
int a[2][3][4];
```

定义了一个三维数组 a，其中每个数组元素为整型，共有 2×3×4=24 个元素。

三维数组在内存中先按页，再按行，再按列存放。

小　结

1. 数组是程序设计中最常用的数据结构。数组可分为数值数组（整数数组、实数数组）、字符数组，以及后面将要介绍的指针数组、结构数组等。

2. 数组类型定义由类型说明符、数组名、数组长度（数组元素个数）3 部分组成。数组元素又称为下标变量。数组的类型是指下标变量取值的类型。

3. 对数组的赋值可以用数组初始化赋值、输入函数动态赋值和赋值语句赋值 3 种方法实现。对数值数组不能用赋值语句整体赋值、输入或输出，而必须用循环语句逐个对数组元素进行操作。

4. 数组可以是一维的、二维的或多维的。

5. 对二维数组元素的操作一般用二重循环。

6. 字符串是带有字符串结束符'\0'的一组字符，有了'\0'标志以后，字符串与一般的字符数组在操作上有根本区别。

习　题

一、选择题

1. 在 C 语言中，引用数组元素时，其数组下标的数据类型允许是（　　）。

   A. 整型常量　　B. 整型表达式
   C. 整型常量或整型表达式　　D. 任何类型的表达式

2. 以下对一维整型数组 a 的正确定义是（　　）。

   A. int a(10);
   B. int n=10,a[n];
   C. int n;
      scanf("%d",&n);
      int a[n];
   D. #define SIZE 10
      int a[SIZE];

3. 若有定义：int a[10]; 则对数组 a 元素的正确引用是（　　）。

   A. a[10]　　B. a[3.5]　　C. a(5)　　D. a[10-10]

4. 以下能对一维数组 a 进行正确初始化的语句是（　　）。

   A. int a[10]={0,0,0,0,0};　　B. int a[10]={};
   C. int a[] =(0);　　D. int a[10]={10*1};

5. 若有定义：int a[3][4]; 则对数组 a 元素的正确引用是（　　）。

   A. a[2][4]　　B. a[1][3]　　C. a(5)　　D. a[10-10]

6. 以下能对二维数组 a 进行正确初始化的语句是（　　）。

   A. int a[2][]={{1,0,1},{5,2,3}};　　B. int a[][3]={{1,2,3},{4,5,6}};
   C. int a[2][4]={{1,2,3},{4,5},{6}};　　D. int a[][3]={{1,0,1},{},{1,1}};

7. 以下不能对二维数组 a 进行正确初始化的语句是（　　）。

   A. int a[2][3]={0};　　B. int a[][3]={{1,2},{0}};
   C. int a[2][3]={{1,2},{3,4},{5,6}};　　D. int a[][3]={1,2,3,4,5,6};

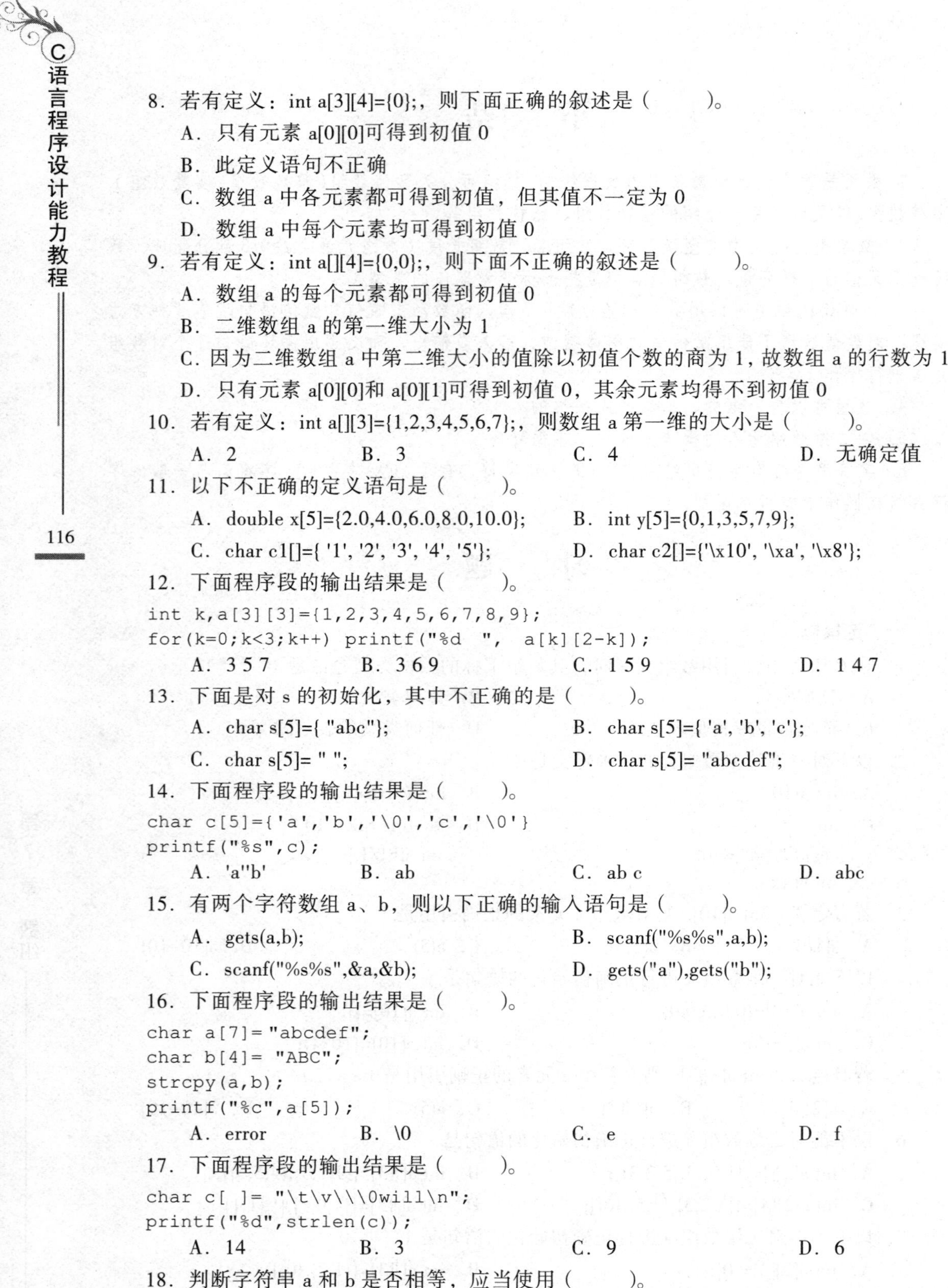

8．若有定义：int a[3][4]={0};，则下面正确的叙述是（　　）。

A．只有元素 a[0][0]可得到初值 0

B．此定义语句不正确

C．数组 a 中各元素都可得到初值，但其值不一定为 0

D．数组 a 中每个元素均可得到初值 0

9．若有定义：int a[][4]={0,0};，则下面不正确的叙述是（　　）。

A．数组 a 的每个元素都可得到初值 0

B．二维数组 a 的第一维大小为 1

C．因为二维数组 a 中第二维大小的值除以初值个数的商为 1，故数组 a 的行数为 1

D．只有元素 a[0][0]和 a[0][1]可得到初值 0，其余元素均得不到初值 0

10．若有定义：int a[][3]={1,2,3,4,5,6,7};，则数组 a 第一维的大小是（　　）。

A．2　　B．3　　C．4　　D．无确定值

11．以下不正确的定义语句是（　　）。

A．double x[5]={2.0,4.0,6.0,8.0,10.0};　　B．int y[5]={0,1,3,5,7,9};

C．char c1[]={ '1', '2', '3', '4', '5'};　　D．char c2[]={'\x10', '\xa', '\x8'};

12．下面程序段的输出结果是（　　）。

```
int k,a[3][3]={1,2,3,4,5,6,7,8,9};
for(k=0;k<3;k++) printf("%d  ", a[k][2-k]);
```

A．3 5 7　　B．3 6 9　　C．1 5 9　　D．1 4 7

13．下面是对 s 的初始化，其中不正确的是（　　）。

A．char s[5]={ "abc"};　　B．char s[5]={ 'a', 'b', 'c'};

C．char s[5]= " ";　　D．char s[5]= "abcdef";

14．下面程序段的输出结果是（　　）。

```
char c[5]={'a','b','\0','c','\0'}
printf("%s",c);
```

A．'a''b'　　B．ab　　C．ab c　　D．abc

15．有两个字符数组 a、b，则以下正确的输入语句是（　　）。

A．gets(a,b);　　B．scanf("%s%s",a,b);

C．scanf("%s%s",&a,&b);　　D．gets("a"),gets("b");

16．下面程序段的输出结果是（　　）。

```
char a[7]= "abcdef";
char b[4]= "ABC";
strcpy(a,b);
printf("%c",a[5]);
```

A．error　　B．\0　　C．e　　D．f

17．下面程序段的输出结果是（　　）。

```
char c[ ]= "\t\v\\\0will\n";
printf("%d",strlen(c));
```

A．14　　B．3　　C．9　　D．6

18．判断字符串 a 和 b 是否相等，应当使用（　　）。

A．if(a==b)　　B．if(a=b)

C．if(strcpy(a,b))　　D．if(strcmp(a,b)==0)

19．判断字符串 a 是否大于 b，应当使用的语句是（　　）。

A．if(a>b)　　B．if(strcmp(a,b))

C．if(strcmp(b,a)>0)　　D．if(strcmp(a,b)>0)

20．下面叙述正确的是（　　）。

A．两个字符串所包含的字符个数相同时，才能比较字符串

B．字符个数多的字符串比字符个数少的字符串大

C．字符串"STOP"与"stop"相等

D．字符串"That"小于字符串"The"

21．下面有关字符数组的描述中错误的是（　　）。

A．字符数组可以存放字符串

B．字符串可以整体输入/输出

C．可以在赋值语句中通过赋值运算对字符数组整体赋值

D．不可以用关系运算符对字符数组中的字符串进行比较

22．下面程序的输出结果是（　　）。

```
void main()
{  char ch[7]="12ab56";
   int i,s=0;
   for(i=0;ch[i]>'0'&&ch[i]<='9';i+=2)
      s=10*s+ch[i]-'0';
   printf("%d\n",s);  }
```

A．1　　B．1256　　C．12ab56　　D．ab

23．下面程序运行的结果是（　　）。

```
main()
{  int i,k,a[10],p[3];k=5;
   for(i=0;i<10;i++) a[i]=i;
   for(i=0;i<3;i++) p[i]=a[i* (i+1)];
   for(i=0;i<3;i++)  k=p[i]*2;
   printf("%d\n",k);
}
```

A．16　　B．14　　C．12　　D．10

24．下面程序的功能是：从键盘上输入若干个学生的成绩，找出最高成绩和最低成绩并输出，当输入负数时结束输入。请在横线处选择正确的答案将程序补充完整。

```
main()
{  float x,max,min;
   scanf("%f",___①___);
   max=x; min=x;
   while(___②___)
   {  if( x>max) max=x;
      if(___③___)min=x;
      scanf("%f",&x);  }
      printf("\n max=%f\n min=%f \n",max,min);
    }
```

① A．x　　B．&x　　C．&max　　D．min

② A. x>0.0　B. !(x<0.0)　C. x<0.0　D. x<=0.0

③ A. x>=min　B. x>= max　C. x<=min　D. x<=max

25. 下面程序的功能是：在 N 行 M 列的二位数组中找出每一行上的最大值并输入。请在横线处选择正确的答案将程序补充完整。

```
#define N 3
#define M 4
main()
{  int x[N][M]={11,5,7,4,2,6,4,3,8,2,3};
   int i,j,p;
   for(i=0;i<N;i++)
   {  p=0;
      for(j=l;j<M;j++)
         if(x[i][p]<x[i][j])____①____;
      printf("The max value in line %d is %d \n", i,____②____);}
      }
```

① A. x[i][j]=x[i][p]　B. x[i][p]=x[i][j]

C. p = j　D. j = p

② A. x[i][j]　B. x[i][p]　C. x[j][p]　D. x[j][i]

26. 下面程序的功能是：输入数据到数组中，统计其中正数的个数，并计算它们之和。请在横线处选择正确的答案将程序补充完整。

```
main( )
{  int i, a[20], sum, count;
   sum=count=0;
   for(i=0;i<20;i++)
   scanf("%d",____①____);
   for(i=0;i<20;i++)
     if(____②____)
   {  ____③____;  sum+=____④____;  }}
   printf("sum=%d, count=%d\n", sum, count);
}
```

① A. a　B. a[i]　C. &a[i]　D. *a

② A. a>=0　B. a>0　C. a[i]>=0　D. a[i]>0

③ A. count++　B. *count++　C. a[i]++　D. a+ +

④ A. a　B. a[]　C. *a　D. a[i]

二、填空题

1. 在 C 语言中，二维数组的元素在内存中的存放顺序是__________。

2. 若有定义：double x[3][5];，则x数组中行下标值最大为__________，列下标值最大为__________。

3. 若有定义：int a[3][4]={{1,2},{0},{4,6,8,10}};，则初始化后，a[1][2]的值为__________，a[2][1]得到的值为__________。

4. 字符串"ab\n\\012\\"的长度是__________。

5. 下面程序段的运行结果是__________。

```
char x[]="the teacher";
int i=0;
```

```
while(x[++i]!='\0')
   if(x[i-1]=='t')
       printf("%c",x[i]);
```

6．如果为字符串 s1 输入"Hello World!"，其语句是__________。

7．如果将字符串 s1 复制到字符串 s2 中，其语句是__________。

8. 如果在程序中调用了 strcat()函数，则需要预处理命令__________。如果调用了 gets()函数，则需要预处理命令__________。

9．C 语言数组的下标总是从__________开始，不可以为负数，构成数组各个元素具有相同的__________。

10．字符串是以__________为结束标志的一维字符数组。若有定义：char a[]="";，则 a 数组的长度是__________。

三、程序分析题

1．写出下面程序的运行结果。

```
main()
{   int a[6][6],i,j;
    for(i=1;i<6;i++)
      for(j=1;j<6;j++)
         a[i][j]=(i/j)*(j/i);
      for(i=1;i<6;i++)
      {   for(j=1;j<6;j++)
         printf("%2d",a[i][j]);
         printf("\n");  }}
```

2．写出下面程序的运行结果。

```
#include "stdio.h"
main()
{  int i=0;
   char a[]="abm",b[]="aqid",c[10];
   while(a[i]!='\0'&&b[i]!='\0')
      {  if(a[i]>=b[i])
         c[i]=a[i]-32;
         else c[i]=b[i]-32;
           i++;  }
   c[i]='\0';
   puts(c);  }
```

3．当运行下面程序时，从键盘上输入 AabD 并按【Enter】键，写出下面程序的运行结果。

```
#include "stdio.h"
main()
{   char s[80];
    int i=0;
    gets(s);
    while(s[i]!='\0')
     {  if(s[i]<='z'&&s[i]>='a')
         s[i]='z'+'a'-s[i];
         i++;  }
     puts(s);  }
```

4．写出下面程序的运行结果。

```
#include "stdio.h"
```

```
main()
{  int i,c,j=1;
   char s[2][5]={ "8980", "9198"};
   for(i=3;i>=0;i--)
   {   c=s[0][i]+s[1][i]-2*'0';
       s[1][j]=c%10+'\0';}
    for(i=0;i<=1;i++)puts(s[i]);  }
```

5. 当运行下面程序时，从键盘上输入 7 4 8 9 1 5 并按下【Enter】键，写出下面程序的运行结果。

```
main()
{   int a[6],i,j,k,m;
    for(i=0;i<6;i++)
      scanf("%d",&a[i]);
    for(i=5;i>=0;i--)
       {  k=a[5];
          for(j=4;j>=0;j--)
            a[j+1]=a[j];
            a[0]=k;
            for(m=0;m<6;m++)
              printf("%d",a[m]);
            printf("\n");  }}
```

6. 下面程序为数组输入数据并输出结果，判断下面程序的正误，如果错误请改正过来。

```
main()
{  int a[3]={3*0};
   int i;
   for(i=0;i<4;i++)
      scanf("%d",&a[i]);
   for(i=0;i<4;i++)
      printf("%d",a[i]);  }
```

7. 下面程序为数组输入数据并输出结果，判断下面程序的正误，如果错误请改正过来。

```
main()
{  int a[3]={1,2,3},i;
   scanf("%d%d%d",&a);
   for(i=0;i<3;i++)
   printf("%d",a[i]);  }
```

8. 下面程序的功能是：先将在字符串 s 中的字符按逆序存放到字符串 t 中，然后将 s 中的字符按正序连接到 t 的后面。例如，当 s 中的字符串为"ABCDE"时，则 t 中的字符串应为："EDCBAABCDE"。判断下面程序的正误，如果错误请改正过来。

```
main()
{   char s[80],t[200]; int i,sl;
    gets(s);sl=strlen(s);
    for(i=0;i<sl;i++)t[i]=s[sl-i];
    for(i=0;i<sl;i++)t[sl+i]=s[i];
    puts(t);  }
```

9. 下面程序可求出矩阵 a 的主对角线上的元素之和，请在横线处填写语句使程序完整。

```
main()
{  int a[3][3]={1,3,5,7,9,11,13,15,17},sum=0,i,j;
   for(i=0;i<3;i++)
```

```
    for(j=0;j<3;j++)
        if(____________)
          sum=sum+____________;
    printf("sum=%d",sum);  }
```

10．下面程序为排序程序，请在横线处填写语句使程序完整。

```
main()
{   int a[]={3,2,1,4,6,5},t;
    for(i=0;i<5;i++)
      {______________;
         for(;j<=5;j++)
             if(a[i]>a[j])______________;  }}
```

四、编程题

1．用选择法对 10 个整数排序。

2．打印出杨辉三角形（要求打印出前 10 行）。

3．用筛选法求 100 以内的素数。

4．从键盘输入一个 4 行 4 列的矩阵，若对称，输出“YES”；否则，输出“NO”。

5．输出一个二维数组构成的方阵，它的每一行、每一列和对角线之和均相等。

例如：

```
8 1 6
3 5 7
4 9 2
```

第8章 函数

通过本章学习，应具备熟练运用函数进行程序设计的能力，掌握函数的概念、定义和调用，掌握函数的嵌套与递归方法，了解变量的作用域与存储类别，学会应用函数进行程序设计。

问题导入

要设计一个功能比较多的应用程序，一个人的能力是有限的，那么如何分工合作才能高效且成功完成任务呢？

函数是 C 源程序的基本模块，C 源程序是由函数组成的。通过对函数模块的调用可实现特定的功能。从函数定义的角度看，函数分为库函数和用户自定义函数两种。C 语言提供了极为丰富的库函数（如 Turbo C 提供了 300 多个库函数）。本章主要学习的是用户自定义函数的方法。

8.1 用户自定义函数的引入

当程序员面临一个较大的、复杂的程序时，按照模块化设计思想，可以将一个程序按照功能分解成一个一个的子程序，子程序又将程序分解成若干个功能简单的模块。这样设计出来的程序，逻辑关系明确，结构清晰，可读性强。可以说C程序的全部工作都是由各式各样的函数完成的。

例如只有一个主函数的程序：

```
main()
{
   printf("* * * * * * * *\n");
   printf("  How are you\n");
   printf("* * * * * * * *\n");
 }
```

可以改写成一个主函数、两个子函数形式的程序：

```
void f1()
{
  printf("* * * * * * * *\n");
}
void f2()
```

```
{
  printf("  How are you\n");
}
main()
{
  f1();f2();f1();
}
```

程序的执行过程：

首先执行 main()函数，调用 f1()函数，输出 8 个'*'后回到 main()函数；调用 f2()函数，输出“How are you”后回到 main()函数；最后再调用 f1()函数，输出 8 个'*'后回到 main()函数，程序运行结束。

运行结果：

```
* * * * * * * *
 How are you
* * * * * * * *
```

以上两个程序的功能都是一样的，但由一个主函数、两个子函数形式的程序更加清晰，便于分工完成任务。

使用函数可以用已有的、调试好的、成熟的程序模块，易于扩充和维护。

对函数程序设计，主要需解决 3 个问题：

（1）函数的定义。

（2）函数的说明。

（3）函数的调用。

8.2　函数的定义

函数应当先定义，后调用。函数的定义的一般形式：

【语法格式】

```
类型说明符 函数名(形式参数表)
          {
          函数体
          }
```

【说明】函数由函数头和函数体两部分组成。

1. 函数的组成

（1）函数头，由类型说明符、函数名、形式参数表组成。

① 类型说明符。说明函数返回值的类型。可以是基本数据类型也可以是构造类型，默认为 int。如果不需返回值，则定义为 void 类型（空类型）。

② 函数名，给函数取的名字，以后调用此函数用这个名字。函数名按标识符规定取名。

③ 形式参数表。形式参数，简称形参。

形式参数表的具体格式为：

```
参数类型说明  形式参数 1,参数类型说明 形式参数 2,…
```

函数的定义形式分为无参函数和有参函数两种。若为无参函数，则定义时不提供形式参数，因为它没有参数传递。

例如：

有参函数定义为：
```
void fun1(int x,int y)
{
    int z;
    z=x+y;
    printf("%d \n",z);
}
```
函数形参的值由调用函数实参提供（实参说明见8.4节），上面函数中的x、y就是形参。

无参函数定义为：
```
void fun2( )
{
    printf("How are you\n");
}
```
（2）函数体，即函数头下面用一对{}括起来的部分。由类型说明部分和执行部分组成。

① 类型说明部分，定义函数体所使用的变量和有关说明（如函数说明等）。上面函数中的int z;就是变量定义，是类型说明部分。

② 执行部分，由若干语句组成的程序段。上面函数中的z=x+y;printf("%d \n",z);就是执行部分。

若为有返回值函数，则程序段最后有一个return语句。return语句用于程序段执行完后，返回给主调函数的值。

return语句一般形式为：
```
return  表达式;
```
或者为：
```
return  (表达式);
```
例如：
```
float  fun3(float x,float y)
{
    float z;
    z=x*y;
    return z;
}
```
此函数为有参、有返回值的用于计算矩形面积的函数。通过return z;把变量z的值返回给函数fun3()。

使用return语句应注意以下问题：

① 函数的值只能通过return语句返回主调函数。

② 带返回值的函数只能返回一个值，不能返回多个值。

③ 语句中的表达式与函数的返回类型不匹配时，以函数定义时的返回类型为准。

④ 不返回函数值的函数，可以明确定义为“空类型”，类型说明符为“void”。

2. 空函数

C语言中可以有空函数。

例如：
```
void null()
{  }
```
空函数的作用是预留模块位置，便于今后对程序的扩充。

3. 函数定义的规则

在C语言中，所有的函数定义，包括主函数 main()在内，都是平行的。也就是说，在一个函数的函数体内，不能再定义另一个函数，即不能嵌套定义。

例如：

```
void print1()
{
   printf("*");
   void print2()
   {
     printf("#");
   }
}
```

本例题的定义是错误的，该程序试图在print1()函数中定义另一个函数 print2()，违反了C语言中函数定义的规则。

8.3 函数的说明

在调用者调用定义好的函数之前，应该对定义好的函数进行说明，就像使用变量之前一样要先进行说明。说明的目的是使编译系统知道变量或函数的类型，从而可以对其进行一定的处理。

【语法格式】类型说明符 被调用函数名(形参表);

【说明】

(1)括号里的形参表可以给出形参的数据类型和形参名，也可以只给出形参的数据类型。

例如：

```
void fun(int x,int y);或 void fun(int ,int );
```

(2)函数说明的位置可以在函数外。

例如：

```
float  fun3(float x,float y);    /*函数说明，在函数外*/
main()
{
   …
}
float  fun3(float x,float y)
{
   float z;
   z=x*y;
   return z;
}
```

(3)函数说明的位置也可以在主函数内部。

例如：

```
main()
{
   float  fun3(float x,float y);        /*函数说明，在主函数内部*/
   …
}
```

```
float  fun3(float x,float y)
{
   float z;
   z=x*y;
   return z;
}
```

（4）有时可以省略对被调用的函数进行函数说明。

① 被调用函数的函数定义出现在调用它的函数之前。

例如：

```
float  fun3(float x,float y)
{
   float z;
   z=x*y;
   return z;
}
main()
{
   …
   y=fun3(2,3);   /*调用 fun3()函数*/
   …
}
```

此程序没有函数说明。

② 对C语言提供的库函数进行调用不需要再作函数说明，但必须把该函数的头文件用 #include 命令包含在源程序的最前面。

例如：

```
#include <math.h>
main()
{
   …
   y=sqrt(x);   /*调用 sqrt()库函数，计算 x 的平方根*/
   …
}
```

8.4　函数的调用

在 C 语言程序中是通过对函数的调用来执行函数体的，函数之间允许相互调用，也允许嵌套调用。习惯上把调用者称为主调函数，被调用者称为子函数。函数还可以自己调用自己，称为递归调用。Main()函数是主函数，它可以调用其他函数，而不允许被其他函数调用。因此，C 程序的执行总是从 main()函数开始，完成对其他函数的调用后再返回到 main()函数，最后由 main()函数结束整个程序。一个 C 源程序必须有，也只能有一个主函数 main()。

8.4.1　函数的调用形式

【语法格式】函数名(实际参数表)

【说明】

（1）无参函数调用没有参数，但“()”不能省略。

【例 8.1】无参函数应用示例。

```
void fun2();                    /*说明无参函数*/
main()
{
   fun2();                      /*调用无参函数*/
  }
void fun2()                     /*定义无参函数*/
{
  printf("  How are you\n");
}
```

运行结果：

```
How are you
```

（2）实际参数简称实参。实参表中的参数可以是常数、变量或其他构造类型数据及表达式。各实参之间用逗号分隔。函数调用时，分别把实参传递给对应的形参。

【例 8.2】有参函数应用示例。

```
int  fun3(int x,int y);
main()
{
   int s1,s2,s3;
   int x=2,y=4;
   s1=fun3(x,y);               /*参数是变量*/
   s2=fun3(4,6);               /*参数是常数*/
   s3=fun3(x+1,y+1);           /*参数是表达式*/
   printf("s1=%d,s2=%d,s3=%d\n",s1,s2,s3);
}
int  fun3(int x,int y)
{
  int z;
  z=x*y;
  return z;
}
```

运行结果：

```
s1=8,s2=24,s3=15
```

（3）注意函数调用与函数说明的区别。

例如：

```
void fun2();                    /*这是函数说明语句*/
fun2();                         /*这是函数调用语句*/
```

8.4.2 函数的调用方式

在 C 语言中允许 3 种方式调用函数。

1. 函数表达式

函数作为表达式中的一项出现在表达式中，以函数返回值参与表达式的运算，这种方式要求函数是有返回值的。

例如：

```
z=max(x,y)
```

这是一个赋值表达式，把 max()函数的返回值赋予变量 z。

【例 8.3】函数表达式调用方式应用示例。

```
int max(int a,int b)
{
   int c;
   c=a>b?a:b;
   return c;
}
   main()
 {
   int x,y,z;
   scanf("%d,%d",&x,&y);
   z=max(x,y);                  /*函数表达式调用形式*/
   printf("%d\n",z);
 }
```

该程序功能为在两个数中找最大值。

2. 函数语句

函数调用的一般形式加上分号即构成函数语句。

例如：

```
fun(x);
```

表示调用 fun()函数。

【例 8.4】函数语句调用方式应用示例。

```
void fun(int n)
{
      int i;
      for(i=0;i<n;i++)
        printf("#");
      printf("\n");
}
main()
{
   int x;
   for(x=3;x>0;x--)
     fun(x);                /*函数语句调用形式*/
}
```

运行结果：

```
###
##
#
```

3. 另一个函数的实参

函数作为另一个函数调用的实际参数出现。这种情况是把该函数的返回值作为实参进行传送，因此要求该函数必须是有返回值的。

例如：

```
printf("%d",max(x,y));
```

即是把 max()调用的返回值又作为 printf()函数的实参来使用。

【例 8.5】函数作为另一个函数调用的实际参数调用方式应用示例。

```
int min(int a,int b)
```

```
{
   int c;
   c=a<b?a:b;
   return c;
}
main()
{
   int x,y;
   scanf("%d,%d",&x,&y);
   printf("%d\n", min(x,y));  /*另一个函数的实参调用形式*/
}
```

该程序功能为在两个数中找最小值。

8.4.3 函数调用的规则

函数调用语句的执行过程是，首先计算每个实参表达式的值，并把此值存入所对应的形参单元中。然后，把执行流程转入函数体中，执行函数体中的语句。函数体执行完之后，将返回到调用此函数的断点的下一语句去执行。

因此，实参和形参在数量上、类型上、顺序上应严格一致，否则在实参值存入所对应的形参单元中会发生“类型不匹配”的错误。

例如：

```
int max(int a,int b)          /*函数定义*/
{
   if(a>b) return a;
   else return b;
}
int max(int a,int b);         /*函数说明*/
main()
{
   int x,y,z;
   printf("input two numbers:\n");
   scanf("%d%d",&x,&y);
   z=max(x);                /*函数调用*/
   printf("maxmum=%d",z);
}
```

本例题的调用是错误的，该程序在调用函数语句中只有一个实参，而函数定义中有两个形式参数，违反了C语言中函数调用的规则。

8.4.4 嵌套调用

C语言中不允许作嵌套的函数定义，因此各函数之间是平行的，不存在上一级函数和下一级函数的问题。但是C语言允许在一个函数的定义中出现对另一个函数的调用，这样就出现了函数的嵌套调用，即在被调函数中又调用其他函数。

【例8.6】函数的嵌套调用应用示例。

```
#include "stdio.h"
void print();
void line();
```

```
main()
{
   int i,j;
   putchar('\n');
   for(i=0;i<2;i++)
   {
       for(j=0;j<3;j++)
         print();
       putchar('\n');
   }
}
void print()
{
   putchar('*');
   line();
}
void line()
{
   putchar('_');
}
```


运行结果：

```
*_*_*_
*_*_*_
```

嵌套关系：主程序在执行过程中，调用 print()函数，print()函数在执行过程中又调用了 line()函数。

8.4.5 递归调用

一个函数在它的函数体内调用它自身称为递归调用，这种函数称为递归函数。C 语言允许函数的递归调用。在递归调用中，主调函数又是被调函数，执行递归函数将反复调用其自身，每调用一次就进入新的一层。

【例 8.7】用递归法计算 $n!$。

算法设计要点：

递归是一种有效的数学方法。本例的算法就是基于如下的递归数学模型的：

$$\text{fact(n)}=\begin{cases}1 & (n=1 \text{ 或 } n=0)\\ n*\text{fact}(n-1) & (n>1)\end{cases}$$

按公式可编程如下：

```
long fact(int n)
{
   long f;
   if(n<0) printf("n<0,input error");
   else if(n==0||n==1) f=1;
        else f=fact(n-1)*n;
   return(f);
}
main()
{
```

```
    int n;
    long y;
    printf("\ninput a inteager number:\n");
    scanf("%d",&n);
    y=fact(n);
    printf("%d!=%ld",n,y);
}
```

【说明】程序中给出的函数fact()是一个递归函数。主函数调用fact()函数后即进入函数fact()执行，如果n<0或n==0或n==1时都将结束函数的执行，否则就递归调用fact()函数自身。由于每次递归调用的实参为n-1，即把n-1的值赋予形参n，最后当n-1的值为1时再作递归调用，形参n的值也为1，将使递归终止，然后可逐层退回。

下面再举例说明该过程。设执行本程序时输入为5，即求5!。在主函数中的调用语句即为y=fact(5)，进入fact()函数后，由于n=5，不等于0或1，故应执行f=fact(n-1)*n，即f=fact(5-1)*5。该语句对fact()作递归调用即fact(4)。进行4次递归调用后，fact()函数形参取得的值变为1，故不再继续递归调用而开始逐层返回主调函数。fact(1)的函数返回值为1，fact(2)的返回值为1×2=2，fact(3)的返回值为2×3=6，fact(4)的返回值为6×4=24，最后返回值fact(5)为24×5=120，过程如图8-1所示。

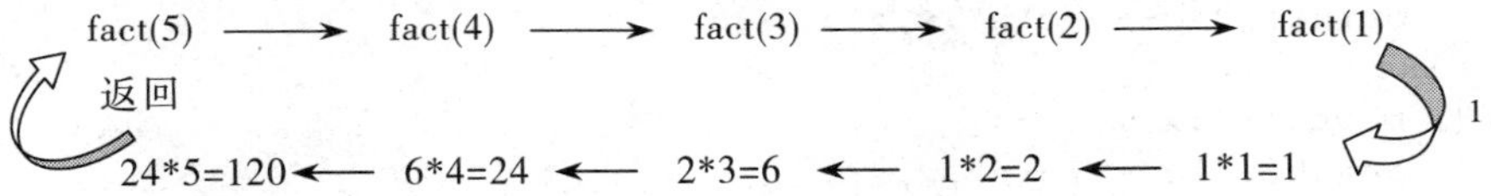

图8-1　递归的过程

也可以不用递归的方法来完成。如可以用递推法，即从1开始乘以2，再乘以3，…，直到n。递推法比递归法更容易理解和实现，但是有些问题则只能用递归算法才能实现。典型的问题是汉诺塔（Hanoi）问题。

【例8.8】汉诺塔问题。古代印度布拉玛庙里僧侣玩的一种游戏。游戏装置是一块钢板，上面有3根杆，分别是A、B、C杆。最左边的杆自上而下、由大到小顺序串有64个金盘，呈一个塔形。游戏要求把左边的杆上的金盘全部移到最右边的杆上，条件是一次只能够动一个盘，并且不允许大盘在小盘上面。

下面设计一个模拟僧侣们移动盘子的算法。

算法设计要点：

设A上有n个盘子。

如果n=1，则将圆盘从A直接移动到C。

如果n=2，则：

（1）将A上的n-1（等于1）个圆盘移到B上。

（2）再将A上的一个圆盘移到C上。

（3）最后将B上的n-1（等于1）个圆盘移到C上。

如果n=3，则：

① 将A上的n-1（等于2，令其为n'）个圆盘移到B（借助于C），步骤如下：

a. 将A上的n-1（等于1）个圆盘移到C上。

b. 将A上的一个圆盘移到B。

c．将 C 上的 n−1（等于 1）个圆盘移到 B。

② 将 A 上的一个圆盘移到 C。

③ 将 B 上的 n−1（等于 2，令其为 n'）个圆盘移到 C（借助 A），步骤如下：

a．将 B 上的 n−1（等于 1）个圆盘移到 A。

b．将 B 上的一个盘子移到 C。

c．将 A 上的 n−1（等于 1）个圆盘移到 C。

到此，完成了 3 个圆盘的移动过程。

从上面分析可以看出，当 n 大于等于 2 时，移动的过程可分解为 3 个步骤：

第 1 步：把 A 上的 n−1 个圆盘移到 B 上。

第 2 步：把 A 上的一个圆盘移到 C 上。

第 3 步：把 B 上的 n−1 个圆盘移到 C 上；其中第 1 步和第 3 步是类同的。

当 n=3 时，第 1 步和第 3 步又分解为雷同的 3 步，即把 n−1 个圆盘从一个杆移到另一个杆上，这里的 n'=n−1。显然这是一个递归过程，据此算法可编程如下：

```
move(int n,int x,int y,int z)
{
   if(n==1)
      printf("%c-->%c\n",x,z);
   else
   {  move(n-1,x,z,y);
      printf("%c-->%c\n",x,z);
      move(n-1,y,x,z);  }
}
main()
{
   int h;
   printf("\ninput number:\n");
   scanf("%d",&h);
   printf("the step to moving %2d diskes:\n",h);
   move(h,'a','b','c');
}
```

【说明】从程序中可以看出，move()函数是一个递归函数，它有 4 个形参 n、x、y、z。n 表示圆盘数，x、y、z 分别表示 3 根杆。Move()函数的功能是把 x 上的 n 个圆盘移动到 z 上。当 n==1 时，直接把 x 上的圆盘移至 z 上，输出 x→z。如 n>1 则分为 3 步：递归调用 move()函数，把 n−1 个圆盘从 x 移到 y；输出 x→z；递归调用 move()函数，把 n−1 个圆盘从 y 移到 z。在递归调用过程中 n=n−1，故 n 的值逐次递减，最后 n=1 时，终止递归，逐层返回。

运行结果：

```
input number:
4
the step to moving 4 diskes:
a→b
a→c
b→c
a→b
c→a
c→b
```

```
a→b
a→c
b→c
b→a
c→a
b→c
a→b
a→c
b→c
```

递归是一种非常有用的程序设计技术。当一个问题蕴含递归关系且结构比较复杂时，采用递归算法往往比较自然、简洁、容易理解。

8.5 数组作为函数的参数

数组也可作为函数的参数使用，进行数据传送。数组作为函数参数有两种形式：一种是把数组元素作为实参使用；另一种是把数组名作为函数的形参和实参使用。

8.5.1 数组元素作为实参

数组元素作为函数实参，数组元素就是下标变量，与普通变量无区别。因此它作为函数实参使用与普通变量是完全一样的，在发生函数调用时，把作为实参的数组元素的值传给形参，实现单向的值传递。

【例 8.9】数组元素作为函数实参应用示例。

```
void fun(int x)
{
   printf("%d  ",x);
}
main()
{
   int a[10],i;
   for (i=0;i<10;i++)
   {
      a[i]=2*i+1;
      fun(a[i]);
   }
}
```

运行结果：

```
1 3 5 7 9 11 13 15 17 19
```

8.5.2 数组名作为函数参数

用数组名作函数参数时，不进行值的传送，即不是把实参数组的每一个元素的值都赋予形参数组的各个元素。因为实际上形参数组并不存在，编译系统不为形参数组分配内存。那么，数组作为参数时，数据的传递是如何实现的呢？

在前面学习数组的时候曾介绍过，数组名就是数组的首地址。因此在数组名作函数参数时所进行的传递只是地址的传递，也就是说把实参数组的首地址赋予形参数组名。形参

数组名取得该首地址之后，也就等于有了实在的数组。实际上是形参数组和实参数组为同一数组，共同拥有一段内存空间。

【例 8.10】数组名作为实参的参数传递应用示例。

```
void f(int b[],int n)
{
   int i;
   for(i=0;i<n;i++)
      b[i]=2*i+1;
}
main()
{
   int j,a[5];
   for(j=0;j<5;j++)
      a[j]=j;
   for(j=0;j<5;j++)
      printf("%d",a[j]);
   printf("\n");
   f(a,5);
   for(j=0;j<5;j++)
      printf("%d",a[j]);
}
```

运行结果：

```
0 1 2 3 4
1 3 5 7 9
```

【说明】a 为实参数组，类型为整型。a 占有以 2 000 为首地址的一块内存区。b 为形参数组名。当发生函数调用时，进行地址传递，把实参数组 a 的首地址传递给形参数组名 b，于是 b 也取得该地址 2 000。于是 a，b 两数组共同占有以 2 000 为首地址的一段连续内存单元。因此 a 和 b 下标相同的元素实际上也占用相同的两个内存单元（整型数组每个元素占 2 字节）。例如，a[0]和 b[0]都占用 2 000 单元，当然 a[0]等于 b[0]。类推则有 a[i]等于 b[i]。

【例 8.11】编写程序，计算一个学生 5 门课程的平均成绩。

```
float aver(float a[5])
{
  int i;
  float av,s=0;
  for(i=0;i<5;i++)
     s=s+a[i];
  av=s/5;
  return av;
}
main()
{
  float sco[5],av;
  int i;
  printf("\ninput 5 scores:\n");
  for(i=0;i<5;i++)
     scanf("%f",&sco[i]);
  av=aver(sco);
  printf("average score is %5.2f",av);
}
```

【说明】本程序首先定义了一个实型函数 aver()，有一个形参为实型数组 a，长度为 5。在函数 aver()中，把各元素值相加求出平均值，返回给主函数。主函数 main()中首先完成数组 sco 的输入，然后以 sco 作为实参调用 aver()函数，函数返回值传递给 av，最后输出 av 值。

前面已经讨论过，在变量作函数参数时，所进行的值传送是单向的。即只能从实参传向形参，不能从形参传回实参。形参的初值和实参相同，而形参的值发生改变后，实参并不变化，两者的终值是不同的。而当用数组名作函数参数时，情况则不同。由于实际上形参和实参为同一数组，因此当形参数组发生变化时，实参数组也随之变化。当然这种情况不能理解为发生了“双向”的值传递。但从实际情况来看，调用函数之后实参数组的值将根据形参数组值的变化而变化。

8.6 局部变量和全局变量

在前面学习形参时曾经提到，形参只在被调用期间才分配内存单元，调用结束立即释放。这一点表明形参只有在函数内才是有效的，离开该函数就不能再使用了。这种变量有效性的范围称为变量的作用域。不仅对于形参，C 语言中所有的变量都有自己的作用域。变量说明的方式不同，其作用域也不同。作用域从空间的角度描述变量的特性。一个变量究竟属于哪一种存储方式，并不能仅从其生存期来判断，还应从作用域来说明。C 语言中的变量，按作用域范围可分为两种，即局部变量和全局变量。

8.6.1 局部变量

局部变量也称为内部变量。局部变量是在函数内作定义说明的。其作用域仅限于函数内， 离开该函数后再使用这种变量是非法的。

例如：

```
int f1(int a)                /*函数 f1()*/
{  int b,c;
   … }
int f2(int x)                /*函数 f2()*/
{ int y,z;
   … }
main()
{
   int m,n;
   …
}
```

上段程序在函数 f1()内定义了 3 个变量，a 为形参，b、c 为一般变量。在函数 f1()的范围内 a、b、c 有效，或者说 a、b、c 变量的作用域限于函数 f1()内。同理，x、y、z 的作用域限于 f2 内。m、n 的作用域限于 main()函数内。

局部变量的作用域说明：

（1）主函数中定义的变量也只能在主函数中使用，不能在其他函数中使用。同时，主函数中也不能使用其他函数中定义的变量。因为主函数也是一个函数，它与其他函数是平行关系。这一点是与其他语言不同的，应予以注意。

（2）形参变量是属于被调函数的局部变量，实参变量是属于主调函数的局部变量。

（3）允许在不同的函数中使用相同的变量名，它们代表不同的对象，分配不同的单元，互不干扰，也不会发生混淆。

例如：

```
main()
{
  int s,a;
  …
  {
    int b;
    s=a+b;
    …
  }
  …
}
```

变量 b 只在它定义的程序段内有效，而变量 s、a 在整个 main()函数内都有效。

【例 8.12】局部变量的作用域应用示例。

```
main()
{
   int i=2,j=3,k;
   k=i+j;
   {
      int k=8;
      if(i==3) printf("%d\n",k);
     }
   printf("%d\n%d\n",i,k);
}
```

运行结果：

```
2
5
```

【说明】本程序在 main()中定义了 i、j、k 3 个变量，其中 k 未赋初值。而在复合语句内又定义了一个变量 k，并赋初值为 8。应该注意这两个 k 不是同一个变量。在复合语句外由 main()定义的 k 起作用，而在复合语句内则由在复合语句内定义的 k 起作用。因此程序第 4 行的 k 为 main()所定义，其值应为 5。第 7 行输出 k 值，该行在复合语句内，由复合语句内定义的 k 起作用，其初值为 8，故输出值为 8。第 9 行输出 i、k 值。i 是在整个程序中有效的，第 7 行对 i 赋值为 3，故输出也为 3。而第 9 行已在复合语句之外，输出的 k 应为 main()所定义的 k，此 k 值由第 4 行已获得为 5，故输出也为 5。

8.6.2 全局变量

全局变量也称为外部变量，它是在函数外部定义的变量。它不属于哪一个函数，它属于一个源程序文件，其作用域是整个源程序。在函数中使用全局变量，一般应作全局变量说明。 只有在函数内经过说明的全局变量才能使用。全局变量的说明符为 extern。但在一个函数之前定义的全局变量，在该函数内使用可不再加以说明。

1. 全局变量的定义

例如：

```
int a,b;    /*全局变量*/
void f1()
{…}
float x,y; /*全局变量*/
int f2()
{…}
main()      /*主函数*/
{…}
```

从上例可以看出a、b、x、y都是在函数外部定义的外部变量，都是全局变量。但x，y定义在函数f1()之后，而在函数f1()内又无对x、y的说明，所以它们在函数f1()内无效。a、b定义在源程序最前面，因此在函数f1()、f2()及main()内不加说明也可以使用。

【例8.13】输入长方体的长宽高l、w、h，求体积及3个面的面积。

```
int s1,s2,s3;
int vs(int a,int b,int c)
{
   int v;
   v=a*b*c;
   s1=a*b; s2=b*c;s3=a*c;
   return v;
}
main()
{
   int v,l,w,h;
   printf("\ninput length,width and height\n");
   scanf("%d%d%d",&l,&w,&h);
   v=vs(l,w,h);
   printf("v=%d s1=%d s2=%d s3=%d\n",v,s1,s2,s3);
}
```

【说明】本程序中定义了3个外部变量s1、s2、s3，用来存放3个面积，其作用域为整个程序。函数vs()用来求长方体体积和3个面积，函数的返回值为体积v。由主函数完成长、宽、高的输入及结果输出。由于C语言规定函数返回值只有一个，当需要增加函数的返回数据时，用外部变量是一种很好的方式。本例中，如不使用外部变量，在主函数中就不可能取得v、s1、s2、s3这4个值。而采用了外部变量，在函数vs()中求得的s1、s2、s3值在main()中仍然有效。因此外部变量是实现函数之间数据通信的有效手段。

2. 全局变量的说明

在作用域外使用全局变量，必须对全局变量进行说明。

全局变量说明的一般形式为：

```
extern 类型说明符  变量名,变量名,…;
```

【例8.14】全局变量说明应用示例。

```
int vs(int l,int w)
{
   extern int h;
   int v;
   v=l*w*h;
   return v;
```

```
}
main()
{
   extern int w,h;
   int l=5;
   printf("v=%d",vs(l,w));
}
int l=3,w=4,h=5;
```

【说明】本例程序中，外部变量在最后定义，因此在前面函数中必须对要使用的外部变量进行说明。外部变量 l、w 和 vs()函数的形参 l、w 同名。外部变量都作了初始赋值，main()函数中也对 l、w 作了初始化赋值。执行程序时，在 printf 语句中调用 vs()函数，实参 l 的值应为 main()中定义的 l 值，等于 5，外部变量 l 在 main()内不起作用；实参 w 的值等于外部变量 w 的值，即为 4，进入 vs 后这两个值传送给形参 l、vs 函数中使用的 h 为外部变量，其值为 5，因此 v 的计算结果为 100，返回主函数后输出。

8.7 变量的存储类型

变量从空间上分为局部变量和全局变量，而从存在的时间长短上来划分，变量还可以分为动态存储方式变量和静态存储方式变量。

C 语言中变量有 4 种存储类别：即自动存储型变量（auto）、寄存器型变量（register）、静态存储型变量（static）和外部变量（extern）。

8.7.1 静态存储方式与动态存储方式

静态存储方式通常是在变量定义时就分配了存储单元并一直保持不变，直至整个程序结束。C 语言中使用变量静态存储方式的主要有静态局部变量和全局变量。

动态存储是在程序执行过程中使用它时才分配存储单元，使用完毕立即释放。C 语言中使用变量动态存储方式的主要有自动型局部变量和寄存器型变量。例如，函数的形式参数，在函数定义时并不给形参分配存储单元，只是在函数被调用时，才予以分配，调用函数完毕立即释放。如果一个函数被多次调用，则反复地分配、释放形参变量的存储单元。

从以上分析可知，静态存储方式的变量是一直存在的，而动态存储方式的变量则时而存在，时而消失。这种由于变量存储方式不同而产生的特性称变量的生存期。生存期表示变量存在的时间。生存期是从时间这个角度来描述变量的特性，指变量作用时间的长短。

8.7.2 自动变量

自动存储型变量简称为自动变量，这种存储类型是 C 语言程序中使用最广泛的一种类型，本书前面所使用的变量多属此类变量。

C 语言规定，函数内凡未加存储类型说明的变量均视为自动变量，也就是说自动变量可省去说明符 auto。自动变量属于动态存储方式。

自动变量定义的一般形式：

【语法格式】auto　数据类型　变量表;

例如：

```
fun()
{
  auto int i,j,k;
  auto char c;
  …
}
```

等价于：

```
fun()
{
  int i,j,k;
  char c;
  …
}
```

自动变量具有以下特点：

（1）自动变量的作用域仅限于定义该变量的个体内。在函数中定义的自动变量，只在该函数内有效。在复合语句中定义的自动变量只在该复合语句中有效。

（2）自动变量属于动态存储方式，只有在使用它，即定义该变量的函数被调用时才给它分配存储单元，开始它的生存期。函数调用结束，释放存储单元，结束生存期。因此函数调用结束之后，自动变量的值不能保留。在复合语句中定义的自动变量，在退出复合语句后也不能再使用，否则将引起错误。

例如：

```
main()
{
  {
  auto int a,s,p;
  printf("\put a number:\n");
  scanf("%d",&a);
  if(a>0)
  {
     s=a+a;
     p=a*a;
  }
  }
  printf("s=%d p=%d\n",s,p); /*错误语句，无法正确输出 s、p*/
}
```

s、p是在复合语句内定义的自动变量，只能在该复合语句内有效。而程序的第2个输出语句却是退出复合语句之后用printf()语句输出s、p的值，这显然会引起错误。

（3）由于自动变量的作用域和生存期都局限于定义它的个体内（函数或复合语句内），因此不同的个体中允许使用同名的变量而不会混淆。即使在函数内定义的自动变量也可与该函数内部的复合语句中定义的自动变量同名。

例如：

```
main()
{
  auto int a,s=100,p=100;
  printf("\put a number:\n");
  scanf("%d",&a);
```

```
    if(a>0)
    {
       auto int s,p;
       s=a+a;
       p=a*a;
       printf("s=%d p=%d\n",s,p);
    }
    printf("s=%d p=%d\n",s,p);
  }
```

本程序在 main()函数中和复合语句内两次定义了变量 s、p 为自动变量。按照 C 语言的规定，在复合语句内，应由复合语句中定义的 s、p 起作用，故 s 的值应为 a+ a，p 的值为 a*a。退出复合语句后的 s、p 应为 main()函数所定义的 s、p，其值在初始化时给定，均为 100。从输出结果可以分析出两个 s 和两个 p 虽变量名相同，但却是两个不同的变量。

8.7.3 静态局部变量

静态变量的类型说明符是 static。静态变量当然是属于静态存储方式，但是属于静态存储方式的变量不一定就是静态变量，例如，外部变量虽属于静态存储方式，但不一定是静态变量，必须由 static 加以定义后才能成为静态外部变量，或称静态全局变量。对于自动变量，前面已经介绍过它属于动态存储方式。但是也可以用 static 定义它为静态自动变量，或称静态局部变量，从而成为静态存储方式。

由此看来，一个变量可由 static 进行再说明，并改变其原有的存储方式。在局部变量的说明前再加上 static 说明符就构成静态局部变量。

静态变量定义的一般形式：

【语法格式】static 数据类型 变量表;

例如：

```
static int a,b;
static float array[5]={1,2,3,4,5};
```

静态局部变量属于静态存储方式，它具有以下特点：

（1）静态局部变量在函数内定义，但不像自动变量那样，当调用时就存在，退出函数时就消失。静态局部变量始终存在着，也就是说它的生存期为整个源程序。

（2）静态局部变量的生存期虽然为整个源程序，但是其作用域仍与自动变量相同，即只能在定义该变量的函数内使用该变量。退出该函数后，尽管该变量还继续存在，但不能使用它。

（3）允许对构造类静态局部变量赋初值。在数组一章中，介绍数组初始化时已作过说明。若未赋以初值，则由系统自动赋以 0 值。

（4）对基本类型的静态局部变量若在说明时未赋以初值，则系统自动赋予0值。而对自动变量不赋初值，则其值是不定的。

根据静态局部变量的特点，可以看出它是一种生存期为整个源程序的量。虽然离开定义它的函数后不能使用，但如再次调用定义它的函数时，它又可继续使用，而且保存了上次被调用时赋予的值。因此，当多次调用一个函数且要求在调用之间保留某些变量的值时，可考虑采用静态局部变量。虽然用全局变量也可以达到上述目的，但全局变量有时会造成意外的副作用，因此仍以采用局部静态变量为宜。

【例 8.15】静态局部变量应用示例。

```
main()
{
  int i;
  void f();                       /*函数说明*/
  for(i=1;i<=5;i++)
    f();                          /*函数调用*/
}
void f()                          /*函数定义*/
{
    auto int j=0;
    ++j;
    printf("%d\n",j);
}
```

运行结果：

```
1
1
1
1
1
```

【说明】程序中定义了函数 f(),其中的变量 j 说明为自动变量并赋予初始值 0。当 main()函数中多次调用 f()时，j 均赋初值为 0，故每次输出值均为 1。

现在把 j 改为静态局部变量，程序如下：

```
main()
{
   int i;
   void f();
   for(i=1;i<=5;i++)
     f();
}
void f()
{
   static int j=0;
   ++j;
   printf("%d\n",j);
}
```

运行结果：

```
1
2
3
4
5
```

【说明】由于 j 为静态变量，能在每次调用后保留其值并在下一次调用时继续使用，所以输出值变为累加的结果。

8.7.4 寄存器变量

自动变量和静态变量存放在存储器内，因此当对一个变量频繁读/写时，必须要反复访问内存储器，从而花费大量的存取时间。为此，C 语言提供了另一种变量，即寄存器变量。

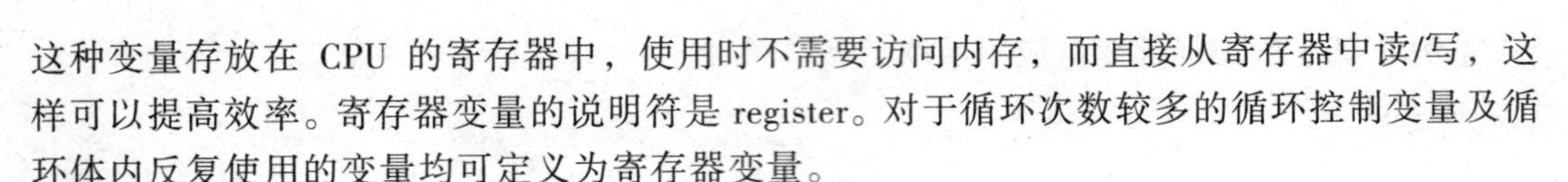

这种变量存放在 CPU 的寄存器中，使用时不需要访问内存，而直接从寄存器中读/写，这样可以提高效率。寄存器变量的说明符是 register。对于循环次数较多的循环控制变量及循环体内反复使用的变量均可定义为寄存器变量。

寄存器变量的定义的一般形式：

【语法格式】register 数据类型 变量表;

【例 8.16】寄存器变量应用示例。

```
main()
{
   register int i,s=0;
   for(i=1;i<=200;i++)
     s=s+i;
   printf("s=%d\n",s);
}
```

本程序循环 200 次，i 和 s 都将频繁使用，因此可定义为寄存器变量。

【说明】

（1）只有局部自动变量和形式参数才可以定义为寄存器变量。因为寄存器变量属于动态存储方式。凡需要采用静态存储方式的变量均不能定义为寄存器变量。

（2）在 Turbo C，MS C 等计算机上使用的 C 语言中，实际上是把寄存器变量当成自动变量处理的，因此速度并不能提高。而在程序中允许使用寄存器变量只是为了与标准 C 保持一致。即使能真正使用寄存器变量的机器，由于 CPU 中寄存器的个数是有限的，因此使用寄存器变量的个数也是有限的。

8.7.5 外部变量

在函数外部定义的变量就是外部变量，也称全局变量。外部变量的类型说明符为 extern。

在前面介绍全局变量时已介绍过外部变量。这里再补充说明外部变量的几个特点：

（1）外部变量和全局变量是对同一类变量的两种不同角度的提法。全局变量是从它的作用域提出的，外部变量是从它的存储方式提出的，表示了它的生存期。

（2）当一个源程序由若干个源文件组成时，在一个源文件中定义的外部变量在其他的源文件中也有效。

例如：有一个源程序由源文件 F1.C 和 F2.C 组成：

```
F1.C
  int a,b;              /*外部变量定义*/
  char c;               /*外部变量定义*/
  main()
  {
      …
  }
F2.C
  extern int a,b;       /*外部变量说明*/
  extern char c;        /*外部变量说明*/
  func(int x, int y)
  {
      …
  }
```

在 F1.C 和 F2.C 两个文件中都要使用 a、b、c 3 个变量。在 F1.C 文件中把 a、b、c 都定义为外部变量。在 F2.C 文件中用 extern 把 3 个变量说明为外部变量，表示这些变量已在其他文件中定义，并把这些变量的类型和变量名导入，编译系统不再为它们分配内存空间。对构造类型的外部变量，如数组等可以在说明时作初始化赋值，若不赋初值，则系统自动定义它们的初值为 0。

8.7.6 静态全局变量

在全局变量（外部变量）的说明之前再冠以 static 就构成了静态的全局变量。全局变量本身就是静态存储方式，静态全局变量当然也是静态存储方式。这两者在存储方式上并无不同。它们的区别在于非静态全局变量的作用域是整个源程序，当一个源程序由多个源文件组成时，非静态的全局变量在各个源文件中都是有效的。而静态全局变量则限制了其作用域，即只在定义该变量的源文件内有效，在同一源程序的其他源文件中不能使用。由于静态全局变量的作用域局限于一个源文件内，只能为该源文件内的函数公用，因此可以避免在其他源文件中引起错误。

从以上分析可以看出，把局部变量改变为静态变量后将改变它的存储方式，即改变了它的生存期。把全局变量改变为静态变量后是改变了它的作用域，限制了它的使用范围。因此 static 这个说明符在不同的地方所起的作用是不同的，应予以注意。

8.8 内部函数和外部函数

在一个源文件中定义的函数能否被其他源文件中的函数调用呢？那就需要看它是内部函数还是外部函数。

8.8.1 内部函数

如果在一个源文件中定义的函数只能被本文件中的函数调用，而不能被同一源程序其他文件中的函数调用，这种函数称为内部函数。

【语法格式】

```
static 类型说明符  函数名(形参表)
            {
              函数体
            }
```

例如：

```
static int f(int a,int b)
{
  …
}
```

【说明】内部函数也称为静态函数，但此处静态 static 的含义已不是指存储方式，而是指对函数的调用范围只局限于本文件。因此在不同的源文件中定义同名的静态函数不会引起混淆。

8.8.2 外部函数

外部函数在整个 C 源程序中都有效。在一个源文件中定义的外部函数能被其他源文件

中的函数调用。

【语法格式】extern 类型说明符函数名(形参表)

例如：

```
extern int f(int a,int b)
{
  …
}
```

【说明】如在函数定义中没有说明 extern 或 static 则默认为 extern。在一个源文件的函数中调用其他源文件中定义的外部函数时，应用 extern 说明被调函数为外部函数。

例如：

```
F1.C (源文件一)
main()
{
  extern int f1(int i); /*外部函数说明,表示 f1 函数在其他源文件中*/
  …
}
F2.C (源文件二)
extern int f1(int i);    /*外部函数定义*/
{
  …
}
```


8.9 函数应用程序设计举例

【例 8.17】阶乘求和问题。

```
main()
{
   int i,n; long sum=0;
   long fact(int k);
   scanf("%ld",&n);
   if(n>0)
   {
     for(i=1;i<=n;i++)
       sum=sum+fact(i);
     printf("sum=%d",sum);
   }
}
long fact(int k)
{
int j;long y=1;
for(j=1;j<=k;j++)
   y=y*j;
return y;
}
```

【例 8.18】水仙花数判断问题。

算法设计要点：

水仙花数是指一个 3 位数，其各个数之立方和等于该数，例如，153 即为一水仙花数，

$153=1^3+5^3+3^3$。

```
main()
{
   int i;
   int res(int k);
   scanf("%d",&i);
   if(i>0)
   {
     if(i==res(i))
       printf("Yes");
     else
        printf("No");
   }
}
int res(int k)
{
   int i,s=0;
   i=k;
   while(i!=0)
   {
      s=s+(i%10)*(i%10)*(i%10);
      i=i/10;
   }
   if(s==k) return k;
   else return 0;
}
```

【例 8.19】完数判断问题。

算法设计要点：

完数是指一个数恰好等于它的各因子之和。例如，6 即为一个完数，6=1+2+3；28 也是一个完数，28=1+2+4+7+14。

```
int factor(int k);
main()
{
  int i;
  for(i=1;i<=10000;i++)
  {
      if(i==factor(i))
        printf("%d",i);
  }
}
int factor(int k)
{
  int i,s=0;
  for(i=1;i<k;i++)
  {
     if(k%i==0)
         s=s+i;
  }
  if(k==s) return i;
  else return 0;
}
```

【说明】这些程序通过调用自定义函数完成，程序非常清晰，大大增加了可读性。

1．函数的分类

在C语言中可从不同的角度对函数进行分类。

（1）从函数定义的角度看，函数可分为库函数和用户自定义函数两种。

① 库函数。由C语言系统提供，用户无须定义，也不必在程序中作类型说明，只需在程序前加上包含该函数原型的头文件，即可在程序中直接调用。在前面各章的例题中反复用到的 printf()、scanf()、getchar()、putchar()、gets()、puts()等函数均属此类。

② 用户自定义函数。由用户按需要写的函数。对于用户自定义函数，不仅要在程序中定义函数本身，而且在主调函数模块中还必须对该被调函数进行类型说明，然后才能使用。

（2）C语言的函数兼有其他语言中的函数和过程两种功能，从这个角度看，又可把函数分为有返回值函数和无返回值函数两种。

① 有返回值函数。此类函数被调用执行完后将向调用者返回一个执行结果，称为函数返回值。由用户定义的这种将返回函数值的函数，必须在函数定义和函数说明中明确返回值的类型。

② 无返回值函数。此类函数用于完成某项特定的处理任务，执行完成后不向调用者返回函数值。由于函数无须返回值，用户在定义此类函数时可指定它的返回为“空类型”，空类型的说明符为“void”。

（3）从主调函数和被调函数之间数据传送的角度看又可分为无参函数和有参函数两种。

① 无参函数。函数定义、函数说明及函数调用中均不带参数。主调函数和被调函数之间不进行参数传送。此类函数通常用来完成一组指定的功能，可以返回或不返回函数值。

② 有参函数。在函数定义及函数说明时都有参数，称为形式参数。在函数调用时也必须给出参数，称为实际参数。进行函数调用时，主调函数将把实参的值传送给形参，供被调函数使用。

（4）C语言提供了极为丰富的库函数，这些库函数又可从功能角度作以下分类。

① 字符类型分类函数。用于对字符按ASCII码分类：可分为字母、数字、控制字符、分隔符、大小写字母等。

② 转换函数。用于字符或字符串的转换，在字符量和各类数字量（整型、实型等）之间进行转换，在大、小写之间进行转换。

③ 目录路径函数。用于文件目录和路径操作。

④ 诊断函数。用于内部错误检测。

⑤ 图形函数。用于屏幕管理和各种图形功能。

⑥ 输入/输出函数。用于完成输入/输出功能。

⑦ 数学函数。用于数学函数计算。

⑧ 日期和时间函数。用于日期、时间转换操作。

⑨ 其他函数。用于其他各种功能。

本书只介绍了最基本、最常用的一部分库函数，其余部分读者可根据需要查阅有关手册。

2．函数形参的特点

形参变量只有在被调用时才分配内存单元，在调用结束时，即刻释放所分配的内存单元。

因此，形参只有在函数内部有效。函数调用结束返回主调函数后则不能再使用该形参变量。

3. 函数实参的特点

实参出现在主调函数中，当进入被调函数后，实参变量也不能使用。实参的功能是作数据传送。发生函数调用时，主调函数把实参的值传送给被调函数的形参从而实现主调函数向被调函数的数据传送。实参可以是常量、变量、表达式、函数等，无论实参是何种类型的量，在进行函数调用时，它们都必须具有确定的值，以便把这些值传送给形参。因此应预先利用赋值语句、输入语句等办法使实参获得确定值。

4. 对全局变量和局部变量的进一步说明

（1）对于局部变量的定义和说明，可以不加区分。而对于全局变量则不然，全局变量定义和全局变量说明并不是一回事。

（2）全局变量定义必须在所有的函数之外，且只能定义一次；而全局变量说明出现在要使用该全局变量的各个函数内，在整个程序内可能出现多次。

（3）全局变量在定义时就已分配了内存单元，全局变量定义可作初始赋值，全局变量说明不能再赋初始值，只是表明在函数内要使用某个全局变量。

（4）全局变量可加强函数模块之间的数据联系，但是又会使函数依赖这些变量，因而使得函数的独立性降低。从模块化程序设计的观点来看这是不利的，因此尽量不要使用全局变量。

（5）在同一源文件中，允许全局变量和局部变量同名。在局部变量的作用域内，全局变量不起作用。

5. 内存的用户使用空间说明

内存中，供用户使用的存储空间可以分为三个部分：程序区、静态存储区和动态存储区。全局变量全部放在静态存储区，当程序开始执行时给全局变量分配存储区，程序执行完毕后全局变量占用的存储区释放。整个过程中全局变量占用固定的存储单元。动态存储区中主要存放形式参数、自动变量、函数调用时的现场保护和返回地址等。这些数据，在函数开始调用时分配存储空间，函数结束时释放空间。

小　结

1. 函数的分类。
2. 函数定义的一般形式：类型说明符 函数名（[形参表]）。
3. 函数说明的一般形式：类型说明符函数名（[形参表]）。
4. 函数调用的一般形式：函数名（[实参表]）。
5. 函数的返回值是在函数中由return语句返回的。
6. 函数的参数分为形参和实参两种，形参出现在函数定义中，实参出现在函数调用中，当函数调用时，将把实参的值传递给形参（实际上是传值）。
7. 数组名作为函数参数时不进行值传递而进行地址传递。形参和实参实际上为同一数组的两个名称。因此形参数组的值发生变化，实参数组的值也变化（实际上是传地址）。
8. C语言中，允许函数的嵌套调用和函数的递归调用，但不允许函数的嵌套定义。
9. 可从三个方面对变量分类，即变量的数据类型、变量作用域和变量的存储类型。

10. 变量的存储类型是指变量在内存中的存储方式，分为静态存储和动态存储。
11. 变量的作用域是指变量在程序中的有效范围，分为局部变量和全局变量。

习　题

一、选择题

1. 以下正确的说法是（　　）。
   A. 用户若需要调用标准库函数，调用前必须重新定义
   B. 用户可以重新定义标准库函数，如若此，该函数将失去原有定义
   C. 系统不允许用户重新定义标准库函数
   D. 用户若需要使用标准库函数，调用前不必使用预处理命令将该函数所在的头文件包含编译，系统会自动调用
2. 以下正确的函数定义是（　　）。
   A. double fun(int x,int y)
   { z=x+y;return z; }
   B. double fun(int x,y)
   { int z;return z;}
   C. fun(x,y)
   { int x, y;double z;
   z=x+y;return z; }
   D. double fun(int x,int y)
   { double z; z=x+y;
   return z; }
3. 以下正确的说法是（　　）。
   A. 实参和与其对应的形参各占用独立的存储单元
   B. 实参和与其对应的形参共占用一个存储单元
   C. 只有当实参和与其对应的形参同名时才共占用相同的存储单元
   D. 形参是虚拟的，不占用存储单元
4. 以下正确的函数说明是（　　）。
   A. double fun(int x,int y)　　B. double fun(int x;int y);
   C. double fun(int x,int y);　　D. double fun(int x,y);
5. 若调用一个函数，且此函数中没有 return 语句，则正确的说法是（　　）。
   A. 该函数没有返回值　　B. 该函数返回若干个系统默认值
   C. 函数返回一个用户所希望的函数值　　D. 函数返回一个不确定的值
6. 以下说法不正确的是（　　）。
   A. 实参可以是常量，变量或表达式
   B. 形参可以是常量，变量或表达式
   C. 实参可以为任意类型
   D. 如果形参和实参的类型不一致，以形参类型为准
7. C 语言规定，简单变量做实参时，它和对应的形参之间的数据传递方式是（　　）。
   A. 地址传递　　B. 值传递
   C. 由实参传给形参，再由形参传给实参　　D. 由用户指定传递方式
8. C 语言规定，函数返回值的类型是由（　　）决定的。
   A. return 语句中的表达式类型　　B. 调用该函数时的主调函数类型

C．调用该函数时由系统临时　　D．在定义函数时所指定的函数类型

9．以下正确的描述是（　　）。

A．函数的定义可以嵌套，但函数的调用不可以嵌套

B．函数的定义不可以嵌套，但函数的调用可以嵌套

C．函数的定义和函数的调用均不可以嵌套

D．函数的定义和函数的调用均可以嵌套

10．若用数组名作为函数调用的实参，传递给形参的是（　　）。

A．数组的首地址　　B．数组中第一个元素的值

C．数组中的全部元素的值　　D．数组元素的个数

11．如果在一个函数中的复合语句中定义了一个变量，则该变量（　　）。

A．只在该复合语句中有定义　　B．在该函数中有定义

C．在本程序范围内有定义　　D．为非法变量

12．以下不正确的说法是（　　）。

A．在不同函数中可以使用相同名称的变量

B．形式参数是局部变量

C．在函数内定义的变量只在本函数范围内有定义

D．在函数内的复合语句中定义的变量在本函数范围内有定义

13．关于函数说明，以下不正确的说法是（　　）。

A．如果函数定义出现在函数调用之前，可以不加函数原型说明

B．如果在所有函数定义之前，在函数外部已做了说明，则各个主调函数不必再做函数原型说明

C．函数在调用之前，一定要声明函数原型，保证编译系统进行全面的调用检查

D．标准库函数不需要函数原型声明

二、填空题

1．C语言函数返回类型的默认定义类型是__________。

2．函数调用语句:fun((a,b),(c,d,e))实参个数为__________。

3．函数的实参传递到形参有两种方式：__________和__________。

4．在一个函数内部调用另一个函数的调用方式称为__________。在一个函数内部直接或间接调用该函数称为__________的调用方式。

5．C语言变量按其作用域分为__________和__________。按其生存期分为__________和__________。

6．已知函数定义 void dothat(int n,double x) { …}，其函数说明的两种写法为__________或__________。

7．C语言变量的存储类别有__________、__________、__________和__________。

8．凡在函数中未指定存储类别的局部变量，其默认的存储类别为__________。

9．在一个 C 语言程序中，若要定义一个只允许本源程序文件中所有函数使用的全局变量，则该变量需要定义的存储类别为__________。

三、程序分析题

1. 写出下面程序的运行结果。

```
func(int a,int b)
{   static int m=0,i=2;
    i+=m+1;
    m=i+a+b;
    return(m);  }
main()
{   int k=4,m=1,p1,p2;
    p1=func(k,m);p2=func(k,m);
    printf("%d,%d\n",p1,p2);  }
```

2. 写出下面程序的运行结果。

```
#define MAX 10
int a[MAX],i;
sub1()
{  for(i=0;i<MAX;i++) a[i]=i+i;  }
sub2()
{  int a[MAX],i,max;
   max=5;
   for(i=0;i<max;i++) a[i]=i;  }
sub3(int a[])
{  int i;
   for(i=0;i<MAX;i++) printf("%d",a[i]);
   printf("\n");  }
main()
{  sub1();sub3(a);sub2();sub3(a);  }
```

3. 下面程序用add()函数求两个参数的和。判断程序的正误，如果错误请改正过来。

```
add(int a,b)
{  int c;
   c=a+b;
   return(c);   }
```

4. 下面函数的功能：求1～5的阶乘值。如果错误请改正过来。

```
#include  "stdio.h"
int fac(int n)
{  int f;
   for(;n>=1;n--)
   f=f*n;
   return(f);  }
main()
{   int i;
    for(i=1;i<=5;i++)
    printf("%d!=%d",i,fac(i)); }
```

5. 下面函数用折半查找法从含有10个数的a数组中查找关键字m，若找到，返回其下标值，否则返回-1，在横线处填写语句使程序完整。

算法提示：

折半查找法的思路是先确定待查元素的范围，将其分成两半，然后比较位于中间点元素的值。如果该待查元素的值大于中间点元素的值，则将范围重新定义为大于中间点元素的范围，反之，则定义为小于中间点元素的范围。

```
int search(int a[10],int m)
{  int x1=0,x2=0,mid;
   while(x1<=x2) {
      mid=(x1+x2)/2;
      if(m<a[mid])____________;
      else if(m>a[mid])____________;
      else return(mid);}
   return(-1);}
```

6. 以下函数的功能是计算函数 s=1+1/2!+1/3!+…+1/n!，请填空使程序完整。

```
double fun(int n)
{  double s=0.0,fac=1.0;int i;
   for(i=1;i<=n;i++)
   {  fac=fac*
      s=s+fac;  }
   return s;  }
```

四、编程题

1. 将输入的整数按输入顺序的逆序向输出。编程完成 fun()函数所需的功能。
2. 编写一个判断素数的函数，在主函数输入一个数，判断输出是否为素数的信息。
3. 求 3～100 之间的所有素数，用函数判断其中的数是否是素数。
4. 用递归法完成下图的输出。

```
    1
   222
  33333
 4444444
555555555
```

5. 输入 10 个学生的成绩，用函数求平均成绩。

第9章

预处理命令

通过本章学习，应具备运用预处理命令进行程序设计的能力，掌握3种预处理命令概念及使用，学会应用预处理命令进行程序设计。

问题导入

在程序设计中采取什么办法能便于程序的修改、阅读、移植和调试，也便于实现模块化程序设计，提高程序的效率呢？

在前面各章中，已多次使用过以“#”号开头的预处理命令。如#include、#define 等。在源程序中，这些命令都放在函数之外，而且一般都放在源文件的前面，它们称为预处理部分。

所谓预处理是指在进行第一遍编译之前所做的工作。预处理是C语言的一个重要功能，由预处理程序负责完成。为了与一般的语句区别，这些命令以符号“#”开始，结尾没有分号。

C语言提供多种预处理命令，本章只介绍三种预处理命令：宏定义、文件包含和条件编译。

9.1 宏 定 义

在C语言源程序中允许用一个标识符来表示一个字符串，称为“宏”。被定义为“宏”的标示符称为“宏名”，习惯上宏名用大写字母表示。在编译预处理时，对程序中所有出现的“宏名”，都用宏定义中的字符串去代换，称为“宏代换”或“宏展开”。

宏定义是由源程序中的宏定义命令完成的，宏代换是由预处理程序自动完成的。在C语言中，宏定义命令#define 有两种形式：不带参数和带参数的宏定义。

9.1.1 不带参数的宏定义

不带参数的宏定义是指用一个指定的标识符来代表一个字符串。

【语法格式】#define 标识符　字符串

【功能】程序编译之前，预处理程序将程序中该宏定义之后出现的所有宏名用指定的字符串进行替换。在源程序通过编译之前，C的编译程序先调用C预处理程序对宏定义进行检查，每发现一个标识符，就用相应的字符串替换。只有在完成该过程之后，才将源程序交给编译系统。

例如：

```
#define M x*(y+3)
```

定义 M 为表达式 x*(y+3)，在编写源程序时，所有的 x*(y+3)都可由 M 代替，而对源程序作编译时，将先由预处理程序进行宏代换，即用 x*(y+3)表达式去置换所有的宏名M，然后再进行编译。

【说明】

（1）宏定义不是语句，在行末不必加分号，如果加上分号则连分号也一起置换。

例如：

```
#define M x*(y+3);
```

则 M 为：x*(y+3); 与上例是不同的。

（2）宏定义必须写在函数之外，其作用域为宏定义命令起到源程序结束。如要终止其作用域可使用#undef 命令。

例如：

```
#define PI 3.14159
main()
{
  …
}
#undef  PI    /*PI 的作用域在此结束*/
f1()
{
  …
}
```

表示 PI 只在 main()函数中有效，在 f1()函数中无效。

（3）宏名在源程序中若用双引号括起来，则预处理程序不对其作宏代换。

例如：

```
#define student 100
…
printf("student");
…
```

本例中定义宏名 student 表示 100，但在 printf 语句中 student 被引号括起来，因此不作宏代换。程序的运行结果为：

```
student
```

这表示把“student”当字符串处理。

（4）宏定义允许嵌套，在宏定义的字符串中可以使用已经定义的宏名。在宏展开时由预处理程序层层代换。

例如：

```
#define PI 3.1415926
#define S PI*y*y
```

PI 是已定义的宏名，S 宏代换后变为 3.1415926*y*y。

（5）习惯上宏名用大写字母表示，以便于与变量区别，但也允许用小写字母。

（6）使用宏定义有时可以减少书写麻烦。

【例 9.1】不带参数的宏定义应用示例。

```
#define P printf
```

```
#define D "%d\n"
#define F "%f\n"
main()
{
  int a=5;
  float b=3.8;
  P(D,a,);
  P(F,b);
}
```

9.1.2 带参数的宏定义

带参数的宏定义是指不仅用一个指定的标识符来代表一个字符串，而且还要进行参数的替换。在宏定义中的参数称为形式参数，在宏调用中的参数称为实际参数。对带参数的宏，在调用中，不仅要宏展开，而且要用实参去代换形参。

1. **宏定义**

【语法格式】#define 宏名(形参表) 字符串

例如：#define M(y) y*y+3*y

2. **宏调用**

【语法格式】宏名(实参表);

【功能】预处理程序将程序中出现的所有带实参的宏名展开成由实参组成的字符串。

例如：

```
k=M(5);
```

在宏调用时，用实参 5 去代替形参 y，经预处理宏展开后的语句为：k=5*5+3*5;。

【说明】

（1）带参数宏定义中，宏名和形参表之间不能有空格出现。

（2）在带参数宏定义中，形式参数不分配内存单元，因此不必作类型定义。而宏调用中的实参有具体的值。要用它们去代换形参，因此必须作类型说明。

（3）在宏定义中的形参是标识符，而宏调用中的实参可以是表达式。

（4）如果宏的实参使用表达式，则在宏定义时，对应的形参应加圆括号。

例如：

```
#define a(r) 3.14*(r)*(r)
…
s=a(3+1);
…
```

上例中语句 s=a(3+1);进行宏替换后为：s=3.14*(3+1)*(3+1);，结果是计算半径为 3+1 的圆的面积。

【例 9.2】带参数的宏定义应用示例。

```
#define s(a,b) a+b
main()
{
  int x,y,z;
  x=3;
  y=4;
```

```
    z=2*s(x,y);
    printf("%d",z);
}
```

运行结果：

```
10
```

9.2 “文件包含”处理

文件包含的一般形式为：

【语法格式】#include "文件名" 或 #include <文件名>

【功能】把指定的文件插入该命令行位置取代该命令行，从而把指定的文件和当前的源程序文件连成一个源文件。

在前面本书已多次用此命令，即包含库函数的头文件。

例如：

```
#include "stdio.h"           /*标准输入/输出文件*/
#include "math.h"            /*数学库函数文件*/
#include "string.h"          /*字符串操作函数文件*/
```

【说明】

（1）包含命令中的文件名可以用双引号括起来，也可以用尖括号括起来。

例如：

```
#include "stdio.h"  或 #include <stdio.h>
#include "math.h"   或 #include <math.h>
```

以上写法都是允许的。

包含文件用双引号括住，表示系统在本程序文件所在的磁盘和路径下寻找包含文件；若找不到，再按双引号方式查找。

包含文件用尖括号括住，则到存放 C 库函数头文件所在的目录查找要包含的文件。为了减少包含文件出错，通常使用双引号方式。

（2）一个 include 命令只能指定一个被包含文件，若有多个文件要包含，则需用多个 include 命令。

（3）包含文件可以将多个源程序清单合并成一个源程序清单。

例如：有 3 个源程序文件 p1.c、p2.c、p3.c 共同完成一项任务。

p1.c 程序：

```
f1()
{…}
```

p2.c 程序：

```
f2()
{…}
```

p3.c 程序：

```
main()
{…}
```

以上 3 个程序不能单独编译，否则会发生编译错误，可将 p3.c 程序改成如下程序：

```
#include  "p1.c"
#include "p2.c"
```

```
main()
{…}
```

9.3 条件编译

一般情况下，C语言源程序中所有命令都要进行编译，但是有时所编的C程序根据条件对不同的程序段进行选择编译，这就是条件编译。可以按不同的条件去编译不同的程序部分，因而产生不同的目标代码文件。这对于程序的移植和调试是很有用的。

条件编译有4种。

1. 第1种形式

【语法格式】

```
#ifdef 标识符
            程序段1
        #else
            程序段2
        #endif
```

【功能】如果标识符已被#define命令定义过则对程序段1进行编译，否则对程序段2进行编译。

【例9.3】根据是否定义了宏，来确定编译及输出的内容。

```
#define NUM ok
main()
 {
   int num=101;
   char name[ ]="Li";
   char sex='M';
   float score=98.5;
   #ifdef   NUM
     printf("%d , %f\n",num,score);
   #else
     printf("%s , %c\n",name,num);
   #endif
 }
```

2. 第2种形式

【语法格式】

```
#ifndef 标识符
            程序段1
        #else
            程序段2
        #endif
```

【功能】如果标识符未被#define命令定义过则对程序段1进行编译，否则对程序段2进行编译。这与第1种形式的功能正好相反。

3. 第3种形式

【语法格式】

```
#if 常量表达式
```

```
        程序段 1
      #else
        程序段 2
      #endif
```

【功能】如常量表达式的值为真（非 0），则对程序段 1 进行编译，否则对程序段 2 进行编译。

【例 9.4】根据表达式的真假，来确定编译及计算的内容。

```
#define R 1
main()
{
  float  c,r,s;
  scanf("%f",&c);
  #if  R
    r=3.14;
    printf("area  of  round  is:%f\n",r);
  #else
    s=c*c;
    printf("area  of  square  is:%f\n"s);
  #endif
}
```

4. 第 4 种形式

【语法格式】#undef 标识符

【功能】将已经定义的标识符变为未定义状态。

如果条件选择的程序段很长，采用条件编译的方法是十分必要的。

9.4 应用举例

【例 9.5】利用宏定义求出 3 个数中的最大数。

```
#include  "stdio.h"
#define MAX(x,y)  ((x)>(y)?(x):(y))
main()
{
   int a,b,c,m;
   printf("input a,b,c: ");
   scanf("%d %d %d",&a,&b,&c);
   m=MAX(MAX(a,b),c);
   printf("MAX=%d",m);
}
```

【例 9.6】利用设置的编译条件求 10 个整型数的最大一个或最小一个。

```
#include  "stdio.h"
#define flag 1
main()
{
   int i,m;
   int array[10];
   for(i=0;i<10;i++)
      scanf("%d",&array[i]);
```

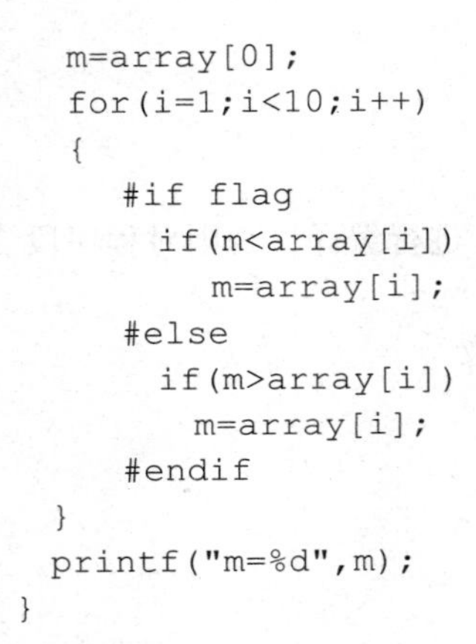

```
    m=array[0];
    for(i=1;i<10;i++)
    {
       #if flag
        if(m<array[i])
           m=array[i];
       #else
        if(m>array[i])
          m=array[i];
       #endif
    }
   printf("m=%d",m);
}
```

1. 库函数简介

函数库是由系统建立的具有一定功能的函数的集合。放在函数库中的函数称为库函数。C语言库函数与用户程序之间进行信息通信时要使用的数据和变量，包含于某一库函数时，都要在程序中嵌入该库函数对应的头文件（包含文件）。

如：

```
#include "stdio.h"  /* stdio.h是头文件 */
main()
{
   …
}
```

C语言的语句十分简单，如果要使用C语言的语句直接计算正弦函数sin()，就需要编写较复杂的程序。因为C语言的语句中没有提供直接计算正弦函数的语句，这就要使用库函数sin()。如果要输出一段文字，在C语言中也没有直接输出文字的语句，只能使用库函数printf()。

C语言的库函数并不是C语言本身的一部分，它是由编译程序根据一般用户的需要编制并提供用户使用的一组程序。C语言的库函数极大地方便了用户，同时也补充了C语言本身的不足。事实上，在编写C语言程序时，应当尽可能多地使用库函数，这样既可以提高程序的运行效率，也可以提高编程质量。

由于C语言编译系统应提供的库函数目前尚无国际标准，不同版本的C语言具有不同的库函数，用户使用时应查阅有关版本的C语言的库函数参考手册。

2. 带参的宏与函数的区别

带参的宏与函数类似，都有形参与实参，有时两者的效果是相同的，但有时两者是不相同的。其主要区别如下：

（1）函数的形参与实参要求类型一致，而在带参宏定义中，形式参数不分配内存单元，因此不需要作类型定义；而宏调用中的实参有具体值，要用它们去代换形参，因此必须进行类型说明。

（2）函数中，形参和实参是两个不同的量，各有自己的作用域，调用时要把实参值赋予形参，进行值传递；而在宏中，只是符号代换，不存在值传递的问题。

（3）函数只有一个返回值，宏代换可能有多个结果。

（4）函数影响运行时间，而宏代换影响编译时间。

（5）使用宏有可能给程序带来意想不到的副作用。

小　结

1. 预处理功能是C语言特有的功能,它是在对源程序正式编译前由预处理程序完成的。程序员在程序中用预处理命令来调用这些功能。

2. 宏定义是用一个标识符来表示一个字符串，这个字符串可以是常量、变量或表达式。在宏调用中将用该字符串代换宏名。

3. 宏定义可以带有参数，宏调用时是以实参代换形参，而不是“值传送”。

4. 为了避免宏代换时发生错误，宏定义中的字符串应加括号，字符串中出现的形式参数两边也应加括号。

5. 文件包含是预处理的一个重要功能，它可用来把多个源文件连接成一个源文件进行编译，结果将生成一个目标文件。

6. 条件编译允许只编译源程序中满足条件的程序段，使生成的目标程序较短，从而减少了内存的开销并提高了程序的效率。

7. 使用预处理功能便于程序的修改、阅读、移植和调试，也便于实现模块化程序设计。

习　题

一、选择题

1. 以下叙述不正确的是（　　）。

   A. 预处理命令行都必须以#开始

   B. 在程序中凡是以#开始的语句行都是预处理命令行

   C. C语言程序在执行过程中对预处理命令行进行处理

   D. 预处理命令行可以出现在C语言程序中任意一行上

2. 以下叙述中正确的是（　　）。

   A. 在程序的一行上可以出现多个有效的预处理命令行

   B. 使用带参数的宏时，参数的类型应与宏定义时一致

   C. 宏替换不占用运行时间，只占用编译时间

   D. C语言的编译预处理就是对源程序进行初步的语法检查

3. 以下有关宏替换的叙述不正确的是（　　）。

   A. 宏替换不占用运行时间　　B. 宏名无类型

   C. 宏替换只是字符替换　　D. 宏名必须用大写字母表示

4. 在“文件包含”预处理命令形式中，当#include后面的文件名用""（双引号）括起时，寻找被包含文件的方式是（　　）。

A. 直接按系统设定的标准方式搜索目录

B. 先在源程序所在目录中搜索，再按系统设置的标准方式搜索

C. 仅仅搜索源程序所在目录

D. 仅仅搜索当前目录

5. 在“文件包含”预处理命令形式中，当#include 后名的文件名用<>（尖括号）括起时，寻找被包含文件的方式是（　　）。

A. 直接按系统设置的标准方式搜索目录

B. 先在源程序所在目录中搜索，再按系统设置的标准方式搜索

C. 仅仅搜索源程序所在目录

D. 仅仅搜索当前目录

6. 在宏定义#define PI 3.1415926 中，用宏名 PI 代替一个（　　）。

A. 单精度数　　B. 双精度数　　C. 常量　　D. 字符串

7. 以下程序的运行结果是（　　）。

```
#define ADD(x) x+x
main()
{  int m=1,n=2,k=3,sum;
   sum=ADD(m+n)*k;
   printf("%d\n",sum);}
```

A. 9　　B. 10　　C. 12　　D. 18

8. 以下程序的运行结果是（　　）。

```
#define MIN(x,y) (x)>(y)?(x):(y)
main()
{  int i=10,j=15,k;
   k=10*MIN(i,j);
   printf("%d\n",k);}
```

A. 10　　B. 15　　C. 100　　D. 150

9. 以下程序的运行结果是（　　）。

```
#define X 5
#define Y X+1
#define Z Y*X/2
main()
{  int a=Y;
   printf("%d\n",Z);
   printf("%d\n",--a);}
```

A. 7
6　　B. 12
6　　C. 12
5　　D. 7
5

10. 若有如下定义：

```
#define N 2
#define Y(n) ((N+1)*n)
```

则执行语句 z=2*(N+Y(5)); 后，z 的值为（　　）。

A. 语句有错误　　B. 34　　C. 70　　D. 无确定值

11. 若有定义#define MOD(x,y) x%y，则执行下面语句后的输出为（　　）。

```
int z,a=15;
```

```
int b=100;
z=MOD(b,a);
printf("%d\n",z++);
```

A．11　　B．10　　C．6　　D．有语法错误

12．以下程序的运行结果是（　　）。

```
#define DOUBLE(r) r*r
main()
{  int x=1,y=2,t;
   t=DOUBLE(x+y);
   printf("%d\n",t);  }
```

A．5　　B．6　　C．7　　D．8

13．以下程序的运行结果为（　　）。

```
#define A  4
#define B(x) A*x/2
main ()
{   float c,a=4.5;
    c=B(a);
    printf("%5.1f\n",c);  }
```

A．6.0　　B．7.0　　C．8.0　　D．9.0

二、程序分析题

1．请分析以下一组宏定义所定义的输出格式。

```
#define NL putchar('\n')
#define PR(format,value) printf("value=%format\t",(value))
#define PRINT1(f,x1) PR(f,x1);NL
#define PRINT2(f,x1,x2) PR(f,x1);PRINT1(f,x2)
```

如果在程序中有以下的宏引用：

```
PR(d,x);
PRINT1(d,x);
PRINT2(d,x1,x2);
```

写出宏展开后的情况，并写出相应的输出结果，设 x=5，x1=3，x2=8。

2．分析程序，写出程序的功能。

```
#include  "stdio.h"
#define TRUE 1
#define FALSE 0
#define SQ(x)  (x)*(x)
void main()
{  int num;
   int again=1;
   printf("\40: Program will stop if input value less than 50.\n");
   while(again)
{  printf("\40:Please input number==>");
   scanf("%d",&num);
   printf("\40:The square for this number is %d \n",SQ(num));
   if(num>=50)
     again=TRUE;
   else
     again=FALSE;}  }
```

3．分析程序，写出程序的功能。

```
#define LAG >
#define SMA <
#defingе EQ  ==
#includqe  "stdio.h"
main()
{  int i=10;
   int j=20;
   if(i LAG j)
     printf("\40: %d larger than %d\n",i,j);
    else if(i EQ j)
     printf("\40: %d equal to %d\n",i,j);
    else if(i SMA j)
     printf("\40:%d smaller than %d \n",i,j);
    else
     printf("\40: No such value.\n");  }
```

4．分析程序，写出程序的功能。

```
#include  "stdio.h"
#define MAX
#define MAXIMUM(x,y)  (x>y)?x:y
#define MINIMUM(x,y)  (x>y)?y:x
void main()
{  int a=10,b=20;
#ifdef MAX
   printf("\40: The larger one is %d\n",MAXIMUM(a,b));
#else
   printf("\40: The lower one is %d\n",MINIMUM(a,b));
#endif
#ifndef MIN
   printf("\40: The lower one is %d\n",MINIMUM(a,b));
#else
   printf("\40: The larger one is %d\n",MAXIMUM(a,b));
#endif
#undef MAX
#ifdef MAX
   printf("\40: The larger one is %d\n",MAXIMUM(a,b));
#else
   printf("\40: The lower one is %d\n",MINIMUM(a,b));
#endif
#define MIN
#ifndef MIN
   printf("\40: The lower one is %d\n",MINIMUM(a,b));
#else
   printf("\40: The larger one is %d\n",MAXIMUM(a,b));
#endif  }
```

第10章 指针

通过本章学习，能初步具备应用指针进行程序设计的能力。了解指针的概念、指针与地址运算符；掌握变量、数组、字符串、函数的指针以及指针变量、数组、字符串函数的指针变量，通过指针引用以上各类数据；了解指向函数的指针和指针型函数的区别和使用；了解指向数组的指针和指针数组的区别。学会应用指针进行程序设计。

问题导入

C语言中如何能像汇编语言一样处理内存地址，从而编写出精练而高效的程序呢？

指针是C语言中使用非常广泛的一种数据类型。利用指针变量可以表示和控制各种数据结构，并能像汇编语言一样处理内存地址，从而编写出精练高效的程序。指针极大地丰富了C语言的功能，运用指针编程是C语言最主要的风格之一，也是C语言的精华所在。学习指针是学习C语言中最重要的一环，同时也是C语言中最为困难的一部分，能否正确理解和使用指针是大家是否掌握C语言的一个标志。在学习过程中，在正确理解基本概念的基础上，应该多编程调试，学会理解和运用指针。

10.1 指针的基本概念

10.1.1 内存单元与内存单元的地址

1. 内存单元

在计算机中，所有运行的程序和数据都是存放在内存中。计算机内存的基本单位是字节（Byte），可以将单个字节理解为内存的基本存储单元，简称内存单元。

不同的数据类型所占用的内存单元数不等，如一般在微机系统中，一个整型量占2字节，一个字符量占1字节，而一个3行2列的二维字符数组则占6字节。

2. 内存单元的地址

为了正确地访问内存单元，必须为每个内存单元编号，根据内存单元的编号即可准确地找到该内存单元，这个内存单元的编号即为通常所说的内存单元的地址，简称内存地址。

10.1.2　内存单元的指针和内存单元的内容

在C语言中把内存地址称为内存单元的指针，简称指针。

内存单元的指针和内存单元的内容是两个不同的概念。简单地说，二者之间类似于住宅的门牌号码和住宅中的住户的关系。指针是内存单元的标号，而存储在该内存单元中的数据才是实际内容，为内存单元的内容。图10-1所示为3个整型变量x、y、z在内存中的存储状态（其中z=x+y）。

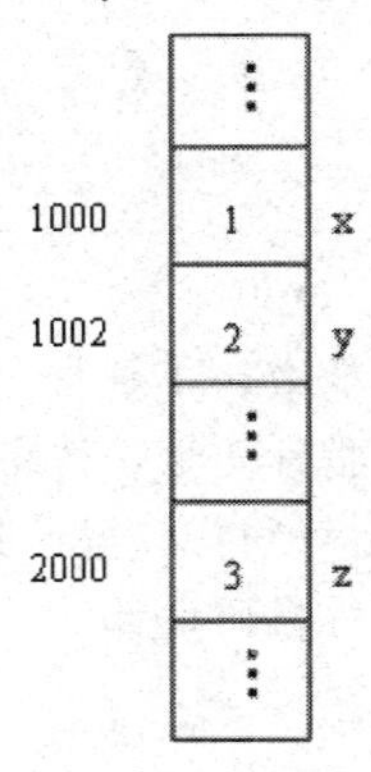

变量名	指针（地址）	变量值
x	1000	1
y	1002	2
z	2000	3

图10-1　内存单元的指针和内存单元的内容

10.1.3　指针和指针变量

简单地说，指针即为地址。在C语言中，变量在说明时就已经根据其类型分配了确定的存储空间。所以，一个变量的地址或者说指针是确定的，类似于一个常量。不过，在C语言中，允许用一个变量来存放指针，这种变量称为指针变量。因此，一个指针变量的值就是某个内存单元的地址或指针。在图10-2中，描述了一个指针变量pointer，它的值为1000，通过该指针变量可以找到地址为1000的变量x。

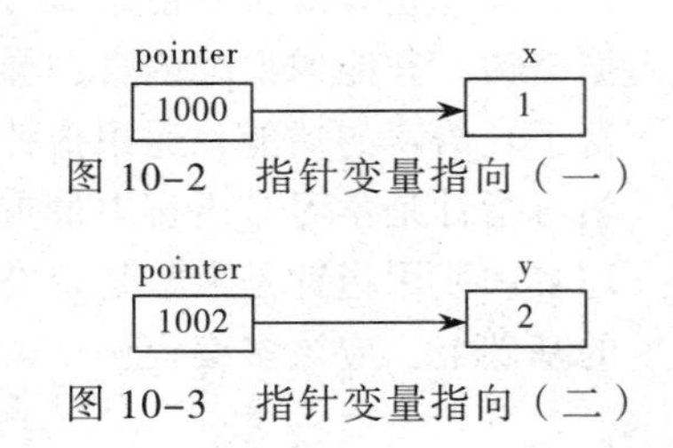

图10-2　指针变量指向（一）

图10-3　指针变量指向（二）

当然，指针变量之所以称之为变量，说明它的值是可以改变的。在以后的学习中将了解如何给一个指针变量赋值，以改变它的值，从而使它指向不同的变量。当指针变量pointer赋值为1002时，它所指向的变量就是y了，如图10-3所示。

为了避免混淆，约定“指针”是地址，是变量的地址，而变量的指针是常量；“指针变量”是指取值为地址的变量。定义指针的目的是为了通过指针去访问内存单元。

10.2　指针变量的定义与运算

在C语言中，所有类型的变量在使用和运算之前必须先经过定义。尽管指针类型的变量在逻辑上有别于其他类型的变量，但在使用和运算之前也是要经过定义的，并且指针变量也有赋值运算、关系运算和算术运算等，不过由于指针变量的特殊性，这些运算和以前讲述的其他类型变量的运算是有所区别的。

10.2.1 指针变量的定义

对指针变量的定义包括3个内容：

（1）指针变量说明，即定义变量为一个指针变量。

（2）指针变量名。

（3）指针变量所指向的变量的数据类型。

【语法格式】基类型标识符 *指针变量名1[,*指针变量名2…];

【说明】

（1）“*”是定义指针变量的标志，有表示“指向”的意思；指针变量名即为定义的指针变量的标识符；基类型标识符表示指针变量所指向的变量的类型。例如：

```
int  *pi;
float *pf;
char *pch;
```

表示 pi 是一个指针变量，它的值是某个整型变量的地址，或者说 pi 是一个指向整型变量的指针变量。至于 pi 究竟指向哪一个整型变量，应由向 pi 赋予的地址来决定。同样的道理，pf 和 pch 分别是指向一个实型变量和字符型变量的指针变量。

（2）一个指针变量只能指向同类型的变量。

如 pi 指向了整型变量，则不能又指向一个浮点变量或字符变量；也就是说，一个指针变量所指向的变量的类型是确定的。这里首先请各位读者思考一下作出这样规定的原因，在介绍完指针的运算后将给出解释。

指针变量名的命名规则与其他类型变量的命名规则相同，在同一行中可以定义多个同类型的指针变量，指针名之间用逗号分开。在定义指针时，应注意在指针变量名前加上“*”号，这也是定义指针变量和其他类型变量形式上的直观区别。

10.2.2 指针变量的指向和初始化

1. 指针变量的指向

指针变量同普通变量一样，使用之前不仅要定义，而且必须赋予具体的值，未经赋值的指针变量不能使用。即要说明指针变量的指向。

【语法格式】指针变量=地址表达式;

【功能】表示指针变量指向地址表达式,可以是变量的地址、数组的地址或指针变量。

例如：

```
int i,a[10],*p1,*p2,*p3;
p1=&i;
p2=&a[0];
p3=p2;
```

p1 指向变量 i 的地址，p2 指向数组 a 的首地址，p3 的指向等于 p2 的指向。

2. 指针变量初始化

指针变量在定义的同时也可以初始化，即在定义指针变量的同时赋给它初始值。

【语法格式】基类型标识符 *指针变量名=初始地址

例如：

```
int i,a[10];
```

```
int  *p1 = &i, *p2 = &a[0];
```

由于指针变量的值是地址，而在C语言中，变量的地址是由编译系统分配的，对用户完全透明，用户不知道变量的具体地址。C语言规定，变量地址只能利用运算符“&”（称为取地址运算符），通过运算来获得。运算对象是变量或数组元素，元素运算结果是对应变量或数组元素的地址。例如，变量 i 的地址为&i，数组元素 a[i]的地址为& a[i]。

用来作地址运算，初始化指针变量的变量（这里的 i 和 a[10]），必须首先说明。图 10-4 表示了指针变量和指向关系。

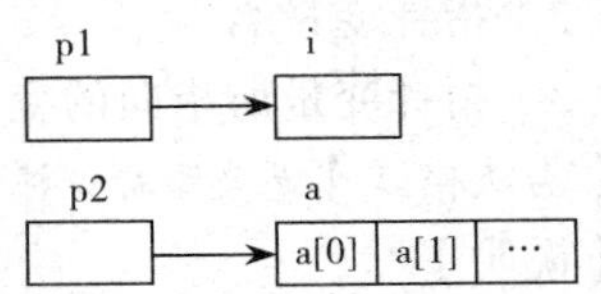

图 10-4　指针变量和指向关系（一）

另外C语言还规定，数组的首地址就是数组名，不必利用取地址运算符通过运算来获取。例如，定义了数组 a，则 a 就是该数组的首地址，即 a 与&a[0]是等价的。

10.2.3　指针变量的引用

可以通过符号“*”引用指针变量指向的变量。

【语法格式】*指针变量

【功能】“*指针变量”代表指针所指向的变量。

例如：

```
int i,a[10],*p1,*p2;
p1=&i;p2=&a[0];
*p1=3;*p2=4;
```

语句“*p1=3;”表示 p1 所指的变量等于 3，即“i=3;”。“*p2=4;”表示 p 所指的变量等于 4，即“a[0]=4;”。

另外，指针变量和一般变量一样，存放在它们之中的值是可以改变的，也就是说可以改变它们的指向。

例如，通过上述语句建立起如图 10-4 所示的指针变量指向关系后，若执行语句：

```
p1=p2=a;
```

或

```
p1=p2=&a[0];
```

则指针变量的指向关系改变为如图 10-5 所示。

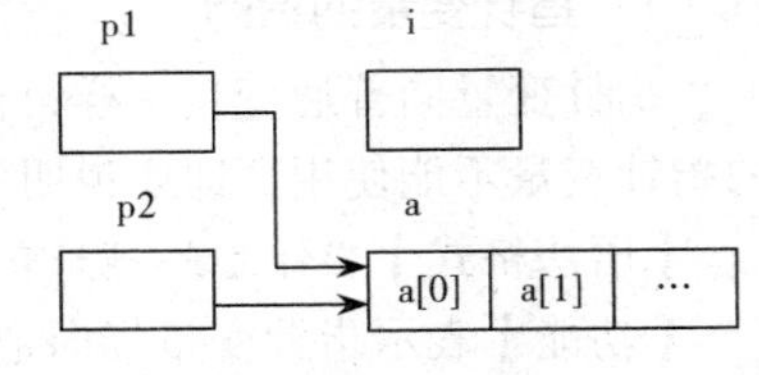

图 10-5　指针变量和指向关系（二）

这里特别强调，语句：

```
p1=&i;
```

表示指针变量 p1 的值为变量 i 的地址，即指针变量 p1 指向变量 i。换言之，p1 与&i 是等价的；而*p1 与 i 是等价的。

【例 10.1】指针变量定义、指向和引用应用示例。

```
main()
{
   int a,b;
   int *p1,*p2;                    /* 定义两个指向整型变量的指针变量 */
   a=10;b=20;
   p1=&a;                          /* p1 指向 a */
   p2=&b;                          /* p2 指向 b */
   printf("%d,%d\n",a,b);          /* 通过变量名直接输出 a、b 的值 */
```

```
    printf("%d,%d\n",*p1, *p2);}     /* 通过指针间接输出 a、b 的值*/
```

运行结果：

```
10,20
10,20
```

【例 10.2】通过指针变量间接引用变量作简单运算。

```
main()
{
   int a=10,b=20,s,t,*pa,*pb;
   pa=&a;
   pb=&b;
   s=*pa+*pb;
   t=(*pa)*(*pb);
   printf("a=%d,b=%d,a+b=%d,a*b=%d\n",a,b,a+b,a*b);
   printf("s=%d,t=%d\n",s,t);
}
```

运行结果：

```
a=10,b=20,a+b=30,a*b=200
s=30,t=200
```

【例 10.3】用指针方法实现输入 a 和 b 两个整数，按先大后小的顺序输出 a 和 b。

```
main()
{
   int *p1,*p2,*p,a,b;
   scanf("%d,%d",&a,&b);
   p1=&a;p2=&b;
   if(*p1<*p2)
   {
     p=p1;p1=p2;p2=p;                /*交换指针变量 p1 和 p2 的指向*/
   }
   printf("\na=%d,b=%d\n",a,b);
   printf("max=%d,min=%d\n",*p1,*p2);
}
```

【说明】通过比较两个指针变量所指向的整数 a、b 的值，决定是否执行交换，以保证 p1 所指向的是较大的整数。若输入整数 10、20，运行结果为：

```
a=10,b=20
max=20,min=10
```

注意：

有关指针运算符“*”与变量地址运算符“&”的 3 点说明。

（1）“*”与“&”的运算优先级是同级的，结合性为自右向左；*&i 等价于 i，因为&i 是 i 在内存中的地址。

（2）“&”只能对变量或数组元素进行运算。若 int x,a[10];，则&（x+2）、&a 是非法的。

（3）“&”不能对寄存器变量取地址。

10.2.4 指针变量的运算

1. 对指针变量加减一个整数

对于指向数组或字符串的指针变量，可以加上或减去一个整数 n。设 pa 是指向数组 a

的指针变量，则 pa+n，pa-n，pa++，++pa，pa--，--pa 运算都是合法的。指针变量加或减一个整数 n 的意义是把指针指向的当前位置（指向某数组元素）向前或向后移动 n 个位置。应该注意，指向数组的指针变量向前或向后移动一个位置和地址加 1 或减 1 在概念上是不同的。因为数组可以有不同的类型，各种类型的数组元素所占的字节长度是不同的。如指针变量加 1，即向后移动一个位置表示指针变量指向下一个数据元素的首地址，而不是在原地址基础上加 1。例如：

```
int a[5],*pa;
pa=a;        /*pa 指向数组 a,也是指向 a[0]*/
pa=pa+2;     /*pa 指向 a[2],即 pa 的值为&a[2]*/
```

指针变量的加减运算只能对指向数组或字符串的指针变量进行，对指向其他类型变量的指针变量作加减运算是毫无意义的，因为指向其他类型变量的指针变量的值不一定是连续的。

2. **指针变量和指针变量的减法运算**

指针变量和指针变量的减法运算规则如下：

```
指针变量 1-指针变量 2
```


对两个指针变量之间的运算，只有指向同一数组的两个指针变量之间才能进行运算，否则运算毫无意义。

两指针变量相减所得之差是两个指针所指向数组元素之间相差的元素个数。例如：

```
int a[10],*p1,*p2;
p1=&a[2];p2=&a[6];
```

则（p1-p2）的结果为整数-4；而（p2-p1）的结果为整数 4。两个指针变量之间不存在加法运算，p1+p2 毫无实际意义。

3. **指针变量的关系运算**

指针变量和指针变量的关系运算规则如下：

```
指针变量 1 关系运算符 指针变量 2
```

指向同一数组的两指针变量进行关系运算可表示它们所指数组元素之间的关系，例如：

p1==p2，表示 p1 和 p2 指向同一数组元素。

p1>p2，表示 p1 处于高地址位置。

p1<p2，表示 p2 处于高地址位置。

指针变量还可以与 0 比较：设 p 为指针变量，则 p==0 表明 p 是空指针，它不指向任何变量。p!=0 表示 p 不是空指针。空指针是由对指针变量赋予 0 值而得到的。例如：

```
#define NULL 0
int *p=NULL;
```

对指针变量赋 0 值和不赋值是不同的。指针变量未赋值时，可以是任意值，是不能使用的，否则将造成意外错误。而指针变量赋 0 值后，则可以使用，只是它不指向具体的变量而已。

【例 10.4】指向数组的指针运算应用示例。

```
main()
{
   int i,a[10];
   int *p1,*p2;
   for(i=0;i<10;i++)
     a[i]=2*i;
```

```
    p1=&a[0];p2=&a[9];
    while(p2-p1>=5)
    {
      p1++;p2--;
    }
    printf("%d,%d,%d",*p1,*p2,p2-p1);
}
```

运行结果:

```
6,12,3
```

10.3　指针在函数参数传递中的应用

函数的参数不仅可以是整型、实型、字符型等数据，还可以是指针类型。它的作用是将一个变量的地址传递到另一个函数中。

【例 10.5】题目同例 10.3，即输入的两个整数按大小顺序输出，现在用函数处理，而且用指针类型的数据作函数参数。

```
void swap(int *p1,int *p2)
{
  int temp;
  temp=*p1;*p1=*p2;*p2=temp;
}
main()
{
  int a,b;int *pointer_1,*pointer_2;
  scanf("%d,%d",&a,&b);
  pointer_1=&a;pointer_2=&b;
  if(a<b)
    swap(pointer_1,pointer_2);
  printf("\n%d,%d\n",a,b);
}
```

【说明】swap()是用户定义的函数，它的作用是交换两个变量（a 和 b）的值。Swap()函数的形参 p1、p2 是指针变量。程序运行时，先执行 main()函数，输入 a 和 b 的值。然后将 a 和 b 的地址分别赋给指针变量 pointer_1 和 pointer_2，使 pointer_1 指向 a，pointer_2 指向 b，如图 10-6 所示。

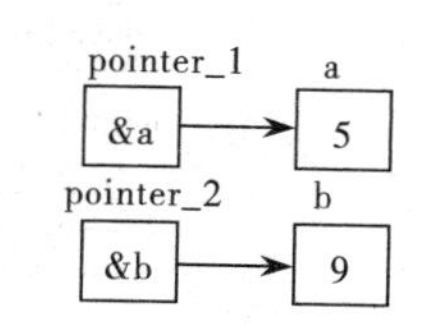

图 10-6　指针变量及其指向

接着执行 if 语句，由于 a<b，因此执行 swap()函数。注意实参 pointer_1 和 pointer_2 是指针变量，在函数调用时，将实参变量的值传递给形参变量。采取的依然是“值传递”方式。因此虚实结合后形参 p1 的值为&a，p2 的值为&b。这时 p1 和 pointer_1 指向变量 a，p2 和 pointer_2 指向变量 b，如图 10-7 所示。

接着执行 swap()函数的函数体，使*p1 和*p2 的值互换，也就是使 a 和 b 的值互换，如图 10-8 所示。

函数调用结束后，形参 p1 和 p2 被释放，如图 10-9 所示。

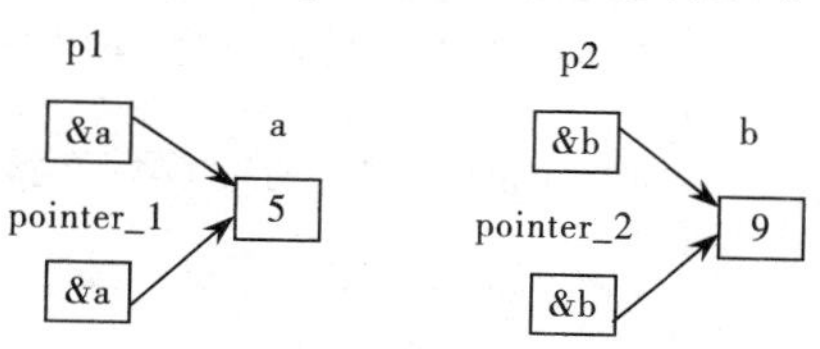

图 10-7　形参指针变量的赋值

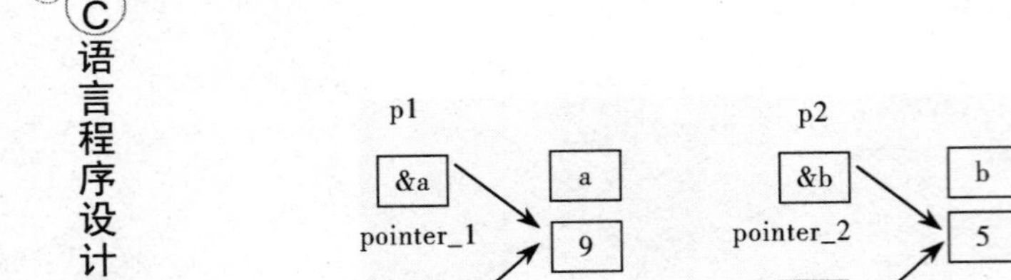

图 10-8　改变形参指针变量的值

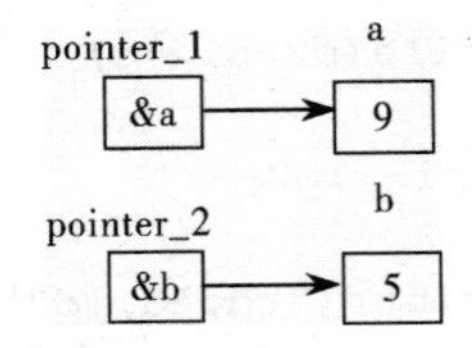

图 10-9　指针变量的最终指向

最后在 main()函数中输出的 a 和 b 的值是已经过交换的值。

请注意，不能企图通过改变形参指针的值而使实参指针的值改变。

【例 10.6】以下程序只是改变了形参指针的值，而实参指针的值没有改变。

```
swap(int *p1,int *p2)
{
  int *p;
  p=p1;
  p1=p2;
  p2=p;
}
main()
{
  int a,b;
  int *pointer_1,*pointer_2;
  scanf("%d,%d",&a,&b);
  pointer_1=&a;pointer_2=&b;
  if(a<b)
    swap(pointer_1,pointer_2);
  printf("\n%d,%d\n",*pointer_1,*pointer_2);
}
```

【说明】其中的问题在于不能实现如图 10-10 所示的第 4 步。

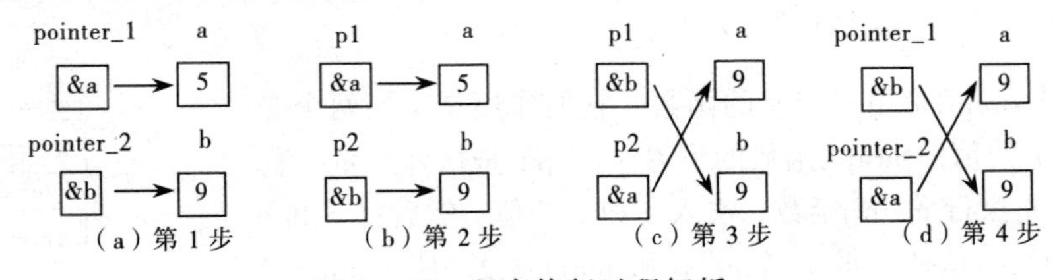

图 10-10　程序执行过程解析

【例 10.7】输入 a、b、c3 个整数，按大小顺序输出。

```
swap(int *pt1,int *pt2)
{
  int temp;
  temp=*pt1;*pt1=*pt2;*pt2=temp;
}
exchange(int *q1,int *q2,int *q3)
{
  if(*q1<*q2)
    swap(q1,q2);
  if(*q1<*q3)
    swap(q1,q3);
```

```
  if(*q2<*q3)
    swap(q2,q3);
}
main()
{
   int a,b,c,*p1,*p2,*p3;
   scanf("%d,%d,%d",&a,&b,&c);
   p1=&a;p2=&b;p3=&c;
   exchange(p1,p2,p3);
   printf("\n%d,%d,%d\n",a,b,c);
}
```

10.4 指针与数组

在C语言中，数组和指针有着密切的联系，用指针表示数组元素非常方便。一个变量有一个地址，一个数组包含若干元素，每个数组元素都在内存中占用存储单元，它们都有相应的地址。所谓数组的指针是指数组的起始地址，数组元素的指针是数组元素的地址。

10.4.1 指针与一维数组

一个数组是由连续的一块内存单元组成的。数组名就是这块连续内存单元的首地址。数组同时也是由各个数组元素（下标变量）组成的，每个数组元素按其类型不同占有几个连续的内存单元。一个数组元素的首地址也是指它所占有的几个内存单元的首地址。

定义一个指向数组元素的指针变量的方法，与以前介绍的指针变量相同，如图10-11所示。

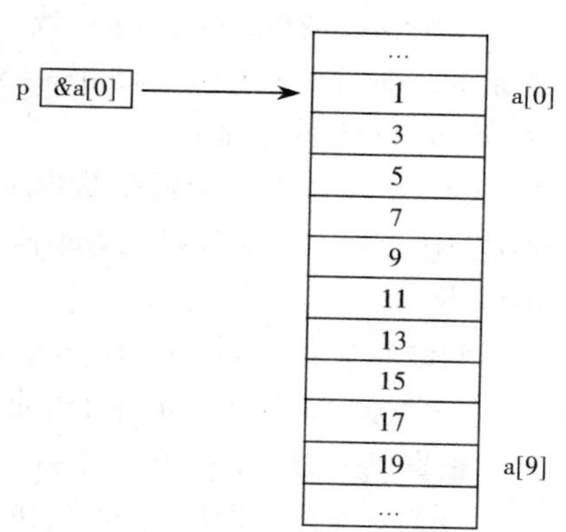

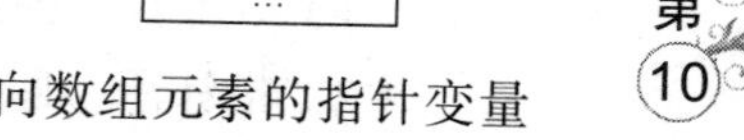
图10-11　指向数组元素的指针变量

```
int a[10];    /*定义a为包含10个整型数据的数组*/
int *p;       /*定义p为指向整型的指针变量*/
```

应当注意，因为数组为int型，所以指针变量也应为指向int型的指针变量。下面是对指针变量的赋值：

```
p=&a[0];
```

把a[0]元素的地址赋给指针变量p。也就是说，p指向a数组的第0号元素。

C语言规定，数组名代表数组的首地址，也就是第0号元素的地址。因此，下面两个语句等价：

```
p=&a[0];
p=a;
```

在定义指针变量时可以赋给初值：

```
int *p=&a[0];
```

它等效于：

```
int *p;
p=&a[0];
```

当然定义时也可以写成：

```
int *p=a;
```

从图 10-11 中可以看出有以下关系：p、a、&a[0]均指向同一单元，它们是数组 a 的首地址，也是 0 号数组元素 a[0]的首地址。应该说明的是 p 是变量，而 a 与&a[0]都是常量，在编程时应予以注意。

10.4.2 通过指针引用一维数组元素

C 语言规定，如果指针变量 p 已指向数组中的一个元素，则 p+1 指向同一数组中的下一个元素。

引入指针变量后，可以用两种方法来访问数组元素。

如图 10-12 所示，如果 p 的初值为&a[0]，即 p=&a[0];则：

（1）p+i 和 a+i 就是 a[i]的地址，或者说它们指向 a 数组的第 i 个元素。

（2）*(p+i)或*(a+i)就是 p+i 或 a+i 所指向的数组元素，即 a[i]。例如，p+5 或 a+5 就是&a[5]，而*(p+5)或*(a+5)就是 a[5]。

（3）指向数组的指针变量也可以带下标，如 p[i]与*(p+i)等价。即 a+i 与&a[i]等价，*(a+i) 与 a[i]等价。

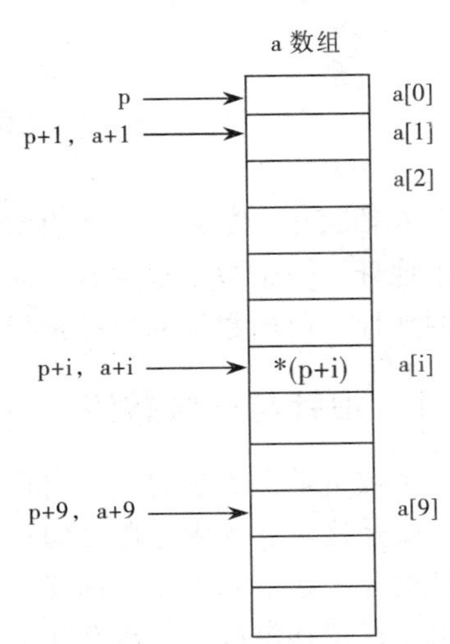

图 10-12　改变数组元素指针变量的指向

归纳起来：若 int *p,a[10];p=a;，则 p+i、&p[i]、&a[i]三者等价，均表示 a[i]的地址；*(p+i)、p[i]、a[i]三者等价，表示 a[i]的数组元素。

根据以上叙述，引用一个数组元素可以用：

（1）下标法，即用 a[i]形式访问数组元素。在前面介绍数组时都是采用这种方法。

（2）指针法，即采用*(a+i)或*(p+i)形式，用间接访问的方法来访问数组元素，其中 a 是数组名，p 是指向数组的指针变量，其值 p=a。

【例 10.8】用下标法处理数组元素。

```
main()
{
   int a[10],i;
   for(i=0;i<10;i++)
     scanf("%d",&a[i]);
   for(i=0;i<10;i++)
     printf("a[%d]=%d\n",i,a[i]);
}
```

【例 10.9】通过数组名计算元素的地址，找出元素的值，处理数组元素。

```
main()
{
   int a[10],i;
   for(i=0;i<10;i++)
     scanf("%d",a+i);
   for(i=0;i<10;i++)
```

```
        printf("a[%d]=%d\n",i,*(a+i));
 }
```

【例 10.10】用指针变量指向元素的方法，处理数组元素。

```
main()
{
 int a[10],i,*p;
 p=a;
 for(i=0;i<10;i++)
   scanf("%d",p+i);
 for(i=0;i<10;i++)
   printf("a[%d]=%d\n",i,*(p+i));
}
```

【例 10.11】用带下标的指向数组的指针变量方法处理数组元素。

```
main()
{
   int a[10],i,*p=a;
   for(i=0;i<10;i++)
     scanf("%d",&p[i]);
   for(i=0;i<10;i++)
     printf("a[%d]=%d\n",i,p[i]);
}
```

几个注意的问题：

（1）指针变量可以实现本身的值的改变。如 p++是合法的，而 a++是错误的。因为 a 是数组名，它是数组的首地址，是常量。

（2）要注意指针变量的当前值，请看下面的程序。

```
main()
{
  int *p,i,a[10];p=a;
  for(i=0;i<10;i++)
    *p++=i;   /* 此语句等价于*p=i;p=p+1;*/
  for(i=0;i<10;i++)
    printf("a[%d]=%d\n",i,*p++);
}
```

本程序是输出 a[9]以后的值，对程序作如下改正，可输出 a[0]到 a[9]的值。

```
main()
{
  int *p,i,a[10];p=a;
   for(i=0;i<10;i++)   *p++=i;
   p=a;        /* 使 p 重新指向数组 a 的首地址 */
   for(i=0;i<10;i++)
      printf("a[%d]=%d\n",i,*p++);
}
```

（3）*(p++)与*(++p)作用不同。*(p++)操作顺序为：先执行*p 操作，然后 p=p+1。*(++p)操作顺序为：先执行 p=p+1，然后执行*p 操作。

（4）(*p)++表示 p 所指向的元素值加 1，即(*p)=(*p)+1。

（5）如果 p 当前指向 a 数组中的第 i 个元素，则*(p−−)相当于 a[i−−]；*(++p)相当于 a[++i]；*(−−p)相当于 a[−−i]。

10.4.3 数组名及指针作函数参数

数组名可以作函数的实参和形参。

例如：

```
main()
{
  int array[10];
  …
  f(array,10);
   …
 }
f(int arr[],int n)
{
  …
}
```

array 为实参数组名，arr 为形参数组名。在学习指针变量之后就更容易理解这个问题了。数组名就是数组的首地址，实参向形参传递数组名实际上就是传递数组的地址，形参得到该地址后也指向同一数组。这就好像同一件物品有两个不同的名称一样。

同样，指针变量的值也是地址，指向数组的指针变量的值即为数组的首地址，当然也可作为函数的参数使用。

如果有一个实参数组，想要在函数中改变此数组的元素的值，则实参与形参的对应关系有以下 4 种：

1. 形参和实参都是数组名

```
main()
{
   int a[10];
     …
   f(a,10);
    …
 }
f(int x[],int n)
{
…
}
```

上面程序中，a 和 x 指的是同一组数组。

2. 实参用数组名，形参用指针变量

```
main()
{
  int a[10];
    …
  f(a,10);
    …
  }
 f(int *x,int n)
{
   …
}
```

3. 实参、形参都用指针变量。

```
main()
{
   int a[10],*p;
   p=a;
   …
   f(p,10);
   …
}
f(int *x, int n)
{
   …
}
```

4. 实参为指针变量，形参为数组名。

```
main()
{
   int a[10],*p;
   p=a;
   …
   f(p,10);
   …
}
f(int x[],int n)
{
   …
}
```

【例 10.12】利用指针变量作为函数的参数求平均数。

```
float aver(float *pa);
main()
{
   float sco[5],av,*sp;
   int i;
   sp=sco;
   printf("\ninput 5 scores:\n");
   for(i=0;i<5;i++)
      scanf("%f",&sco[i]);
   av=aver(sp);
   printf("average score is %5.2f",av);
}
float aver(float *pa)
{
   int i;
   float av,s=0;
   for(i=0;i<5;i++)
     s=s+*pa++;
   av=s/5.0;
   return av;
}
```

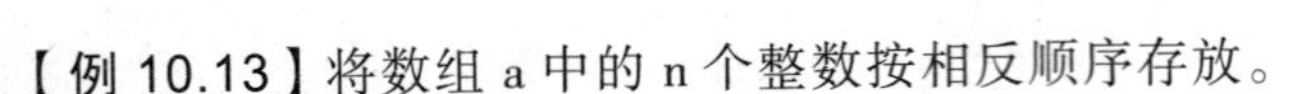

【例 10.13】将数组 a 中的 n 个整数按相反顺序存放。

算法设计要点：

将 a[0]与 a[n-1]对换，再使 a[1]与 a[n-2] 对换……直到将 a[(n-1/2)]与 a[n-int((n-1)/2)]对换。可以用循环处理此问题，设两个“位置指示变量”i 和 j，i 的初值为 0，j 的初值为 n-1。将 a[i]与 a[j]交换，然后使 i 的值加 1，j 的值减 1，再将 a[i]与 a[j]交换，直到 i=(n-1)/2 为止，流程如图 10-13 所示。

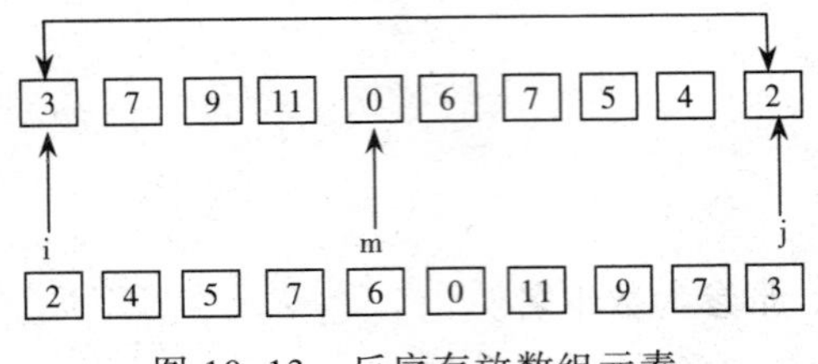

图 10-13　反序存放数组元素

程序如下：

```
void inv(int x[],int n)
{
   int temp,i,j,m=(n-1)/2;
   for(i=0;i<=m;i++)
   {
     j=n-1-i;
     temp=x[i];x[i]=x[j];x[j]=temp;  }
}
main()
{
   int i,a[10]={3,7,9,11,0,6,7,5,4,2};
   printf("The original array:\n");
   for(i=0;i<10;i++)
      printf("%d,",a[i]);
   printf("\n");
   inv(a,10);
   printf("The array has been inverted:\n");
   for(i=0;i<10;i++)
      printf("%d,",a[i]);
   printf("\n");
 }
```

对此程序可以作一些改动，将函数 inv()中的形参 x 改成指针变量。

【例 10.14】对例 10.13 可以作一些改动，将函数 inv()中的形参 x 改成指针变量。

```
void inv(int *x,int n)   /*形参 x 为指针变量*/
{
   int *p,temp,*i,*j,m=(n-1)/2;
   i=x;j=x+n-1;p=x+m;
   for(;i<=p;i++,j--)
   {
     temp=*i;*i=*j;*j=temp;
   }
}
```

```
main()
{
   int i,a[10]={3,7,9,11,0,6,7,5,4,2};
   printf("The original array:\n");
   for(i=0;i<10;i++)
     printf("%d,",a[i]);
   printf("\n");
   inv(a,10);
   printf("The array has been inverted:\n");
   for(i=0;i<10;i++)
     printf("%d,",a[i]);
   printf("\n");
}
```

运行情况与前一程序相同。

【例 10.15】从 10 个数中找出其中最大值和最小值。调用一个函数只能得到一个返回值，用全局变量在函数之间“传递”数据。

```
int max,min;      /*全局变量*/
void max_min_value(int array[],int n)
{
   int *p,*array_end;
   array_end=array+n;
   max=min=*array;
   for(p=array+1;p<array_end;p++)
     if(*p>max)
        max=*p;
     else if(*p<min)
       min=*p;
}
main()
{
   int i,number[10];
   printf("enter 10 integer numbers:\n");
   for(i=0;i<10;i++)
     scanf("%d",&number[i]);
   max_min_value(number,10);
   printf("\nmax=%d,min=%d\n",max,min);
}
```

【说明】

（1）在函数 max_min_value()中求出的最大值和最小值放在 max 和 min 中。由于它们是全局变量，因此在主函数中可以直接使用。

（2）函数 max_min_value()中的语句：

```
max=min=*array;
```

array 是数组名，它接收从实参传来的数组 number 的首地址。

array 相当于(&array[0])，上述语句与 max=min=array[0];等价。

（3）在执行 for 循环时，p 的初值为 array+1，也就是使 p 指向 array[1]。以后每次执行 p++，使 p 指向下一个元素。每次将*p 和 max 与 min 比较。将大者放入 max，小者放入 min。

函数 max_min_value()的形参 array 可以改为指针变量类型。实参也可以不用数组名，

而用指针变量传递地址，程序如下：

```
int max,min;                                  /*全局变量*/
void max_min_value(int *array,int n)
{
   int *p,*array_end;
   array_end=array+n;
   max=min=*array;
   for(p=array+1;p<array_end;p++)
     if(*p>max)  max=*p;
     else if(*p<min)  min=*p;
}
main()
{
   int i,number[10],*p;
    p=number;                                  /*使p指向number数组*/
    printf("enter 10 integer numbers:\n");
    for(i=0;i<10;i++,p++)
      scanf("%d",p);
    p=number;
    max_min_value(p,10);
    printf("\nmax=%d,min=%d\n",max,min);
}
```


【例 10.16】将例 10.13 改为形参和实参均为指针变量。

```
void inv(int *x,int n)
{
   int *p,m,temp,*i,*j;
   m=(n-1)/2;
   i=x;j=x+n-1;p=x+m;
   for(;i<=p;i++,j--)
   {
      temp=*i;*i=*j;*j=temp;
   }
}
main()
{
   int i,arr[10]={3,7,9,11,0,6,7,5,4,2},*p;
   p=arr;
   printf("The original array:\n");
   for(i=0;i<10;i++,p++)
      printf("%d,",*p);
   printf("\n");
   p=arr;
   inv(p,10);
   printf("The array has been inverted:\n");
   for(p=arr;p<arr+10;p++)
      printf("%d,",*p);
   printf("\n");
}
```

注意：main()函数中的指针变量 p 是有确定值的。即如果用指针变作实参，必须使指针变量有确定值，指向一个已定义的数组。

【例 10.17】采用选择法，用指针变量实现对 10 个整数按从大到小排序。

```
void sort(int x[],int n);
main()
{
   int *p,i,a[10]={3,7,9,11,0,6,7,5,4,2};
   printf("The original array:\n");
   for(i=0;i<10;i++)
     printf("%d,",a[i]);
   printf("\n");
   p=a;
   sort(p,10);
   for(p=a,i=0;i<10;i++)
   {
     printf("%d",*p);p++;
   }
   printf("\n");
}
void sort(int x[],int n)
{
   int i,j,k,t;
   for(i=0;i<n-1;i++)
   {
      k=i;
      for(j=i+1;j<n;j++)
        if(x[j]>x[k])k=j;
      if(k!=i)
      {
         t=x[i];x[i]=x[k];x[k]=t;
      }
   }
}
```

【说明】函数 sort()用数组名作为形参，也可改为用指针变量作形参，这时函数的首部可以改为：sort(int *x,int n)，其他一律不改。

10.4.4 指向二维数组的指针和指针变量

1. 二维数组的地址

设有整型二维数组 a[3][4]定义为：

```
int a[3][4]={{0,1,2,3},{4,5,6,7},{8,9,11,12}};
```

设数组 a 的首地址为 10000，各下标变量的首地址及数组元素的值如图 10-14 所示。

C 语言允许把一个二维数组分解为多个一维数组来处理。因此，数组 a 可分解为 3 个一维数组，即 a[0]、a[1]、a[2]。每个一维数组又含有 4 个元素。例如，a[0]数组含有 a[0][0]、a[0][1]、a[0][2]、a[0][3]4 个元素。

数组及数组元素的地址表示，如图 10-15 所示。

10000	10021	10042	10063
10084	10105	10126	10147
10168	10189	102011	102212

图 10-14　二维数组元素的地址

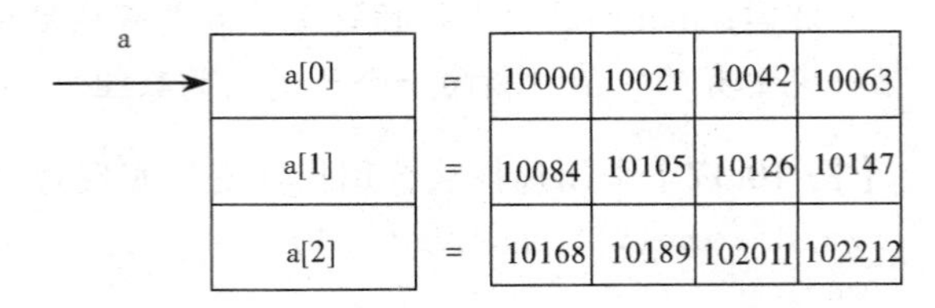

图 10-15　数组与数组元素的地址表示

从二维数组的角度来看，a 是二维数组名，a 代表整个二维数组的首地址，也是二维数组 0 行的首地址，等于 1000。a+1 代表第 1 行的首地址，等于 1008，如图 10-16 所示。

a[0]是第一个一维数组的数组名和首地址，因此也为 1 000。*(a+0)或*a 是与 a[0]等效的，它表示一维数组 a[0]的第 0 号元素的首地址，也为 1 000。&a[0][0]是二维数组 a 的 0 行 0 列元素首地址，同样是 1 000。因此，a、a[0]、*(a+0)、*a、&a[0][0]是等价的。

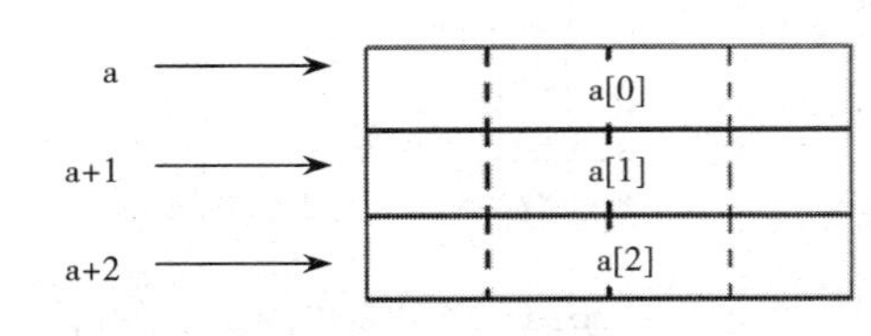

图 10-16　从二维数组中得出一维数组的地址

同理，a+1 是二维数组 1 行的首地址，等于 1 008。a[1]是第二个一维数组的数组名和首地址，因此也为 1 008。&a[1][0]是二维数组 a 的 1 行 0 列元素地址，也是 1 008。因此 a+1、a[1]、*(a+1)、&a[1][0]是等价的。

由此可得出：a+i、a[i]、*(a+i)、&a[i][0]是等同的。

(a+i)+j 指向二维数组的第 i 行第 j 列元素，a[i][j]的地址是(a+i)+j，a[i][j]的内容是*(*(a+i)+j)。

【例 10.18】用地址方法操作，输入一个二维数组并输出。

```
main()
{
  int a[3][2],i,j;
  for(i=0;i<3;i++)
    for(j=0;j<2;j++)
        scanf("%d",*(a+i)+j);                /*  *(a+i)+j 等价于&a[i][j]   */
   printf("\n");
   for(i=0;i<3;i++)
   {
      for(j=0;j<2;j++)
        printf("%d",*(*(a+i)+j));            /*   *(*(a+i)+j) 等价于 a[i][j]
*/
      printf("\n");
   }
}
```

从键盘键入：

```
1 2 3 4 5 6↙
```

运行结果：

```
1 2
3 4
5 6
```

2. **指向二维数组中某个一维数组的指针变量**

二维数组指针变量说明的一般形式为：

【语法格式】类型说明符（*指针变量名）[长度]

其中“类型说明符”为所指数组的数据类型。“*”表示其后的变量是指针类型。“长度”表示二维数组分解为多个一维数组时，一维数组的长度，也就是二维数组的列数。应注意“(* 指针变量名)”两边的括号不可少，如果缺少括号则表示是指针数组，意义就完全不同了。

把二维数组 a 分解为一维数组 a[0]、a[1]、a[2]之后，设 p 为指向二维数组的指针变量，可定义为：

```
int (*p)[4];
```

它表示 p 是一个指针变量，它指向包含 4 个元素的一维数组。若指向第一个一维数组 a[0]，其值等于 a、a[0]或&a[0][0]。而 p+i 则指向一维数组 a[i]。从前面的分析可得出*(p+i)+j 是二维数组 i 行 j 列的元素的地址，而*(*(p+i)+j)则是 i 行 j 列元素的值。

即：&a[i][j]与*(p+i)+j 等价；

a[i][j]与*(*(p+i)+j)等价。

【例 10.19】用指向二维数组中的某个一维数组的指针变量处理二维数组。

```
main()
{
   int a[3][4]={0,1,2,3,4,5,6,7,8,9,10,11};
   int(*p)[4];
   int i,j;
   p=a;
   for(i=0;i<3;i++)
   {
     for(j=0;j<4;j++)
        printf("%3d",*(*(p+i)+j));    /*  *(*(p+i)+j)等价于 a[i][j]   */
     printf("\n");
   }
}
```

3. 指向二维数组首地址的指针变量

二维数组的数组名可以代表它的首地址，可以通过以下方法定义一个指向二维数组首地址的指针变量：

【语法格式】*指针变量名=首地址

有了这样的定义后，就可以通过二维数组的行列运算引用数组的各个元素，形式为：

【语法格式】*(指针变量名+i*列数+j)

表示二维数组的第 i 行第 j 列元素。例如：

```
int a[3][2],*p=a[0];
```

或

```
int a[3][2],*p=a[0][0];
```

数组元素的地址和引用方法如表 10-1 所示。

表 10-1　数组元素的地址和引用方法

数组元素	数组元素地址	数组元素的引用
a[0][0]	p+0*2+0=p	*(p+0*2+0)=*(p)
a[0][1]	p+0*2+1=p+1	*(p+0*2+1)=*(p+1)
a[1][0]	p+1*2+0=p+2	*(p+1*2+0)=*(p+2)
a[1][1]	p+1*2+1=p+3	*(p+1*2+1)=*(p+3)
a[2][0]	p+2*2+0=p+4	*(p+2*2+0)=*(p+4)
a[2][1]	p+2*2+1=p+5	*(p+2*2+1)=*(p+5)

即：&a[i][j]与 p+i*二维数组的列数+j 等价；

a[i][j]与*(p+i*二维数组的列数+j)等价。

【例 10.20】用指向二维数组的首地址的指针变量处理二维数组。

```
main()
{
   int a[3][2],*p=a[0],i,j;
   for(i=0;i<3;i++)
      for(j=0;j<2;j++)
         scanf("%d",p+i*2+j);       /*  p+i*2+j 等价于&a[i][j]   */
   printf("\n");
   for(i=0;i<3;i++)
   {
     for(j=0;j<2;j++)
        printf("%3d",*(p+i*2+j));      /*  *(p+i*2+j)等价于 a[i][j]   */
     printf("\n");
   }
}
```

10.5 指针与字符串

字符串在内存中是连续存储的，在结尾有一个终止符。类似于在数组中的运用，指针也可以运用在字符串中。

10.5.1 字符串的表示形式

在C语言中,可以用两种方法访问一个字符串。

用字符数组存放一个字符串，然后输出该字符串。字符串数组存放字符串及字符串指针控制字符串，如图 10-17 所示。

string →		string →
I	string[0]	I
	string[1]	
l	string[2]	l
o	string[3]	o
v	string[4]	v
e	string[5]	e
	string[6]	
C	string[7]	C
h	string[8]	h
i	string[9]	i
n	string[10]	n
a	string[11]	a
!	string[12]	!
\0	string[13]	\0

图 10-17　字符数组存放字符串

【例 10.21】用字符数组存储字符串应用示例。

```
main()
{
   char string[]="I love China!";
   printf("%s\n",string);
}
```

【说明】和前面介绍的数组属性一样，string 是数组名，它代表字符数组的首地址。

【例 10.22】用字符串指针控制字符串应用示例。

```
main()
{
   char *string="I love China!";
   printf("%s\n",string);
}
```

字符串指针变量的定义说明与指向字符变量的指针变量说明是相同的。只能按对指针变量的赋值不同来区别。对指向字符变量的指针变量应赋予该字符变量的地址，例如：

```
char c,*p=&c;
```

表示 p 是一个指向字符变量 c 的指针变量。
而 `char *s="C Language";`
则表示 s 是一个指向字符串的指针变量。把字符串的首地址赋予 s。

上例中，首先定义 string 是一个字符指针变量，然后把字符串的首地址赋予 string（应写出整个字符串，以便编译系统把该串装入连续内存单元中），并把首地址送入 string。程序中的：

```
char *ps="C Language";
```

等效于：

```
char *ps;
ps="C Language";
```

【例 10.23】输出字符串中 n 个字符后的所有字符。

```
main()
{
   char *ps="this is a book";
   int n=10;
   ps=ps+n;
   printf("%s\n",ps);
}
```

运行结果：

```
book
```

【说明】在程序中对 ps 初始化时，即把字符串首地址赋予 ps，当 ps=ps+10 之后，ps 指向字符'b'，因此输出为“book”。

【例 10.24】在输入的字符串中查找有无字符'k'。

```
main()
{
   char st[20],*ps;
   int i;
   printf("input a string:\n");
   ps=st;
   scanf("%s",ps);
   for(i=0;ps[i]!='\0';i++)
      if(ps[i]=='k')
      {
         printf("there is a \'k\' in the string\n");
         break;
      }
    if(ps[i]=='\0')
      printf("There is no \'k\' in the string\n");
}
```

【例 10.25】本例是将指针变量指向一个格式字符串，用在 printf()函数中，用于输出二维数组的各种地址表示的值。但在 printf 语句中用指针变量 PF 代替了格式串，这也是程序中常用的方法。

```
main()
{
   static int a[3][4]={0,1,2,3,4,5,6,7,8,9,10,11};
   char *PF;
```

```
    PF="%d,%d,%d,%d,%d\n";
    printf(PF,a,*a,a[0],&a[0],&a[0][0]);
    printf(PF,a+1,*(a+1),a[1],&a[1],&a[1][0]);
    printf(PF,a+2,*(a+2),a[2],&a[2],&a[2][0]);
    printf("%d,%d\n",a[1]+1,*(a+1)+1);
    printf("%d,%d\n",*(a[1]+1),*(*(a+1)+1));
}
```

【例 10.26】本例是把字符串指针作为函数参数使用，要求把一个字符串的内容复制到另一个字符串中，并且不能使用 strcpy()函数。函数 cpystr()的形参为两个字符指针变量。pss 指向原字符串，pds 指向目标字符串。注意表达式：(*pds=*pss)!= '\0'的用法。

```
cpystr(char *pss,char *pds)
{
   while((*pds=*pss)!='\0')
   {
     pds++;
     pss++;
   }
}
main()
{
   char *pa="CHINA",b[10],*pb;
   pb=b;
   cpystr(pa,pb);
   printf("string a=%s\nstring b=%s\n",pa,pb);
}
```


【说明】程序完成了两项工作：一是把 pss 指向的原字符串复制到 pds 所指向的目标字符串中。二是判断所复制的字符是否为'\0'，若是则表明原字符串结束，不再循环；否则，pds 和 pss 都加 1，指向下一个字符。在主函数中，以指针变量 pa、pb 为实参，分别取得确定值后调用 cpystr()函数。由于采用的指针变量 pa 和 pss，pb 和 pds 均指向同一字符串，因此在主函数和 cpystr()函数中均可使用这些字符串。也可以把 cpystr()函数简化为以下形式：

```
cpystr(char *pss,char*pds)
{  while ((*pds++=*pss++)!='\0');}
```

即把指针的移动和赋值合并在一个语句中。进一步分析还可发现'\0'的 ASCII 码为 0，对于 while 语句只看表达式的值为非 0 时循环，为 0 时则结束循环，因此也可省去"!= '\0'"这一判断部分，而写为以下形式：

```
cprstr(char *pss,char *pds)
{while(*pdss++=*pss++);}
```

表达式的意义可解释为，原字符向目标字符赋值，移动指针，若所赋值为非 0 则循环，否则结束循环。这样使程序更加简洁，简化后的程序如下所示：

```
cpystr(char *pss,char *pds)
{  while(*pds++=*pss++); }
main()
{  char *pa="CHINA",b[10],*pb;
   pb=b;
   cpystr(pa,pb);
   printf("string a=%s\nstring b=%s\n",pa,pb); }
```

10.5.2 使用字符串指针变量与字符数组的区别

用字符数组和字符指针变量都可实现字符串的存储和运算，但是两者是有区别的，在使用时应注意以下几个问题：

（1）字符串指针变量本身是一个变量，用于存放字符串的首地址。而字符串本身是存放在以该首地址为首的一块连续的内存空间中，并以'\0'作为串的结束标志。字符数组是由若干个数组元素组成的，它可用来存放整个字符串。

（2）字符串指针方式。

```
char *ps="C Language";
```

可以写为：

```
char *ps;
ps="C Language";
```

而对数组方式：

```
char st[]={"C Language"};
```

不能写为：

```
char st[20];
st={"C Language"};
```

只能对字符数组的各元素逐个赋值。

从以上几点可以看出字符串指针变量与字符数组在使用时的区别，同时也可看出使用指针变量更加方便。

前面说过，当一个指针变量在未取得确定地址前使用是危险的，容易引起错误。但是对指针变量直接赋值是可以的。因为C语言系统对指针变量赋值时要给以确定的地址。

因此，

```
char *ps="C Language";
```

或

```
char *ps;
ps="C Language";
```

都是合法的。

10.6 指针数组

10.6.1 指针数组的概念

一个数组的元素值为指针则是指针数组。指针数组是一组有序指针的集合。指针数组的所有元素都必须是具有相同存储类型和指向相同数据类型的指针变量。

指针数组说明的一般形式为：

【语法格式】类型说明符 *数组名[数组长度];

【说明】其中类型说明符为指针值所指向的变量的类型。

例如：

```
int *pa[3];
```

表示pa是一个指针数组，它有3个数组元素，每个元素值都是一个指针，指向整型变量。

【例10.27】指针数组应用示例。

```
main()
{
   int a=1,b=2,c=3,*p[3];
   p[0]=&a; p[1]=&b; p[2]=&c;
   printf("%d,%d,%d\n",*p[0],*p[1],*p[2]);
}
```

运行结果：

```
1,2,3
```

通常可用一个指针数组来指向一个二维数组。指针数组中的每个元素被赋予二维数组每一行的首地址。

【例 10.28】指针数组与二维数组的关系。

```
main()
{
   int a[3][3]={{1,2,3},{4,5,6},{7,8,9}};
   int *pa[3], *p=a[0], i;
   pa[0]=a[0];pa[1]=a[1];pa[2]=a[2];
   for(i=0;i<3;i++)
      printf("%d,%d,%d\n",a[i][2-i],*a[i],*(*(a+i)+i));
   for(i=0;i<3;i++)
      printf("%d,%d,%d\n",*pa[i],p[i],*(p+i));
}
```

运行结果：

```
3,1,1
5,4,5
7,7,9
1,1,1
4,2,2
7,3,3
```

【说明】pa 是一个指针数组，3 个元素分别指向二维数组 a 的各行。然后用循环语句输出指定的数组元素。其中*a[i]表示第 i 行第 0 列元素值；*(*(a+i)+i)表示第 i 行第 i 列的元素值；*pa[i]表示第 i 行第 0 列元素值；由于 p 与 a[0]相同，故 p[i]表示 0 行 i 列的值；*(p+i)表示 0 行 i 列的值。读者可仔细领会元素值的各种不同表示方法。

应该注意指针数组和二维数组指针变量的区别。这两者虽然都可用来表示二维数组，但是其表示方法和意义是不同的。

二维数组指针变量是单个的变量，其一般形式中“(*指针变量名)”两边的括号不可少。而指针数组类型表示的是多个指针（一组有序指针），在一般形式中“*指针数组名”两边不能有括号。

例如：

```
int (*p)[3];
```

表示一个指向二维数组的指针变量。该二维数组的列数为 3 或分解为一维数组的长度为 3。

```
int *p[3];
```

表示 p 是一个指针数组，有 3 个下标变量，p[0]、p[1]、p[2]均为指针变量。

指针数组也常用来表示一组字符串，这时指针数组的每个元素被赋予一个字符串的首地址。指向字符串的指针数组的初始化更为简单。例如，在例 10.30 中即采用指针数组来表示一组字符串。其初始化赋值为：

```
char *name[]={"Illegal day","Monday","Tuesday","Wednesday",
              "Thursday","Friday","Saturday", "Sunday" };
```

完成这个初始化赋值之后，name[0]即指向字符串"Illegal day"，name[1]指向"Monday"……指针数组也可以用作函数参数。

10.6.2 指针数组应用举例

【例 10.29】输入 5 个国家名称并按字母顺序排列后输出，现编写程序如下：

```
#include "string.h"
main()
{
  void sort(char *name[],int n);
  void print(char *name[],int n);
  static char *name[]={ "CHINA","AMERICA","AUSTRALIA","FRANCE","GERMANY"};
  int n=5;
  sort(name,n);
  print(name,n);
}
void sort(char *name[],int n)
{
  char *pt;
  int i,j,k;
  for(i=0;i<n-1;i++)
  {
     k=i;
     for(j=i+1;j<n;j++)
       if(strcmp(name[k],name[j])>0) k=j;
       if(k!=i)
       {
         pt=name[i];
         name[i]=name[k];
         name[k]=pt;
       }
  }
}
void print(char *name[],int n)
{
  int i;
  for(i=0;i<n;i++)
     printf("%s\n",name[i]);
}
```

在以前的例子中采用了普通的排序方法，逐个比较之后交换字符串的位置。交换字符串的物理位置是通过字符串复制函数完成的。反复的交换会使程序的执行速度很慢，同时由于各字符串（国家名称）的长度不同，又增加了存储管理的负担。用指针数组能很好地解决这些问题。把所有的字符串存放在一个数组中，把这些字符数组的首地址放在一个指针数组中，当需要交换两个字符串时，只须交换指针数组相应两元素的内容（地址）即可，而不必交换字符串本身。

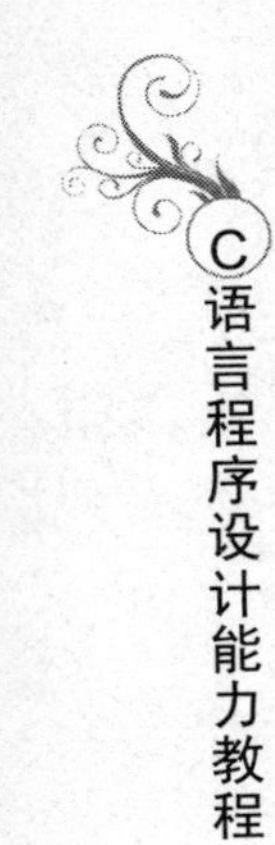

本程序定义了两个函数，一个 sort()完成排序，其形参为指针数组 name，即为待排序的各字符串数组的指针，形参 n 为字符串的个数；另一个函数名为 print，用于排序后字符串的输出，其形参与 sort 的形参相同。主函数 main()中，定义了指针数组 name 并作了初始化赋值。然后分别调用 sort()函数和 print()函数完成排序和输出。值得注意的是，在 sort()函数中，对两个字符串比较，采用了 strcmp()函数。Strcmp()函数允许参与比较的字符串以指针方式出现。name[k]和 name[j]均为指针，因此是合法的。字符串比较后需要交换时，只交换指针数组元素的值，而不交换具体的字符串，这样将大大减少时间的开销，提高了运行效率。

10.6.3 指针数组在带形参的 main()函数中的应用

在操作系统的命令中，有很多都是带有参数的命令，这些命令可以通过带参数的main()函数结合指针的应用来实现。在使用操作系统的命令时，常常要写出命令名和命令所需的参数。例如，在命令行中，常用如下一些命令：

```
del  filename↙
copy  filename1  filename2↙
…
```


其中 copy 和 del 等都是命令名，通常是可执行程序的文件名。而命令名后的字符串就是命令所需要的参数。当这些命令发出以后，系统就会根据命令行中的参数进行相关的处理。例如，当执行 copy 命令时，就会根据命令行中给定的参数来进行处理，即把 filename1 文件中的内容复制到文件 filename2 中。

在 C 语言的程序中，将命令行上的参数传递给主函数的方法是通过主函数的两个形式参数来实现的，其格式如下：

```
main(int argc,char *argv[])
{
  …
}
```

其中 argc 是命令行中命令名和参数的总个数。如上边 copy 命令中，argc 均为 3，而 del 命令中 argc 为 2；argv[]是一个指针数组，各个元素所指向的目标如下：

argv[0]：命令名。

argv[1]：第 1 个参数。

argv[2]：第 2 个参数。

…

例如，有一个 C 语言的程序，该程序的执行文件名为 copy，其命令行格式为：

```
copy  file1.c  file2.txt
```

由于它有两个参数，再加上命令名，故在程序运行时，argc 被初始化为 3。而 argv[]进行如下的初始化：

```
argv[0]="copy";
argv[1]="file1.c";
argv[2]="file2.txt";
```

因此，argc 的值和 argv[]的元素个数取决于参数的个数。于是在 C 语言的程序中即可使用 argc 和 argv[]来接收和处理命令行参数。

【例 10.30】编写一个程序，实现其命令行参数的输出。

```
#include  "stdio.h"
main(int argc,char *argv[])
{
  while(argc>1)
  {
    ++argv;
    printf("%s",*argv[]);
    --argc;
  }
}
```

【说明】将源程序命名为 10_31.c，经编译、连接生成可执行文件 10_31.exe，在 DOS 操作系统提示符输入如下命令：

```
C:\TC>10_31  Hello World!
```

运行结果：

```
Hello World!
```

这说明执行本程序时使用了两个参数，分别是字符串“Hello”和“World!”，而程序的可执行文件的文件名（10_31）并没有被当作字符串输出，这是因为在程序中用了语句“++argv;”，把文件名字符串先跳过去了。

以上命令是假设 10_31.exe 文件在 C:\TC 目录下。为了能看到程序运行结果，可以在 TC 编辑环境下，按【F10】键，选择 File/OS shell 命令，进入 DOS 环境下，然后再运行上面的命令行（若单个参数中有空格时需要用双引号括起来），程序运行结束后，可输入 exit 命令，返回 TC 编辑器。

10.7　指针与函数

在 C 语言中，一个函数总是占用一段连续的内存区，而函数名就是该函数所占内存区的首地址。可以把函数的这个首地址（或称入口地址）赋予一个指针变量，使该指针变量指向该函数。然后通过指针变量即可找到并调用这个函数。通常把这种指向函数的指针变量称为“函数指针变量”。

函数指针变量定义的一般形式为：

【语法格式】类型说明符　(*指针变量名)(形参表);

【说明】其中“类型说明符”表示被指函数的返回值的类型。“(* 指针变量名)”表示“*”后面的变量是定义的指针变量。最后的空括号表示指针变量所指的是一个函数。

例如：

```
int (*pf)(int int);
```

表示 pf 是一个指向函数入口的指针变量，该函数的返回值（函数值）是整型。

【例 10.31】本例用来说明用指针形式实现对函数调用的方法。

```
int max(int a,int b)
{
   if(a>b)
      return a;
   else
      return b;
}
main()
```

```
{
   int max(int a,int b);
   int (*pmax)(int int);
   int x,y,z;
   pmax=max;
   printf("input two numbers:\n");
   scanf("%d%d",&x,&y);
   z=(*pmax)(x,y);
   printf("maxmum=%d",z);
 }
```

从上述程序可以看出，以指针变量形式调用函数的步骤如下：

（1）先定义函数指针变量，如程序中第 11 行 int (*pmax)(); 定义 pmax 为函数指针变量。

（2）把被调函数的入口地址（函数名）赋予该函数指针变量，如程序中第 13 行 pmax=max;。

（3）用函数指针变量形式调用函数，如程序第 16 行 z=(*pmax)(x,y);。

调用函数的一般形式为：

【语法格式】(*指针变量名)(实参表)

使用函数指针变量还应注意以下两点：

（1）函数指针变量不能进行算术运算，这是与数组指针变量不同的。数组指针变量加减一个整数可使指针移动指向后面或前面的数组元素，而函数指针的移动是毫无意义的。

（2）函数调用中"(*指针变量名)"的两边的括号不可少，其中的*不应该理解为求值运算，在此处它只是一种表示符号。

10.8 指针型函数

前面已经介绍过，所谓函数类型是指函数返回值的类型。在C语言中允许一个函数的返回值是一个指针（即地址），这种返回指针值的函数称为指针型函数。

定义指针型函数的一般形式为：

【语法格式】

```
类型说明符  *函数名(形参表)
{
  …             /*函数体*/
}
```

【说明】其中，函数名之前加了"*"号表明这是一个指针型函数，即返回值是一个指针。类型说明符表示返回的指针值所指向的数据类型。

例如：

```
int *ap(int x,int y)
{
  …             /*函数体*/
}
```

表示 ap 是一个返回指针值的指针型函数，它返回的指针指向一个整型变量。

【例 10.32】本程序是通过指针函数，输入一个 1～7 之间的整数，输出对应的星期名。

```
main()
{
  int i;
  char *day_name(int n);
```

```
  printf("input Day No:\n");
  scanf("%d",&i);
  printf("Day No:%2d-->%s\n",i,day_name(i));
}
char *day_name(int n)
{
  char *name[]={"Illegal day","Monday","Tuesday","Wednesday",
                "Thursday","Friday","Saturday","Sunday"};
  return((n<1||n>7)?name[0]:name[n]);
}
```

【说明】本例中定义了一个指针型函数 day_name()，它的返回值指向一个字符串。该函数中定义了一个静态指针数组 name。name 数组初始化赋值为 8 个字符串，分别表示各个星期名及出错提示。形参 n 表示与星期名所对应的整数。在主函数中，把输入的整数 i 作为实参，在 printf 语句中调用 day_name()函数，并把 i 值传送给形参 n。day_name()函数中的 return 语句包含一个条件表达式，n 值若大于 7 或小于 1，则把 name[0]指针返回主函数，输出错误提示字符串“Illegal day”；否则返回主函数输出对应的星期名。主函数中的第 7 行是个条件语句，其语义是，如果输入为负数（i<0）则中止程序运行退出程序。exit()是一个库函数，exit(1)表示发生错误后退出程序，exit(0)表示正常退出。

应该特别注意的是，函数指针变量和指针型函数这两者在写法和意义上的区别。如 int(*p)()和 int *p()是两个完全不同的量。

int (*p)()是一个变量说明，说明 p 是一个指向函数入口的指针变量，该函数的返回值是整型量，(*p)的两边的括号不能少。

int *p()则不是变量说明，而是函数说明，说明 p 是一个指针型函数，其返回值是一个指向整型量的指针，*p 两边没有括号。作为函数说明，在括号内最好写入形式参数，这样便于与变量说明区别。

对于指针型函数定义，int *p()只是函数头部分，一般还应有函数体部分。

10.9 多重指针

如果一个指针变量存放的又是另一个指针变量的地址，则称这个指针变量为指向指针的指针变量。

在前面已经介绍过，通过指针访问变量称为间接访问。由于指针变量直接指向变量，所以称为“单级间址”。而如果通过指向指针的指针变量来访问变量则构成“二级间址”，如图 10-18 所示。

怎样定义一个指向指针型数据的指针变量呢？形式如下：

【语法格式】类型说明符　　**指针变量名;

【说明】如“char **p;”，p 前面有两个*号，相当于*(*p)。显然*p 是指针变量的定义形式，如果没有最前面的*，那就是定义了一个指向字符数据的指针变量。现在它前面又有一个*号，表示指针变量 p 是指向一个字符指针型变量的。*p 就是 p 所指向的另一个指针变量。

从图 10-19 可以看到，name 是一个指针数组，它的每一个元素都是一个指针型数据，其值为地址。数组名 name 代表该指针数组的首地址。name+i 是 name[i]的地址。name+i 就是指向指针型数据的指针（地址）。还可以设置一个指针变量 p，使它指向指针数组元素。p 就是指向指针型数据的指针变量。

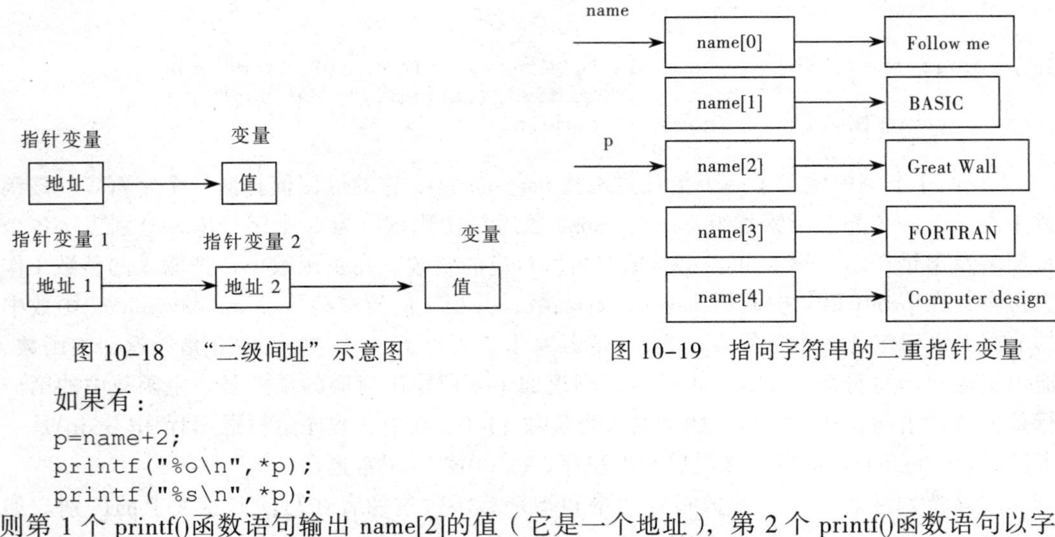

图 10-18 “二级间址”示意图　　图 10-19 指向字符串的二重指针变量

如果有：

```
p=name+2;
printf("%o\n",*p);
printf("%s\n",*p);
```

则第 1 个 printf()函数语句输出 name[2]的值（它是一个地址），第 2 个 printf()函数语句以字符串形式（%s）输出字符串“Great Wall”。

【例 10.33】指向指针的指针应用示例。

```
main()
{
   char *name[]={"Follow me","BASIC","Great Wall","FORTRAN","Computer
               design"};
   char **p;
   int i;
   for(i=0;i<5;i++)
    {
      p=name+i;
      printf("%s\n",*p);
    }
}
```

【说明】p 是指向指针的指针变量。

【例 10.34】一个指针数组的元素指向数据的简单例子。

```
main()
{
   int a[5]={1,3,5,7,9};
   int *num[5]={&a[0],&a[1],&a[2],&a[3],&a[4]};
   int **p,i;
   p=num;
   for(i=0;i<5;i++)
   {
     printf("%d\t",**p);p++;
   }
}
```

【说明】指针数组的元素只能存放地址。

1. 存储器

存储器是具有“记忆”功能的设备，它用具有稳定状态的物理器件来表示二进制数码“0”和“1”，这种器件称为记忆元件或记忆单元。记忆元件可以是磁芯、半导体触发器、CMOS 电路或电容器等。

根据存储器在计算机中所处的不同位置，可分为主存储器和辅助存储器。在主机内部，直接与 CPU 交换信息的存储器称为主存储器或内存储器。

2. 存储器的动态管理

如果定义了一个指针型变量而没有对它赋值，它所指向的变量是不确定的。如果想把指针变量指向某个或某些确定的空间，需要其中的数据时可以通过指针变量来引用，而不需这个或这些空间时则可以通过指针变量释放，这就是本书在这里介绍的通过指针实现存储器的动态管理。在 C 语言中，主要通过函数 malloc()和函数 free()实现存储器空间的调用和释放，二者的定义均在库文件 malloc.h 中。

（1）malloc 函数。

【语法格式】(指针指向的数据类型 *)malloc(sizeof(指针指向的数据类型)*个数)

【功能】在内存中申请一段指定大小的连续空间。

【说明】申请完成后，malloc()函数会返回所申请空间的首地址，如果没有足够的空间可供申请，返回 NULL。

例如，申请 10 个动态的整型存储单元，可以表述为：

```
int *p;
p=(int *)malloc(sizeof(int)*10);
```

需要注意的是，有时 malloc()函数返回的指针类型会被强制转换，例如：

```
char *s;
s=(char *)malloc(10);
```

malloc()函数的参数 10 表示申请 10 个动态的存储单元，但并没有说明这 10 个动态的存储单元用来存储哪一种类型的变量；不过由于指针变量 s 是指向字符型变量的，malloc()函数返回的指针类型会被强制转换为指向字符型变量，即申请 10 个动态的字符型存储单元。

（2）free 函数。

【语法格式】free(指针变量名)

【功能】释放指针变量指向的存储器空间。

例如，将上述由指针变量 s 指向的 10 个动态的字符型存储单元的空间释放，可输入命令：

```
free(s);
```

需要注意的是，free(s) 释放的是指针变量 s 指向的那部分空间，而指针变量 s 自身占据的空间依然是存在的，并且还可以将指针变量 s 再次设置指向另一段空间。

小　结

指针变量的值是一个地址，通常这个地址可以是整型、浮点型、字符型或布尔型等基本类型变量的地址。不过，更加一般地说，指针变量中还可以保存其他类型的数据结构地址，例如，数组、字符串、函数等，当然也包括指针变量。字符串和数组在定义、声明以后，其存储空间是连续的；而在现行的计算机内存分配策略中，具备一定逻辑独立性的函数在内存中占据的空间也是连续的。基于这种连续性，凡是出现数组、字符串或函数的地方都可以用一个指针变量来表示，只要在该指针变量中赋予数组或函数的首地址即可。这样做的一个直接好处是不需要直接引用数组、字符串或函数的名称，并避免了由此带来的一些局限，提高程序的灵活性和编写效率。比如，直接引用数组名，必然是引用一维数组和大小固定数组，这是由数组在定义声明时就确定的；而通过使用一个指向数组的指针变量，改变它的值就可以使它指向维数和大小不同的数组，从而引用不同的数组。至于用指针变量保存指针变量的地址，可理解为指针的多重引用，即通过一个指针变量指向某个指针变量，再通过这个指针变量指向某个变量。这样一来，指针在程序中的引用就更加灵活了。当然，越是灵活的知识学习运用起来难度越大，但如果掌握了，其效果也就越大。

有关指针变量在普通变量、数组和字符串、函数以及多重指针方面的不同运用，希望各位读者通过学习和比较，找到内在联系和规律，充分理解和运用C语言的指针。

习　题

一、选择题

1. 变量的指针，其含义是指该变量的（　　）。

A. 值　　B. 地址　　C. 名　　D. 一个标志

2. 已有定义：int k=2;int *ptr1,*ptr2;，且 ptr1 和 ptr2 均已指向变量 k，下面不能正确执行的赋值语句是（　　）。

A. k=*ptr1+*ptr2;　　B. ptr2=k;　　C. ptr1=ptr2;　　D. k=*ptr1*(*ptr2);

3. 已有变量定义和函数调用语句：int a=25;print_value(&a);，下面函数的输出结果是（　　）。

```
void print_value(int *x)
{ printf("%d\n",++*x); }
```

A. 23　　B. 24　　C. 25　　D. 26

4. 若有语句：int *p,a=4;和 p=&a;，下面均代表地址的一组选项是（　　）。

A. a,p,*&a　　B. &*a,&a,*p　　C. *&p,*p,&a　　D. &a,&*p,p

5. 下面判断正确的是（　　）。

A. char *a="china"; 等价于 char *a; *a="china" ;

B. char str[10]={ "china"};等价于 char str[10]; str[ ]={ "china";}

C. char *s="china"; 等价于 char *s; s="china" ;

D. char c[4]= "abc",d[4]= "abc"; 等价于 char c[4]=d[4]= "abc" ;

6. 下面能正确进行字符串赋值操作的是（　　）。

A. char s[5]={ "ABCDE"};　　B. char s[5]= {'A','B','C','D','E'};

C. char *s;s="ABCDE" ;　　D. char *s; scanf("%s"s) ;

7. 下面程序段的运行结果是（　　）。

```
char *s="abcde";
s+=2 ;
printf("%d",s);
```

A．cde　　B．字符'c'　　C．字符'c'的地址　　D．不确定

8．下面程序段的运行结果是（　　）。

```
char a[]= "language",*p;
p=a;
while(*p!='u') { printf("%c",*p-32);p++; }
```

A．LANGUAGE　B．language　　C．LANG　　D．langUAGE

9．若有定义：int a[5],*p=a;，则对 a 数组元素的正确引用是（　　）。

A．*&a[5]　　B．a+2　　C．*(p+5)　　D．*(a+2)

10．若有定义：int (*p)[4];，则标识符 p（　　）。

A．是一个指向整型变量的指针

B．是一个指针数组名

C．是一个指针，它指向一个含有 4 个整型元素的一维数组

D．定义不合法

11．若有定义：int x[10]={0,1,2,3,4,5,6,7,8,9},*p1;，则数值不为 3 的表达式是（　　）。

A．x[3]　　B．p1=x+3,*p1++　　C．p1=x+2,*(p1++)　　D．p1=x+2,*++p1

12．下面程序的运行结果是（　　）。

```
main()
{ int x[5]={2,4,6,8,10},*p,**pp;
  p=x,pp=&p;
  printf("%d",*(p++));
  printf("%3d",**pp);}
```

A．4　4　　B．2　4　　C．2　2　　D．4　6

13．若有说明：char *language[]={"FORTRAN","BASIC","PASCAL","JAVA","C"};，则 language[2]的值是（　　）。

A．一个字符　　B．一个字符串　　C．一个地址　　D．一个不定值

14．若有定义：int (*p)( );，指针 p 可以（　　）。

A．代表函数的返回值　　B．表示函数的类型

C．指向函数的入口地址　　D．表示函数返回值的类型

15．已有函数 max(a,b)，为了让函数指针变量 p 指向函数 max()，正确的赋值方法是（　　）。

A．p=max;　　B．*p=max;　　C．p=max(a,b);　　D．*p=max(a,b)

16．下面函数的功能是：把 X 插入到一维数组 str 中下标为 i(i>=0)的数据元素之前。如果 i 大于等于数据元素个数，则把 X 插在末尾。原有的数据元素个数存放在指针 n 所指的量中，插入后数据元素个数增 1。请在横线处选择正确的答案将程序补充完整。

```
void insline(double str[ ],double x,int*n,int i)
{ int j;
  if(__①__)
   for(j=*n-1;__②__;j--)
      __③__= str[j];
  else
```

```
i=*n;
str[i]=___④___;
 (*n)++;}
```

① A. i< *n　　B. i<n　　C. i<&n　　D. i<&*n

② A. j>=0　　B. j>0　　C. j>=i　　D. j>i

③ A. i　　B. i + 1　　C. str[i+1]　　D. str[j+l]

④ A. i　　B. j　　C. n　　D. x

17. 下面程序的功能是：主函数通过调用函数 average()计算数组中各元素的平均值。请在横线处选择正确的答案将程序补充完整。

```
float average(int * p,int ___①___ )
{
  int i;
  float ave=0.0;
  for(i=0;i<n;i++)   ave=ave+___②___ ;
  ave= ___③___ ;
  return ave; }
main()
{  int i,a[5]={12,4,6,8,10};
   float mean;
   mean=average(a,5);
   printf("mean = %f \n", mean);  }
```

① A. i　　B. &i　　C. n　　D. &n

② A. p + i　　B. * (p + i)　　C. *p[i]　　D. p(i)

③ A. ave/n　　B. ave/(n-l)　　C. p(i)　　D. *p

18. 下面程序的功能是：从键盘读入一行字符串放在字符数组中，然后输出。请在横线处选择正确的答案将程序补充完整。

```
#include "stdio.h"
main()
{  char s[100], *p;
   int i;
   for(i=0;i<100;i++ )
  { s[i]=getchar();
      if(s[i]==___①___) break;  }
   s[i]=___②___ ; p=___③___ ;
   while(*p)
      putchar(*p___④___);
}
```

① A. '\n'　　B. '\0'　　C. s[i--]　　D. s[～-i]

② A. '\n'　　B. '\0'　　C. s[i--]　　D. s[- - i]

③ A. '\n'　　B. '\0'　　C. s[0]　　D. s

④ A. [i]　　B. [i++]　　C. ++　　D. [i--]

二、程序分析题

1. 写出下面程序的运行结果。

```
int fun(char *s,char a,int n)
{ int j;
```

```
   *s=a;j=n;
   while(s[j]>a) j--;
   return j;}
main()
{ char c[6];
   int i;
   for(i=0;i<=5;i++) *(c+i)='A'+i+1;
   printf("%d\n",fun(c,'E',5)); }
```

2. 写出下面程序的运行结果。

```
fun(char *s)
{ char *p=s;
  while(*p) p++;
  return(p-s);}
main()
{ char *a="abcdef";
  printf("%d\n",fun(a));}
```

3. 写出下面程序的运行结果。

```
sub(char *a,int t1,int t2)
{ char ch;
  while(t1<t2)
{ ch=*(a+t1);*(a+t1)=*(a+t2);*(a+t2)=ch;
  t1++;t2--;}}
main()
{ char s[12];
  int i;
  for(i=0;i<12;i++)
     s[i]='A'+i+32 ;
  sub(s,7,11);
  for(i=0;i<12;i++)
     printf("%c",s[i]);
  printf("\n");}
```

三、编程题

1. 定义 3 个整数及整型指针，仅用指针方法按由小到大的顺序输出。
2. 编写一个求字符串长度的函数（参数用指针），在主函数中输入字符串并输出其长度。
3. 编写一个函数（参数用指针）将一个 3×3 矩阵转置。

第11章

结构体、共用体和枚举数据类型

通过本章学习，应具备运用结构体、共用体和枚举数据类型进行程序设计的能力。掌握结构体、共用体和枚举变量的定义和引用方法，掌握结构体数组的特点，能使用结构体数组解决简单问题；掌握结构体指针的特点，能使用结构体指针作为函数的参数。

在实际问题中，一组数据往往具有不同的数据类型。例如，在学生登记表中，姓名应为字符型；学号应为整型或字符型；年龄应为整型；性别应为字符型；成绩应为整型或实型。显然不能用一个数组来存放这一组数据。为此，C 语言中给出了另一种构造数据类型——结构体类型。

在有些时候，需要将几种不同类型的变量存放到同一段内存单元中。例如，可以把一个字符变量、一个实型变量、一个整型变量存放在同一个地址开始的内存中，这 3 个变量在内存中占用的字节数不同，但都从同一个地址开始存放，也就是使用覆盖技术，几个变量互相覆盖。这种使几个变量共占同一段内存的结构，称为“共用体”类型的结构。

在实际问题中，还存在有些变量的取值被限定在一个有限的范围内。例如，一个星期只有 7 天，一年只有 12 个月，一个班每周有 6 门课程等。C 语言提供了一种称为“枚举”的构造类型。

本章将要讲述结构体、共用体和枚举数据类型的相关知识。

11.1 结　构　体

结构体是一种构造类型，它是由若干成员组成的，每一个成员可以是一个基本数据类型，或者又是一个构造类型。例如：一个学生的学号、姓名、性别、年龄、成绩等项，这些项都和某一个学生有联系，可以将这些项组合成一个组合项，这就是一个结构体。例如：

```
struct student
{
   int num;
   char name[20];
   char sex;
```

```
    int age;
    float score;
    char addr[30];
};
```

上面定义了一个结构体类型，struct student 表示这是一个“结构体类型”。它包括 num、name、sex、age 等不同的数据项。

11.1.1 结构体类型的定义

结构体类型的定义是根据实际相关数据的具体情况，由用户定义的一种类型。定义结构体类型的一般形式如下：

【语法格式】

```
struct 结构体名
{
  成员列表
};
```

例如：

```
struct stu
{
  int num;
  char name[20];
  char sex;
  float score;
};
```

说明：

（1）成员列表由若干个成员组成，每个成员都是该结构的一个组成部分。对每个成员也必须作类型说明。形式为：类型说明符 成员名；。

（2）结构体类型定义语句在花括号后面用分号作为语句结束标志。

（3）结构体类型的定义可以嵌套，即某个结构体成员的数据类型可以定义另一个已定义的结构类型，例如：

```
struct date
{
   int year;
   int month;
   int day;
};
struct stu
{
   char name[20];
   struct date birthday;
};
```

11.1.2 结构体变量的定义

C 语言的结构体定义就像 C 语言的保留字 int 一样，需要指定结构体类型变量，才能对结构体中各个成员进行操作。

结构体变量的定义有3种方法。

1. 先定义结构体类型，再定义结构体变量

例如：

```
struct stu
{
   int num;
   char name[20];
   char sex;
   float score;
};
struct stu boy1,boy2;
```

这里，先定义结构体类型struct stu，再定义两个这种结构体类型的结构体变量boy1和boy2。

2. 在定义结构类型的同时定义结构变量

例如：

```
struct stu
{
   int num;
   char name[20];
   char sex;
   float score;
}boy1,boy2;
```

这里和上面的定义是一样的，最终也定义了两个 struct stu 结构体类型的结构体变量boy1和boy2。

这种说明方式，在一个程序中，以后要用到struct stu结构体的时候，依然能够继续说明和定义。

3. 直接定义结构变量

例如：

```
struct
{
   int num;
   char name[20];
   char sex;
   float score;
}boy1,boy2;
```

这种方式终也定义了两个结构体变量 boy1 和 boy2。不过，和上面两种情况不一样，在一个程序中，以后如果要用到相同的结构体时，需要重新定义结构体类型。

注意：结构体类型和结构体变量是两个不同的概念，结构体名称标识的是一种新的数据类型，当某个变量被定义为结构体变量后，该变量才能表示结构体类型数据。

11.1.3 结构体变量成员的引用

当某变量被定义为结构体变量后，就可以使用这个变量。对结构体变量只能使用其中的成员，不能直接使用结构体变量，这点要特别注意。

【语法格式】结构体变量名.成员名

例如：

boy1.num 即第 1 个人的学号；boy2.sex 即第 2 个人的性别。

引用这个变量时，应遵守以下规则：

（1）如果成员本身又属于一个结构体类型，则要用若干个成员运算符，一级一级地找到最低一级的成员，只能对最低级的成员进行赋值或存取运算。假如有下面的结构体类型：

```
struct date
{
   int year;
   int month;
   int day;
};
struct stu
{
   char name[20];
   struct date stu_birthday;
}boy1;
```

则 boy1.birthday.month 即第一个人出生的月份，成员可以在程序中单独使用。而 boy1.birthday 是错误的！总之，必须引用到最低级的成员。

（2）对成员变量可以像普通变量一样进行各种运算。例如：

```
student1.score=student2.score;
```

（3）可以引用成员的地址，也可以引用结构体变量的地址。例如：

```
scanf("%d",&student.num);    /*输入 student.num 的值*/
printf("%d",&student1);      /*输出 student1 的首地址*/
```

11.1.4 结构体变量的初始化

对结构体变量的初始化，其方法与对数组初始化相似，可以在定义结构体变量时进行初始化。

（1）对外部存储类型的结构体变量进行初始化。

```
struct student
{
   long int num;
   char name[20];
   char sex;
   char addr[30];
}a={200601,"Li ming",'M',"NO.248 Beijing Road "};
main()
{
   printf("No.:%ld\nname:%s\nsex:%c\naddress:%s\n",a.num,
        a.name,a.sex,a.addr);
}
```

运行结果：

```
No.:200601
name:Li ming
sex: M
```

```
address: NO.248 Beijing Road
```

（2）对静态存储类型的结构体变量进行初始化。定义部分也可以放到 main()函数中。

```
main()
{
   static struct student
{
   long int num;
   char name[20];
   char sex;
   char addr[30];
}a={200601,"Li ming",'M'," NO.248 Beijing Road"};
   printf("No.:%ld\n name:%s\nsex:%c\n address:%s\n",a.num,
        a.name,a.sex,a.addr);
}
```

11.2　结构体数组

数组的元素可以是结构类型的，因此可以构成结构体数组。结构体数组的每一个元素都是具有相同结构类型的数据。在实际应用中，经常用结构体数组来表示具有相同数据结构的一个群体。如全班同学的数据，就可以用结构体数组。结构体数组和以前介绍的数组的不同之处在于，这里的每个数组元素本身的数据类型是结构体类型。

11.2.1　定义结构体数组

结构体数组的定义方法和结构变量相似，只需说明它为数组类型即可。

例如：

```
struct stu
{
   int num;
   char *name;
   char sex;
   float score;
} boy[5];
```

这里定义了一个数组 boy，其元素为 struct stu 类型数据，数组有 5 个元素。

定义方法和前面定义结构体类型一样，也有 3 种方法。

1．先定义结构体类型，再定义结构体数组

例如：

```
struct stu
{
   int num;
   char name[20];
   char sex;
   float score;
};
struct stu boy1[5],boy2[5];
```

这里，先定义了结构体类型 struct stu，再定义了两个这种结构体类型的结构体数组 boy1

和 boy2。

2. **在定义结构类型的同时定义结构体数组**

例如：

```
struct stu
{
   int num;
   char name[20];
   char sex;
   float score;
}boy1[5],boy2[5];
```

这里和上面的定义是一样的，定义了两个 struct stu 结构体类型的结构体数组 boy1 和 boy2。这种说明方式，在以后要用到 struct stu 结构体时，依然能够说明和定义。

3. **直接定义结构体数组**

例如：

```
struct
{
   int num;
   char name[20];
   char sex;
   float score;
} boy1[5],boy2[5];
```

这种方式也定义了两个结构体数组 boy1 和 boy2。不过，和上面两种情况不一样，在一个程序中，以后如果要用到相同的结构体时，需要重新定义结构体类型。

结构体数组成员的引用也和结构体变量的引用一样，例如：

boy[2].num 表示第 3 个学生的学号（num）。

11.2.2 结构体数组的初始化

对外部结构数组或静态结构数组可以作初始化赋值，例如：

```
struct stu
{
   int num;
   char *name;
   char sex;
   float score;
} boy[5]={
          {101,"Li ping",'M',45},
          {102,"Zhang ping",'M',62.5},
          {103,"He fang",'F',92.5},
          {104,"Cheng ling",'F',87},
          {105,"Wang ming",'M',58}
         };
```

11.2.3 结构体数组应用举例

【例 11.1】计算学生的平均成绩和不及格的人数。

```
struct stu
```

```
{
  int num;
  char *name;
  char sex;
  float score;
} boy[5]={
          {101,"Li ping",'M',45},
          {102,"Zhang ping",'M',62.5},
          {103,"He fang",'F',92.5},
          {104,"Cheng ling",'F',87},
          {105,"Wang ming",'M',58}
};
main()
{
  int i,c=0;
  float ave,s=0;
  for(i=0;i<5;i++)
  {
    s+=boy[i].score;
    if(boy[i].score<60) c+=1;
  }
  printf("s=%f\n",s);
  ave=s/5;
  printf("average=%f\ncount=%d\n",ave,c);
}
```


运行结果：

```
s=345.000000
average=69.000000
count=2
```

该程序计算了 5 个学生的总分是 345，平均分是 69，不及格学生个数是 2 个。

【例 11.2】建立同学通讯录。

```
#include  "stdio.h"
#define NUM 3
struct mem
{
  char name[20];
  char phone[10];
};
main()
{
  struct mem man[NUM];
  int i;
  for(i=0;i<NUM;i++)
 {
     printf("input name:\n");
     gets(man[i].name);
     printf("input phone:\n");
     gets(man[i].phone);
 }
```

```
   printf("name\t\t\tphone\n\n");
   for(i=0;i<NUM;i++)
     printf("%s\t\t\t%s\n",man[i].name,man[i].phone);
}
```

运行结果：

```
input name:
li ping↙
input phone:
8456780↙
input name:
li dong↙
input phone:
7867543↙
input name:
wu hang↙
input phone:
78678890↙
name            phone
li ping         84567800
li dong         78675430
wu hang         78678890
```

11.3 指向结构体类型数据的指针

11.3.1 指向结构体变量的指针

结构体指针是指向结构体的指针。结构体指针变量中的值是所指向的结构变量的首地址。通过结构体指针即可访问该结构变量，这与数组指针和函数指针的情况是相同的。

它由一个加在结构体变量名前的“*”操作符来定义。

指向结构体变量的指针的定义一般形式：

【语法格式】struct 结构体名 *结构指针变量名

例如：

```
struct string
{
   char name[8];
   char sex[2];
   int age;
   char addr[40];
} *student1;
```

或

```
struct string
{
   char name[8];
   char sex[2];
   int age;
   char addr[40];
};
```

```
struct string  *student2;
```

使用结构体指针对结构成员的访问，与结构变量对结构成员的访问在表达方式上有所不同。

结构体指针对结构成员的访问的一般形式：

【语法格式】(*结构指针变量).成员名;

或 结构指针变量->成员名;

其中“->”是两个符号“-”和“>”的组合，好像一个箭头指向结构成员。例如，要给上面定义的结构中 name 和 age 赋值，可以用下面语句：

```
strcpy(student->name,"Lu G.C");
student->age=18;
```

或

```
strcpy((*student).name,"Lu G.C");
(*student).age=18;
```

实际上，student->name 就是(*student).name 的缩写形式。

需要指出的是结构体指针是指向结构的一个指针，即结构中第一个成员的首地址，因此在使用之前应该对结构体指针初始化，即分配整个结构长度的字节空间，可用下面函数完成，仍以上例来说明：


```
student=(struct string*) malloc(sizeof(struct string));
```

size of (struct string)自动求取 string 结构的字节长度，malloc()函数定义了一个大小为结构长度的内存区域，然后将其首地址作为结构指针返回。

注意：

（1）结构体作为一种数据类型，定义的结构变量或结构体指针变量同样有局部变量和全程变量，视定义的位置而定。

（2）结构变量名不是指向该结构的地址，这与数组名的含义不同，因此若需要求结构中第一个成员的首地址应该是&[结构变量名]。

结构体指针变量中的值是所指向的结构变量的首地址。通过结构体指针即可访问该结构变量，这与数组指针和函数指针的情况是相同的。

【例 11.3】结构体指针应用示例。

```
#include "string.h"
main()
{
  struct student
  {
     long num;
     char name[20];
     char sex;
     float score;
  };
  struct student stu_1;
  struct student *p;
  p=&stu_1;
  stu_1.num=200601;
  strcpy(stu_1.name,"wuming");
  stu_1.sex='m';
```

```
  stu_1.score=99;
  printf("NO.:%ld\nname:%s\nsex:%c\nscore:%f\n",stu_1.num,stu_1.name,
  stu_1.sex,stu_1.score);
  printf("NO.:%ld\nname:%s\nsex:%c\nscore:%f\n",(*p).num,(*p).name,
(*p).  sex,(*p).score);
}
```

运行结果：

```
NO.:200601
name:wuming
sex:m
score:99.000000
NO.:200601
name:wuming
sex:m
score:99.000000
```

注意：引用的时候，stu_1.num 和(*p).num 是一样的，因为指向同一个位置。

11.3.2 指向结构体数组的指针

结构体指针变量也可指向结构数组的一个元素，这时结构体指针变量的值是该结构数组元素的首地址，与普通数组的情况是一致的。

【例 11.4】指针变量输出结构数组应用示例。

```
struct stu
{
  int num;
  char *name;
  char sex;
  float score;} boy[5]={
                          {101,"Zhou ping",'M',45},
                          {102,"Zhang ping",'M',62.5},
                          {103,"Liou fang",'F',92.5},
                          {104,"Cheng ling",'F',87},
                          {105,"Wang ming",'M',58}
                        };
main()
{
   struct stu *ps;
   printf("No\tName\t\t\tSex\tScore\t\n");
   for(ps=boy;ps<boy+5;ps++)
   printf("%d\t%s\t\t%c\t%f\t\n",ps->num,ps->name,ps->sex,ps->score);
}
```

11.4 共 用 体

共用体是一种由不同数据类型构造出的构造类型。共用体与结构体有一些相似之处，但两者有本质上的不同。在结构体中各成员有各自的内存空间，一个结构体变量的总长度是各成员长度之和。而在共用体中，各成员共享一段内存空间，一个共用体变量的长度等于各成员中最长的长度。应该说明的是，这里所谓的共享不是指把多个成员同时装入一个共用体变量内，而是指该共用体变量可被赋予任一成员值，但每次只能赋一种值，赋入新值则覆盖旧值。

11.4.1 共用体类型的定义

共用体类型定义一般形式：

【语法格式】

```
union 共用体名
            {
               成员表
            };
```

例如：

```
union perdata
{
   int class;
   char office[10];
};
```

共用体可以出现在结构体内，作为结构体的成员。

例如：

```
struct
{
   int   age;
   char *addr;
   union
   {
     int i;
     char *ch;
   }x;
};
```

11.4.2 共用体变量的定义

共用体变量的定义和结构体变量的定义方式相同，也有 3 种形式。

1. 先定义共用体类型，再定义共用体变量

例如：

```
union perdata
{
  int class;
  char office[10];
};
union perdata a,b;
```

2. 同时定义共用体类型和共用体变量

例如：

```
union perdata
{
  int class;
  char office[10];
}a,b;
```

3. 定义无名称的共用体类型，同时定义共用体变量

```
union
{
  int class;
  char office[10];
}a,b;
```

当一个共用体被定义时，编译程序自动产生一个变量，其长度为共用体中最大的变量长度。

11.4.3 共用体成员的引用

对于共用体变量的引用，可以引用共用体变量的成员，其方法与结构体相同。可以通过变量引用，也可以通过指针引用。共用体访问成员表示的语法格式如下：

【语法格式】共用体名.成员名

例如，对下面的嵌套了结构体的共用体变量：

```
struct
{
   int age;
   char *addr;
   union
   {
     int i;
     char *ch;
   }x;
} y[10];
```

若要访问结构变量 y[1]中共用体 x 的成员 i，可以写成：

```
y[1].x.i;
```

若要访问结构变量 y[2]中共用体 x 的字符串指针 ch 的第一个字符可写成：

```
*y[2].x.ch;
```

若写成“y[2].x.*ch;”是错误的。

结构体和共用体有下列区别：

（1）结构体和共用体都是由多个不同的数据类型成员组成，但在任何同一时刻，共用体中只存放了一个被选中的成员，而结构体的所有成员都存在。

（2）对于共用体的不同成员赋值，将会对其他成员重写，原来成员的值会被释放，而对于结构体的不同成员，赋值是互不影响的。

下面举一个例子来加深对共用体的理解。

【例 11.5】共用体应用示例。

```
main()
{
  union                             /*定义一个共用体*/
  {
     int i;
     struct
     {                              /*在共用体中定义一个结构体*/
        char first;
        char second;
```

```
    } half;
    } number;
  number.i=0x4241;         /*共用体成员赋值*/
  printf("%c%c\n",number.half.first,number.half.second);
  number.half.first='a';  /*共用体中结构体成员赋值*/
  number.half.second='b';
  printf("%x\n", number.i);
}
```

运行结果：

```
AB
6261
```

从上例结果可以看出：当给 i 赋值后，其低 8 位也就是 first 和 second 的值；当给 first 和 second 赋字符后，这两个字符的 ASCII 码也将作为 i 的低 8 位和高 8 位。

【例 11.6】设有一个教师与学生通用的表格，教师数据有姓名、年龄、职业、教研室 4 项。学生数据有姓名、年龄、职业、班级 4 项。编程输入人员数据，再以表格输出。

```
main()
{
  struct
  {
    char name[10];
    int age;
    char job;
    union
    {
      int class;
      char office[10];
    } depa;
  } body[2];
  int n,i;
  for(i=0;i<2;i++)
  {
    printf("input name,age,job and department\n");
    scanf("%s %d %c",body[i].name,&body[i].age,&body[i].job);
    if(body[i].job=='s')
       scanf("%d",&body[i].depa.class);
    else
       scanf("%s",body[i].depa.office);
  }
  printf("name\tage job class/office\n");
  for(i=0;i<2;i++)
  {
     if(body[i].job=='s')
       printf("%s\t%3d%3c%d\n",body[i].name,body[i].age,body[i].job,
       body[i].depa.class);
     else
       printf("%s\t%3d%3c%s\n",body[i].name,body[i].age,body[i].job,
       body[i].depa.office);
  }
}
```

运行结果：

```
input name,age,job and department
wuming 20 s 8941↙
input name,age,job and department
wuding 36 t English↙
name  age  job   class/office
wuming 20   s      8941
wuding 36   t      English
```

11.5 枚举类型

在实际应用中，有些变量的取值被限定在一个有限范围内。例如，一天有24小时，一个星期有7天，一年有12个月。如果把24小时定义为整型、12个月定义为整型、一个星期有7天定义为字符型，是十分不妥的。C语言提供了一种称为“枚举”的类型。在“枚举”类型的定义中列举出所有可能的取值，被说明为该“枚举”类型的变量取值不能超过定义的范围，它来自于逐个列举出来的值，使用枚举变量可增加程序的可读性。

枚举类型应该说是一种基本数据类型，而不是一种构造类型，因为它不能再分解为任何基本类型。

11.5.1 枚举类型的定义

枚举类型定义的形式如下：

【语法格式】enum 枚举名{ 枚举值表 };

例如：

```
enum weekday{ sun,mon,tue,wed,thu,fri,sat };
```

该枚举名为weekday，枚举值共有7个，即一周中的7天。凡被说明为weekday类型变量，就是只能从列举出来的7个值中取其中一个。

11.5.2 枚举变量的定义

枚举变量的定义和结构体变量、共用体变量一样，有3种方法：先定义类型，再定义变量；定义类型的同时定义变量；直接定义变量。

定义一个周日至周六的枚举变量a、b、c，可以用下列3种方法。

（1）
```
enum weekday
  {sun,mon,tue,wed,thu,fri,sat };
   enum weekday a,b,c;
```
（2）
```
enum weekday
  {sun,mon,tue,wed,thu,fri,sat} a,b,c;
```
（3）
```
enum
  {sun,mon,tue,wed,thu,fri,sat}a,b,c;
```
结果都定义了变量a、b、c，它们的类型是枚举类型，取值只能是sun、mou、tue、wed、thu、fri、sat中的一个。

11.5.3 枚举变量的赋值和使用

枚举类型在使用中有以下规定：

（1）在C语言编译中，对枚举元素按常量处理，故称枚举常量。枚举元素作为常量，它们是有值的。C语言对枚举元素本身由系统定义了一个表示序号的数值，从 0 开始顺序定义为 0，1，2。如在 weekday 中，sun 值为 0，mon 值为 1，……，sat 值为 6。

如果有赋值语句：a=mon，则 a 变量的值等于 1，这个整数可以输出。

例如：

```
printf("%d",a);
```

输出的值为 1。

（2）枚举值是常量，不是变量，所以不能在程序中用赋值语句再对它赋值。

例如：对枚举 weekday 的元素再作以下赋值：`sun=5;mon=2;sun=mon;` 都是错误的。

（3）枚举值可以用来作为判断比较。

例如：

```
if(a==mon)
```


枚举值比较规则是：按其在定义时的顺序号比较。如果定义时没有指定，则第一个枚举元素的值认作 0，故 mon>sun。但也可以在定义时由程序员指定枚举元素的值。例如，下列枚举类型说明后，x1、x2、x3、x4 的值分别为 0、1、2、3。

```
enum
string{x1,x2,x3,x4} x;
```

当定义改变成：

```
enum string
{ x1,x2=0,x3=50,x4} x;
```

则 x1=0,x2=0,x3=50,x4=51。

（4）枚举中每个成员（标识符）结束符是“,”，不是“;”，最后一个成员可省略“,”。

（5）初始化时可以赋负数，以后的标识符仍然依次加 1。

下面的程序有助于理解枚举变量的赋值。

【例 11.7】枚举类型应用示例。

```
main()
{
  enum weekday
  { sun,mon,tue,wed,thu,fri,sat } a,b,c;
  a=sun;b=mon;c=sat;
  printf("a=%d,b=%d,c=%d\n",a,b,c);
  if(a<b)
    printf("true\n");
  else printf("false\n");
}
```

运行结果：

```
a=0,b=1,c=6
true
```

（6）只能把枚举值赋予枚举变量，不能把元素的数值直接赋予枚举变量。

例如：

a=sun;b=mon; 是正确的，而 a=0;b=1; 是错误的。如果一定要把数值赋予枚举变量，则必须用强制类型转换。

例如：

```
a=(enum weekday) 2;
```

其意义是将顺序号为 2 的枚举元素赋予枚举变量 a，相当于：

a=tue;枚举元素不是字符常量，也不是字符串常量，使用时不要加单、双引号。

例如：

```
enum string
{x1=5,x2,x3,x4};
enum strig x=x3;
```

此时，枚举变量 x 实际上是 7。

【例 11.8】利用枚举类型变量循环地输出 a、b、c、d 4 个字母，总共输出 30 个。

```
main()
{
  enum body
  { a,b,c,d }  month[31],j;
  int i;
  j=a;
  for(i=1;i<=30;i++)
  {
     month[i]=j;
     j++;
     if(j>d) j=a;
  }
  for(i=1;i<=30;i++)
  {
     switch(month[i])
     {
       case a:printf("%2d %c\t",i,'a');break;
       case b:printf("%2d %c\t",i,'b');break;
       case c:printf("%2d %c\t",i,'c');break;
       case d:printf("%2d %c\t",i,'d');break;
       default:break;}
  }
  printf("\n");
}
```

运行结果：

```
1  a  2  b  3  c  4  d  5  a  6  b  7  c  8  d  9  a 10 b
11 c  12 d  13 a  14 b  15 c  16 d  17 a 18 b  19 c 20 d
21 a  22 b  23 c  24 d  25 d  26 b  27 c 28 d  29 a 30 b
```

知识扩展

1. 链表的建立、链表的插入和删除

数组是一种静态的存储方式，静态存储方式就是在数组使用之前，数组元素个数已经确定好了，而且所占用的内存空间是连续的。因此，数组在处理一些动态数据时存在一定的局限。比如，在程序设计中针对不同问题有时需要 20 个元素大小的数组，有需要 60 个

元素大小的数组，难于统一。这就要求数组必须定义足够大的内存空间，如果数据项较少会造成内存空间的浪费。如果数据项多于定义的内存空间，有可能造成程序出错。

链表是一种常用的重要的数据结构，是动态分配内存的数据组织方式。该方式允许用户根据需要随时增减数据项，而且，数据项在内存中不必连续。

链表的基本操作主要有以下几种：

（1）建立链表。

（2）结构的查找与输出。

（3）插入一个结点。

（4）删除一个结点。

下面通过例题来说明这些操作。

【例 11.9】建立一个 3 个结点的链表，存放学生数据。

可编写一个建立链表的函数 creat()，程序如下：

```
#define NULL 0
#define TYPE struct stu
#define LEN sizeof(struct stu)
struct stu
{
   int num;
   int age;
   struct stu *next;
};
TYPE *creat(int n)
{
   struct stu *head,*pf,*pb;
   int i;
   for(i=0;i<n;i++)
   {
      pb=(TYPE*) malloc(LEN);
      printf("input Number and Age\n");
      scanf("%d%d",&pb->num,&pb->age);
      if(i==0)
         pf=head=pb;
      else
         pf->next=pb;
      pb->next=NULL;
      pf=pb;
   }
   return(head);
}
```

【例 11.10】编写一个函数，在链表中按学号查找该结点。

```
TYPE *search(TYPE *head,int n)
{
   TYPE *p;
   int i;
   p=head;
   while(p->num!=n&&p->next!=NULL)
```

```
    p=p->next;                         /*不是要找的结点则后移一步*/
  if(p->num==n)
    return(p);
  if(p->num!=n&&p->next==NULL)
    printf("Node %d has not been found!\n",n);
}
```

【例 11.11】编写一个函数，删除链表中的指定结点。

删除一个结点有两种情况：

（1）被删除的结点是第 1 个结点，这种情况只需使 head 指向第 2 个结点即可，即 head=pb->next。

（2）被删结点不是第 1 个结点，这种情况使被删结点的前一结点指向被删结点的后一结点即可。即 pf->next=pb->next。

函数编程如下：

```
TYPE *delete(TYPE *head,int num)
{
   TYPE *pf,*pb;
   if(head==NULL)                         /*如为空表,输出提示信息*/
   {
     printf("\nempty list!\n");
     goto end;
   }
pb=head;
while (pb->num!=num&&pb->next!=NULL)
/*当该结点不是要删除的结点,而且也不是最后一个结点时,继续循环*/
   {
     pf=pb;
     pb=pb->next;}/*pf 指向当前结点,pb 指向下一结点*/
  if(pb->num==num)
  {
    if(pb==head)
        head=pb->next;
    /*如找到被删结点,且为第一结点,则使 head 指向第二个结点, */
    /*否则使 pf 所指结点的指针指向下一结点*/
    else
       pf->next=pb->next;
    free(pb);
    printf("The node is deleted\n");
  }
  else
    printf("The node not been found!\n");
  endif
  return head;
  }
}
```

【例 11.12】编写一个函数，在链表中指定位置插入一个结点。在一个链表的指定位置插入结点，要求链表本身必须是已按某种规律排好序的。

设被插结点的指针为 pi，可在 4 种不同情况下插入。

（1）原表是空表，只需使 head 指向被插结点即可。

（2）被插结点值最小，应插入第一结点之前。这种情况下使 head 指向被插结点，被插结点的指针域指向原来的第一结点则可。即：pi->next=pb;head=pi;。

（3）在其他位置插入。这种情况下，使插入位置的前一结点的指针域指向被插结点，使被插结点的指针域指向插入位置的后一结点。即：pi->next=pb;pf->next=pi;。

（4）在表末插入。这种情况下使原表末结点指针域指向被插结点，被插结点指针域置为 NULL，即：pb->next=pi;pi->next=NULL;。

```
TYPE *insert(TYPE *head,TYPE *pi)
{
  TYPE *pf,*pb;
  pb=head;                /*空表插入*/
  if(head==NULL)
  {
    head=pi;
    pi->next=NULL;
  }
  else
  {
    while((pi->num>pb->num)&&(pb->next!=NULL))
      {
        pf=pb;
        pb=pb->next;
      }                         /*找插入位置*/
    if(pi->num<=pb->num)
    {
      if(head==pb)
         head=pi;               /*在第一结点之前插入*/
      else
         pf->next=pi;           /*在其他位置插入*/
      pi->next=pb;
    }
    else
    {
      pb->next=pi;              /*在表末插入*/
      pi->next=NULL;
    }
  }
  return head;
}
```


【例 11.13】将上例建立的链表，删除结点，插入结点的函数组织在一起，再建一个输出全部结点的函数，然后用 main()函数调用它们。

```
#define NULL 0
#define TYPE struct stu
#define LEN sizeof(struct stu)
struct stu
{
  int num;
  int age;
```

```
  struct stu *next;
};
TYPE *creat(int n)
{
  struct stu *head,*pf,*pb;
  int i;
  for(i=0;i<n;i++)
  {
    pb=(TYPE *)malloc(LEN);
    printf("input Number and Age\n");
    scanf("%d%d",&pb->num,&pb->age);
    if(i==0)
      pf=head=pb;
    else pf->next=pb;
    pb->next=NULL;
    pf=pb;
  }
return(head);
}
TYPE  *delete(TYPE *head,int num)
{
  TYPE*pf,*pb;
  if(head==NULL)
  {
    printf("\nempty list!\n");
    goto end;
  }
  pb=head;
  while (pb->num!=num&&pb->next!=NULL)
  {
    pf=pb;pb=pb->next;
  }
  if(pb->num==num)
  {
    if(pb==head)
      head=pb->next;
    else
      pf->next=pb->next;
    printf("The node is deleted\n");
  }
  else
    free(pb);
  printf("The node not been found!\n");
  end:
    return head;
}
TYPE *insert(TYPE *head,TYPE *pi)
{
  TYPE *pb,*pf;
  pb=head;
  if(head==NULL)
  {
```

```
    head=pi;
    pi->next=NULL;
  }
  else
  {
    while((pi->num>pb->num)&&(pb->next!=NULL))
    {
      pf=pb;
      pb=pb->next;
    }
    if(pi->num<=pb->num)
    {
      if(head==pb)
         head=pi;
      else
         pf->next=pi;
      pi->next=pb;
    }
    else
    {
      pb->next=pi;
      pi->next=NULL;
    }
  }
  return head;
}
void print(TYPE *head)
{
  printf("Number\t\tAge\n");
  while(head!=NULL)
  {
    printf("%d\t\t%d\n",head->num,head->age);
    head=head->next;
  }
}
main()
{
    TYPE *head,*pnum;
    int n,num;
    printf("input number of node: ");
    scanf("%d",&n);
    head=creat(n);
    print(head);
    printf("Input the deleted number: ");
    scanf("%d",&num);
    head=delete(head,num);
    print(head);
    printf("Input the inserted number and age: ");
    pnum=(TYPE *)malloc(LEN);
    scanf("%d%d",&pnum->num,&pnum->age);
    head=insert(head,pnum);
    print(head);
  }
```

2. 用typedef来定义数据类型

有时候，为了记忆和书写文档方便和照顾用户编程使用词汇的习惯，同时增加程序的可读性,想用自己命名的数据符号来定义一些已有的或说明过的数据类型。在C语言中提供了typedef来定义新的类型名代替已有的类型名。也就是允许由用户为数据类型取“别名”。用户可以通过typedef给已经存在的系统或用户构造的类型重新命名。定义新的数据类型的方法如下：

【语法格式】typedef 类型名 定义名;

定义的下面两条语句效果一样：

语句1：int i,j;

语句2：INTEGER i,j;

（1）数组类型自定义。

```
typedef float ARRAY[10];
```

指定用ARRAY代表float数组类型。定义后下面两条语句效果一样：

语句1：float a[10];

语句2：ARRAY a;

（2）指针类型的自定义。

```
typedef char * PTR;
```

指定用PTR代表指向char指针类型。定义后下面两条语句效果一样：

语句1: char *p1,**p2;

语句2: PTR p1,*p2;

（3）结构体类型的自定义。

```
typedef  struct
{
   int year;
   int month;
   int day;
} DATEFMT;
```

指定用DATEFMT代表结构体类型。定义后下面两条语句效果一样：

语句1：
```
struct
      {
        int year;
        int month;
        int day;
      } d1,d2;
```

语句2：DATEFMT d1,d2;

【说明】

（1）用 typedef 可以定义各种类型名，包括结构体、共用体和枚举类型，但不能用来定义变量。

（2）新类型名一般用大写表示，以方便记忆和区别于系统提供的标准数据类型标识符。

（3）用typedef只是对已经存在的类型增加了一个类型名，并没有创造新的类型。这里类型是C语言许可的任何一种数据类型。定义名表示这个类型的新名称。

（4）typedef 和 #define 有相似之处，但#define 只能作简单的字符串替换，而 typedef 是采用定义变量的方法定义一个类型。

（5）使用typedef有利于程序的通用与移植。有时程序依赖于硬件特性，用typedef便于移植。例如，有的计算机系统 int 型数据占用 2 字节，而另外一些机器则用 4 字节存放一个整数。如果把一个程序从一个以 4 字节存放整数的计算机系统移植到以 2 字节存放整数的系统，一般情况下，要把每个定义 int 的部分改为 long，例如，将“int a ,b,c;”改为“long a,b,c;”。如果在程序中有多处定义 int 变量，则要改动多处，还可能产生漏改的现象，导致程序执行出问题。如果用 typedef 来处理就非常方便了，只要修改一次和一处即可。

在本书第 13 章讲的文件操作中，用到的 FILE 就是一个已被说明的结构体，其说明如下：

```
typedef struct
{  short level;
   unsigned flags;
   char fd;
   unsigned char hold;
   short bsize;
   unsigned char *buffer;
   unsigned char *curp;
   unsigned istemp;
   short token; } FILE;
```


小　结

1. 结构体和共用体是两种构造类型数据，是用户定义新数据类型的重要手段。结构体和共用体有很多的相似之处，它们都由成员组成。成员可以具有不同的数据类型。成员的表示方法相同，都可用 3 种方式作变量说明。

2. 在结构体中，各成员都占有自己的内存空间，它们是同时存在的。一个结构变量的总长度等于所有成员长度之和。在共用体中，所有成员不能同时占用内存空间，它们不能同时存在。共用体变量的长度等于最长的成员的长度。

3. “.”是成员运算符，可用它表示成员项，成员还可用“->”运算符来表示。

4. 枚举是一个被命名的整型常数的集合，枚举变量的取值来自于一个个列举出来的值，使用枚举变量可增加程序的可读性，但枚举类型和结构体、共用体不一样，它是一种基本数据类型，而不是一种构造类型，因为它不能再分解为任何基本类型。

5. 类型定义 typedef 向用户提供了一种自定义类型说明符的手段，照顾了用户编程使用词汇的习惯，又增加了程序的可读性。更重要的是，使用 typedef 有利于程序的通用与移植。

习　题

一、选择题

1. 设有以下定义和语句，输出的结果是（指针变量占 2 字节）(　　)。

```
struct date
{  long *cat;
   struct date *next;
   double dog;  }too;
   printf("%d",sizeof(too));
```

A. 20　　B. 16　　C. 14　　D. 12

2. 下面程序的输出是 (　　)。

```
typedef union
{  long x[2];
    int y[4];
    char z[8];
}MYTYPE;
    MYTYPE them;
main()
{  printf("%d\n",sizeof(them));}
```

A．32　　B．16　　C．8　　D．24

3．若有下面的说明和定义，则 sizeof(struct aa)的值是（　　）。

```
struct aa
{  int r1;double r2;float r3;
   union uu{char u1[5];long u2[2]; }ua;
}mya;
```

A．30　　B．29　　C．24　　D．22

4．若有如下说明，则（　　）的叙述是正确的。

```
struct st
{  int a;
   int b[2]; }a;
```

A．结构体变量 a 与结构体成员 a 同名，定义是非法的

B．程序只在执行到该定义时才为结构体 st 分配存储单元

C．程序运行时为结构体 st 分配 6 字节存储单元

D．类型名 struct st 可以通过 extern 关键字提前引用（即引用在前，说明在后）

5．若有以下结构体定义，则（　　）是正确的引用或定义。

```
struct example
{  int x;
   int y;
}v2;
```

A．example.x=10　　B．example v2.x=10

C．struct v2;v2.x=10　　D．struct example v2={10};

6．下列程序的执行结果是（　　）。

```
#include "stdio.h"
union un
{   int i;
    char c[2]; };
void main()
{   union un x;
    x.c[0]=10;
    x.c[1]=1;
    printf("\n%d",x.i); }
```

A．266　　B．11　　C．265　　D．138

7．以下选项中，能定义 s 为合法的结构体变量的是（　　）。

A．typedef struct abc
```
{  double a;
   charb[10];
}s;
```

B．struct

```
    {   double a;
        char b[10];}s;
```

C. struct ABC

```
    {   double a;
        char b[10];}ABC s:
```

D. typedef ABC

```
    {   double a;
        char b[10];}ABC s:
```

8. 下列选项中不能正确定义结构体的是（　　）。

A. typede struct

```
    { int red;
      int GREen;
      int blue;
      } COLOR;
        COLOR cl;
```

B. struct color c1

```
    { int red;
      int green;
       int blue;
      };
```

C. struct color

```
    { int red;
      int green;
      int blue;
    }cl;
```

D. struct

```
    { int red;
      int green;
      int blue;
    }cl;
```

9. 已知学生记录描述为：

```
struct student {
   int no;char name[20];char sex;
   struct {int year;int month;int day;  } birth;
} s;
```

设结构变量 s 中的“birth”应是“1985 年 10 月 1 日”，则下面正确的赋值方式是(　　)。

A. year=1985
month=10
day=1

B. birth.year=1985
birth.month=10
birth.day=1

C. s.year=1985
s.month=10
s.day=1

D. s.birth.year=1985
s.birth.month=10
s.birth.day=1

10. 下面程序的运行结果是（　　）。

```
main()
{  struct complx{
    int x;int y;
    } cnum[2]={1,3,2,7};
    printf("%d\n",cnum[0].y/cnum[0].x*cnum[1].x);
}
```

A. 0　　B. 1　　C. 2　　D. 6

11. 以下对结构体变量成员不正确的引用是（　　）。

```
struct pupil
{   char name[20];int age;int sex;
} pup[5],*p=pup;
```

A. scanf("%s",pup[0].name);

B. scanf("%d",&pup[0].age);

C. scanf("%d",&(p->sex));

D. scanf("%d",p->age);

12. 当定义一个共用体变量时，系统分配给它的内存是（　　）。

A．各成员所需内存量的总和

B．结构中第一个成员所需内存量

C．成员中占内存量最大的成员所需的内存量

D．结构中最后一个成员所需内存量

13．以下对C语言中共用体类型数据的叙述正确的是（　　）。

A．可以对共用体变量直接赋值

B．一个共用体变量中可以同时存放其所有成员

C．一个共用体变量中不能同时存放其所有成员

D．共用体类型定义中不能出现结构体类型的成员

14．若有以下程序段：

```
union data {
  int i; char c;float f;
} a;
int n;
```

则以下语句正确的是（　　）。

A．a=5;　　B．a={2,'a',1.2}　　C．printf("%d",a);　　D．n=a;

15．下面对typedef的叙述中不正确的是（　　）。

A．用typedef可以定义多种类型名，但不能用来定义变量

B．用typedef可以增加新类型

C．用typedef只是将已存在的类型用一个新的标识符来代表

D．使用typedef有利于程序的通用和移植

二、填空题

1．C语言允许定义由不同数据项组合的数据类型，__________、__________和__________都是C语言的构造类型。

2．结构体变量成员的引用方式是使用__________运算符，结构体指针变量成员的引用方式是使用__________运算符。

3．若有定义：

```
struct num
{ int a;int b;float f;
} n={1,3,5.0};
struct num *pn=&n;
```

则表达式pn->b的值是__________，表达式(*pn).a+pn->f的值是__________。

4．C语言可以定义枚举类型，其关键字为__________。

5．C语言允许用__________声明新的类型名来代替已有的类型名。

三、编程题

1．编写一个函数output()，打印一个学生的成绩数组，该数组中有5个学生的数据记录，每个记录包括num，name，score[3]，用主函数输入这些记录，用output()函数输出这些记录。

2．在第1题的基础上，编写一个函数input，用来输入5个学生的数据记录。

3．有10个学生，每个学生的数据包括学号、姓名、3门课的成绩，从键盘输入10个学生数据，要求打印出3门课总平均成绩，以及最高分的学生数据（包括学号、姓名、3门课的成绩和平均分数）。

第12章

位　运　算

通过本章学习，应具备运用位运算进行程序设计的能力，掌握各种位运算的概念及使用，学会应用位运算进行程序设计。

计算机用于检测和控制领域时，经常用到二进制的位运算，那么C语言如何实现位运算呢？

前面介绍的各种运算都是以字节作为基本单位进行的。而在计算机程序中，数据的位是可以操作的最小数据单位，理论上可以用“位运算”来完成所有的运算和操作。一般的位操作是用来控制硬件的，或者做数据变换使用，灵活的位操作可以有效地提高程序运行的效率。事实上很多系统程序中常要求在位（bit）一级进行运算或处理，C语言提供了位运算的功能，这使得C语言也能像汇编语言一样用来编写系统软件。

12.1　位运算符和位运算

位运算，是指对一个数据的某些二进制位进行的运算。每个二进制位只能存放1位二进制数0或者1。通常把组成一个数据的最右边的二进制位称为第0位，从右向左依次称为第1位，第2位，……，最左边一位称为最高位，如图12-1所示。

15	14	13	12	11	10	9	8	7	6	5	4	3	2	1	0

图12-1　位的排列顺序示意图

C语言提供了如表12-1所列出的6种位运算符。

表12-1　位运算符

运算符	含义	运算符	含义
&	按位与	~	取反
|	按位或	<<	左移
^	按位异或	>>	右移

说明：

（1）位运算中除~外，均是二目运算符，即要求两侧各有一个运算量。

（2）按位运算是对字节或字中的实际位进行检测、设置或移位，它只适用于字符型和整数型变量以及它们的变体，对其他数据类型不适用。

12.1.1 按位与运算

按位与运算符“&”是双目运算符，其功能是参与运算的两数各对应的二进位相与。只有对应的两个二进位均为 1 时，结果位才为 1，否则为 0。参与运算的数以补码方式呈现。

按位与的运算规则是：0 & 0=0；0 & 1=0；1 & 0=0；1 & 1=1。

例如，10&6 可写成如下算式：

```
  00001010 (10 的二进制补码)
& 00000110 (6 的二进制补码)
-----------------------------
  00000010 (2 的二进制补码)
```

可见 10&6=2。

按位与运算通常用来对某些位清零或保留某些位。例如，把 a 的高 8 位清 0，保留低 8 位，可作 a&255 运算（255 的二进制数为 0000000011111111）。

```
  1010101011110011
& 0000000011111111
-------------------
  0000000011110011
```

应用：

（1）零特定位“按位与”运算，通常用来对某些位清 0，此时取定的数 temp 中特定位置为 0，其他位为 1，作 a=a&temp 运算。如果要将某个单元整体清零，只要找到一个数，它的补码形式中各位的值符合以下条件：原来的数中为 1 的位，新数中相应位为 0。然后将二者进行&运算。

如原有数为 11100011，则只要和 00011100 进行&运算就可以了，算法如下：

```
  11100011
& 00011100
-----------
  00000000
```

当然，任何一单元和 0 作&运算，都能将其清零。

（2）取某数中指定位，此时 temp 中特定位置 1，其他位为 0，作 a=a&temp 运算。

12.1.2 按位或运算

按位或运算符“|”是双目运算符，其功能是使参与运算的两数各对应的二进位相或。只要对应的两个二进位有一个为 1 时，结果位就为 1。参与运算的两个数均以补码方式出现。

按位或的运算规则是：0|0=0；0|1=1；1|0=1；1|1=1。

例如，9|5 可写成如下算式：

```
  00001001 (9 的二进制补码)
| 00000101 (5 的二进制补码)
-----------------------------
  00001101 (13 的二进制补码)
```

可见 9|5=13。

应用：

常用来将源操作数某些位置1，其他位不变（temp中特定位置1，其他位为0），如a是一个8位整数，要将其低4位置为1，高位不变，只要进行a|00001111运算。

12.1.3 异或运算

按位异或运算符“^”是双目运算符。其功能是参与运算的两数各对应的二进位相异或，当两对应的二进位相异时，结果为1。参与运算数仍以补码出现。

异或的运算规则是：0^0=0；0^1=1；1^0=1；1^1=0。

例如，9^5可写成如下算式：

```
  00001001 (9的二进制补码)
^ 00000101 (5的二进制补码)
----------------------------
  00001100 (12的二进制补码)
```

所以：9^5=12。

“异或”的含义是：判断两个相应位置的值是否为“异”，为“异”（值不同）就取真（1），否则就取假（0）。

异或运算性质1：任何位与自身异或都产生0。这很正常，因为在每一位上自己与自己当然相同，所以都是0。在汇编语言中这个性质被用来迅速把某个值清零。

异或运算性质 2：一个值与任何其他值连续做两次异或操作结果都恢复为原来的值，可以参看下例。

```
9^5^5=9
  00001001 (9的二进制补码)
^ 00000101 (5的二进制补码)
----------------------------
  00001100 (12的二进制补码)
^ 00000101 (5的二进制补码)
----------------------------
  00001001 (9的二进制补码)
```

【例12.1】使特定位的值取反（0变1，1变0），此时temp中特定位置为1，其他位为0。

例如，要将a=01001010的低4位取反，只要取temp=00001111，即：

```
  01001010
^ 00001111
------------
  01000101
```

【例12.2】不引入第3变量，交换两个变量的值。

假如a=9，b=5，想让a，b的值互换，可以用以下的赋值语句实现：

```
a=a^b;
b=b^a;
a=a^b;
```

可以用下面的式子说明：

```
  a=00001001 (9的二进制补码)
^ b=00000101 (5的二进制补码)
------------------------------
  a=00001100 (12的二进制补码)     /*a^b的结果是12,即a=a^b=12*/
^ b=00000101 (5的二进制补码)
------------------------------
  b=00001001 (9的二进制补码)      /*b^a的结果是9,即b=b^a=9*/
^ a=00001100 (12的二进制补码)
------------------------------
  a=00001001 (9的二进制补码)      /*a^b的结果是9,即a=a^b=9*/
```

这里运用了两次上面的性质2，也可以用下面方法来证明。

前两个语句：

```
a=a^b;
b=b^a;
```
相当于：
```
b=b^(a^b)=b^a^b=b^b^a=0^a=a;
```
第 3 个语句：
```
a=a^b;
```
因为经过前两个语句运算之后，a=a^b，b=a，所以：
```
a=a^b=(a^b)^a=a^b^a=a^a^b=0^b=b
```
所以 a，b 互换了值。

12.1.4 取反运算

取反运算符“~”为单目运算符，具有右结合性。其功能是对参与运算的数的各二进位按位求反，就是将原数中的二进位中的 0 变为 1，1 变为 0（特别提醒：是二进制中的数求反运算，不是十进制正数变负数、负数变为相反的正数）。

例如，～9 的运算为：～(0000000000001001)；结果为：1111111111110110。结果就是～9=65527，不是等于-9。

下面举例说明取反运算的一个应用。

当不知道被处理量的准确位数时，取反运算符是很有用的。如希望把一个整数量 w 的最低位置为 0，在计算机上可以写为：
```
w&0177776
```
由于八进制 0177776 的二进制值为 1111111111111110，则作按位与运算时，将保留 w 中的前 15 位原值，只把最低位置为 0，然而在一个整数为 32 位的计算机上显然用 w&0177776 就不行了，因为 w 的高 16 位也都被置成了 0，怎么解决呢？当然可以写为：
```
w&037777777776
```
注意，八进制 037777777776 就是二进制 11111111111111111111111111111110。但这样一来，两种机器中的程序就不通用了。比较好的应该是与具体机器无关的写法，这时可以借助求反运算符写成：
```
w&~1
```
由于 1 的二进制表示是最后一位为 1，前面各位都是 0，求反后，得到的是前面各位都是 1，最低一位为 0 的值。这对于 2 字节整数而言，此时 w 就是 16 位数，～1 则前面有 15 个 1，最后一位是 0，w&～1 运算刚好就是：w&0177776，即：
```
w&1111111111111110
```
而对占 4 字节的整数来讲，此时 w 就是 32 位数，～1 则前面有 31 个 1，最后一位是 0，w &～1 运算刚好就是：w&037777777776，即：
```
w&11111111111111111111111111111110
```
因此不管计算机怎样都可以使 w 保留前面各位的原值，而只把最后一位清零。这里表达式 w&～1 不必写成 w&(～1)，因为 ~ 的优先级在位运算符中是最高的，比算数运算符、关系运算符、逻辑运算符都高。

12.1.5 左移运算

左移运算符“<<”是双目运算符。其功能把“<<”左边的运算数的各二进位全部左移

若干位，由“<<”右边的数指定移动的位数，高位丢弃，低位补 0。当高位丢弃的数没有出现 1 时，左移 n 位，其值相当于乘 2 的 n 次方。例如，a<<2 指把 a 的各二进位向左移动 2 位。如 a=00000100（十进制数 4），左移 2 位后为 00010000（十进制数 16），而 $16=4\times 2^2$。进一步地，分析下面两种方法：

（1）$b=a\times 2^2$

（2）b=a<<2

看起来，在字面上好像（2）比（1）麻烦了好多，但是，仔细查看产生的汇编代码就会明白，方法（1）调用了基本的乘法函数，既有函数调用，又有很多汇编代码和寄存器参与运算；而方法（2）则仅仅是一句相关的汇编，代码更简洁、效率更高。

但是，有时候上述两种方法得到的结果不一定都是相等的。如 a=01000100（十进制数 68），若 b=a<<2，此时 b=00010000，也就是十进制的 16，显然 16 不等于 68×2^2。

12.1.6　右移运算

右移运算符“>>”是双目运算符。其功能是把“>>”左边的运算数的各二进位全部右移若干位，由“>>”右边的数指定移动的位数。

出右端的低位自动丢失，对于左边移出的空位，如果高位首位是 0，即是正数时，则空位补 0，若高位首位是 1，即为负数时，则可能补 0 或补 1，这取决于所用的计算机系统。移入 0 的称逻辑右移，移入 1 的称算术右移，Turbo C 采用算术右移。

低位舍弃部分没有 1，则右移 n 位，其值相当于除 2^n。

例如，设 a=16，a>>2 表示把 00010000 右移为 00000100（十进制数）。

12.1.7　位运算复合赋值运算

位运算符与赋值运算符可以组成复合赋值运算符。例如，&=，|=，>>=，<<=，^=。a&=b 相当于 a=a&b；a|=b 相当于 a=a|b；同理：a>>=2 相当于 a=a>>2。

12.1.8　不同长度数据的位运算

如果两个不同长度的数据，如 long 型和 short 型数据进行位运算时，系统把运算数按右对齐，如果较短的数是无符号数，左端就用零补齐，如果较短的数是有符号数，就按最高位的值补齐，也就是说为正数时用 0 补齐，为负数时用 1 补齐。

12.2　位运算举例

【例 12.3】编写一个函数，计算所使用的系统中整型数据的长度。

这个程序可以这样考虑，先生成一个全 1 的值，然后通过左移，把各位的 1 一个个移出，而右端这时会自动补齐。当所有 1 都移出后，数就变成了 0，而移动的次数就表示整型数据的长度，程序如下：

```
int intlen()
{
    int i;
```

```
    unsigned w;
    w=~1;          /* W置成全1*/
    i=0;
    while(w!=0)
    {
      w=w<<1;
      i++;
     }
     return(i);
}
```

【例 12.4】取一个整数 a，移动从右端开始的 4～7 位。例如：0000 0000 1011 1101（八进制 275 / 十进制 189，4～7 位 1011 的八进制值是 13/十进制 11）。

思路：

（1）先将 a 移 4 位，使要取出的几位移到最右端，即 a>>4。

（2）设置一个低 4 位全为 1，其余为 0 的二进制数～(～0<<4)。

```
0=0000…00000000
~0=1111…11111111
~0<<4=1111…11110000
~(~0<<4)=0000…00001111
```

（3）将上面两者进行&运算，即：(a>>4)&～(～0<<4)。

程序如下：

```
main()
{
    unsigned a,b,c,d;
    scanf("%o",&a);
    b=a>>4;
    c=~(~0<<4); /*0x000f*/
    d=b&c;
    printf("%o\n,%o\n",a,b);
}
```

【例 12.5】将从键盘输入的某个十六进制短整数按二进制打印输出。

例如，输入 F1E2，输出 1111000111100010。

分析：将该数 a 取出最低位，打印输出，然后将 a 右移一位，再从新的数中取出最低位，如此反复，循环 16 次。

```
#include "stdio.h"
main()
{
  int i;
  short a;
  printf("please in put a data\n");
  scanf("%x", &a);
  printf("the binary data of %x is:",a);
  for(i=15;i>=0;i--)
      printf("%1d",(a&(1<<i))>>i);
    printf("\n");
}
```

小　结

本章主要讨论了C语言中的位运算，C语言中可以对位（bit）进行操作，像汇编语言一样处理系统程序。6种位运算符除～外，均是二目运算符，即要求两侧各有一个运算量。按位运算是对字节或字中的实际位进行检测、设置或移位，它只适合用于字符型和逻辑型变量以及它们的变体，对其他数据类型不适用。关系运算和逻辑运算表达式的结果只能是1或者0。而按位运算的结果可以取0或1以外的值。

习　题

一、选择题

1. 下面列出的位运算符中，表示按位与操作的是（　　）。

A. ～　　B. &　　C. ^　　D. |

2. 设有说明：int x=0x03,y=3;，则表达式 x&～y 的值是（　　）。

A. 0　　B. 1　　C. 2　　D. 3

3. 设有说明：int u=1,v=3,w=5;，则表达式（v>>1|u<<2）&w 的值是（　　）。

A. 0　　B. 1　　C. 3　　D. 5

4. 下面程序段中 c 的二进制值是（　　）。

```
char a=3,b=6,c;
c=a^b<<1;
```

A. 00001011　　B. 00001111　　C. 00011110　　D. 00011100

5. 设有以下语句：

```
main()
{  int a,b,c,d;
   a=6;
   b=4;
   c=2;
   d=a^b|c;
   printf("d:%d",d);  }
```

d 的二进制值是（　　）。

A. 00000000　　B. 0000100　　C. 0001110　　D. 00000010

6. 设有以下语句：

```
main()
{   int a,b,c,d;
    a=6;
    b=4;
    c=2;
    d=~~a^b|c;
    printf("d:%d",d);  }
```

d 的二进制值是（　　）。

A. 00000000　　B. 0000100　　C. 0001110　　D. 00000010

7. 设有以下语句：

```
main()
{  int a,b,c,d;
   a=6;
   b=4;
   c=3;
   d=a&b|c;
   printf("%d%d",d);  }
```

输出结果是（　　）。

A. 6　　B. 7　　C. 8　　D. 5

8. 有下列程序：

```
main()
{  int a,b,c,d,m,n;
   a=2;b=3;c=4;d=5;m=6;n=7;
   printf("%d\\n",(m=a>d)&(n=b<c));  }
```

输出结果为（　　）。

A. 1　　B. 0　　C. 2　　D. 3

9. 变换两个变量的值，不允许用中间变量，应该用（　　）运算符。

A. ～　　B. ^　　C. $　　D. |

10. 设有以下语句：

```
main()
{  int x=32;
   printf("%d\n",x=x<<1);  }
```

的输出结果为（　　）。

A. 100　　B. 160

C. 120　　D. 64

11. 已知小写字母 a 的 ASCII 码为 97，大写字母 A 的 ASCII 码为 65，以下程序的结果是（　　）。

```
main()
{  unsigned int a=32,b=66;
   printf("%c\n",a|b);  }
```

A. 66　　B. 98　　C. b　　D. B

12. 设 int i=2,j=l,k=3；则表达式 i&&(i+j)& k | i+j 的值是（　　）。

A. 0　　B. 2　　C. 1　　D. 3

二、填空题

1. 将 2 字节变量 a 高 8 位置为 1，低 8 位保持不变的表达式是__________。
2. 运用位运算，能将八进制数 034500 除以 4，然后赋给 a 的表达式是__________。
3. 运用位运算，能将变量 cha 中的大写字母转换成对应的小写字母的表达式是__________。
4. 如果 a 为任意整数，则将 a 清零的表达式是__________。
5. 如果有以下程序：

```
main()
{  int a,b,c,d,m,n;
   a=2;b=3;c=4;d=5;m=6;n=9;
   m=(a<d)>>c&d^n|b;
   printf("%d",m);  }
```

运行结果是__________。

三、程序设计

1. 编写一个函数，对一个16位的二进制数取出它的奇数位，即从左边起第1、3、5、…15位。（注意，将最低位定义为0位，最高为定位为15位）

2. 编写一程序，检查一下所用计算机系统的C编译在执行右移时是按照逻辑位移的原则还是按算术右移原则？如果是逻辑右移，请编写函数实现算术右移。如果是算术右移，请编写函数实现逻辑右移。

文　件

通过本章学习，应具备运用文件进行程序设计的能力，了解文件的概念，掌握文件的类型的定义、文件的打开和关闭、文件的读和写、文件的定位和检错，学会在编写程序时正确使用各种文件操作函数。

问题导入

在前面各章节介绍对数据处理时，无论数据量有多大，都是通过键盘输入，处理的结果只能输出到屏幕上。那么，程序需处理的数据，如何通过外部介质（如磁盘）输入，如何将程序处理的结果保存在外部介质（如磁盘）上呢？

所谓“文件”是指一组相关数据的有序集合，这个数据集合有一个名称，称为文件名。实际上在前面的各章中书本已经多次使用了文件，例如，源程序文件、目标文件、可执行文件、库文件（头文件）等。本章介绍的是C语言中的数据文件。对数据文件的操作分为：指向文件类型指针变量的定义、文件的打开、文件的读/写及文件的关闭。

13.1　文件类型指针

本章讨论流式文件的打开、关闭、读、写、定位等各种操作。文件指针在C语言中用一个指针变量指向一个文件，这个指针称为文件指针。通过文件指针即可对它所指的文件进行各种操作。

【语法格式】`FILE *指针变量标识符;`

其中 FILE 应为大写，它实际上是由系统定义的一个结构，该结构中含有文件名、文件状态和文件当前位置等信息。在编写源程序时不必关心 FILE 结构的细节。

例如：

```
FILE *fp;
```

表示 fp 是指向 FILE 类型的指针变量，通过 fp 即可存放某个文件信息的结构变量，然后按结构变量提供的信息找到该文件，实施对文件的操作。

习惯上也笼统地把 fp 称为指向一个文件的指针。

13.2 文件的打开与关闭

文件在进行读/写操作之前要先打开，使用完毕要关闭。所谓打开文件，实际上是在内存中建立文件的相关信息，并使文件指针指向该文件，以便进行其他操作。关闭文件则断开指针与文件之间的联系，也就是禁止再对该文件进行操作。在C语言中，文件操作都是由库函数来完成的。

13.2.1 文件的打开（fopen()函数）

Fopen()函数用来打开一个文件。

【语法格式】文件指针名=fopen（文件名,使用文件方式）；

【说明】文件指针名必须是被说明为 FILE 类型的指针变量，“文件名”是被打开文件的文件名，为字符串常量或字符串数组。“使用文件方式”是指文件的类型和操作要求。

例如：

```
FILE *fp;
fp=fopen("test.txt","rt");
```

其意义是在当前目录下打开文件 test，只允许进行“读”操作，并使 fp 指向该文件。

又如：

```
FILE *fp;
fp=fopen("c:\\test.txt","rt")
```

其意义是打开 C 驱动器磁盘的根目录下的 test 文件，这是一个二进制文件，只允许按二进制方式进行读操作。两个反斜线“\\”中的第 1 个表示转义字符，第 2 个表示根目录。

使用文件的方式共有 12 种，表 13-1 给出了它们的符号和意义。

表 13-1 使用文件方式表

使用文件方式	意 义	使用文件方式	意 义
rt	只读打开一个文本文件，只允许读数据	rt+	读/写打开一个文本文件，允许读/写数据
wt	只写打开或建立一个文本文件，只允许写数据	wt+	读/写打开或建立一个文本文件，允许读/写数据
at	追加打开一个文本文件，并在文件末尾写数据	at+	读/写打开一个文本文件，允许读，或在文件末追加数据
rb	只读打开一个二进制文件，只允许读数据	rb+	读/写打开一个二进制文件，允许读/写数据
wb	只写打开或建立一个二进制文件，只允许写数据	wb+	读/写打开或建立一个二进制文件，允许读/写数据
ab	追加打开一个二进制文件，并在文件末尾写数据	ab+	读/写打开一个二进制文件，允许读，或在文件末追加数据

对于文件使用方式有以下几点说明：

（1）文件使用方式由“rwatb+”6 个字符拼成，各字符的含义是：

- r（read）：读。

① w（write）：写。

② a（append）：追加。

③ t（text）：文本文件，可省略不写。

④ b（binary）：二进制文件。

⑤ +：读和写。

（2）凡用“r”打开一个文件时，该文件必须已经存在，且只能从该文件读出。

（3）用“w”打开的文件只能向该文件写入。若打开的文件不存在，则以指定的文件名建立该文件，若打开的文件已经存在，则将该文件删去，重建一个新文件。

（4）若要向一个已存在的文件追加新的信息，只能用“a”方式打开文件。但此时该文件必须是存在的，否则将会出错。

（5）在打开一个文件时，如果出错，fopen()将返回一个空指针值NULL。在程序中可以用这一信息来判别是否完成打开文件的工作，并作相应的处理。因此常用以下程序段打开文件：

```
if((fp=fopen("c:\\test.txt","rb")==NULL)
{
  printf("\n error on open c:\\test.txt file!");
  exit(1);
}
```

这段程序的意义是，如果返回的指针为空，表示不能打开C盘根目录下的test文件，则给出提示信息“error on open c:\test file!”，下一行getch()的功能是从键盘输入一个字符，但不在屏幕上显示。在这里，该行的作用是等待，只有当用户从键盘输入任一键时，程序才继续执行，因此用户可利用这个等待时间阅读出错提示。输入后执行exit(1)退出程序。

把一个文本文件读入内存时，要将ASCII码转换成二进制码，而把文件以文本方式写入磁盘时，也要把二进制码转换成ASCII码，因此文本文件的读/写要花费较多的转换时间。对二进制文件的读/写不存在这种转换。

13.2.2 文件的关闭（fclose()函数）

【语法格式】fclose（文件指针）；

例如：

```
fclose(fp);
```

正常完成关闭文件操作时，fclose()函数返回值为0。如返回非零值则表示有错误发生。标准输入文件（键盘），标准输出文件（显示器），标准出错输出（出错信息）是由系统打开的，可直接使用。文件关闭函数fclose()文件一旦使用完毕，应用关闭文件函数把文件关闭，以避免文件的数据丢失等错误。

13.3 文件的读/写

当文件按指定的工作方式打开以后，就可以执行对文件的读/写操作。在程序中，当调入函数从外部文件中输入数据赋给程序中的变量时，这种操作称为读文件；当调用函数把程序中变量的值或程序运行的结果输出到外部文件中时，这种操作称为写文件。

在C语言中提供了多种文件读写的函数。

（1）字符读/写函数：fgetc()和 fputc()。

（2）字符串读/写函数：fgets()和 fputs()。

（3）数据块读/写函数：fread()和 fwrite()。

（4）格式化读/写函数：fscanf()和 fprintf()。

使用以上函数都要求包含头文件“stdio.h”，下面分别予以介绍。

13.3.1 fgetc()函数和 fputc()函数

字符读/写函数 fgetc()和 fputc()是以字符（字节）为单位的读/写函数。每次可从文件读出或向文件写入一个字符。

1. **读字符函数 fgetc()**

【语法格式】字符变量=fgetc(文件指针);

【功能】从指定的文件中读一个字符。

例如：

```
ch=fgetc(fp);
```

其意义是从打开的文件 fp 中读取一个字符并送入字符变量 ch 中。

对于 fgetc()函数的使用有以下几点说明：

（1）在 fgetc()函数调用中，读取的文件必须是以读或读/写方式打开的。

（2）读取字符的结果也可以不向字符变量赋值，例如，fgetc (fp);，但是读出的字符不能保存。

（3）在文件内部有一个位置指针，用来指向文件的当前读/写字节。在文件打开时，该指针总是指向文件的第一个字节。使用 fgetc()函数后，该位置指针将向后移动一个字节。因此可连续多次使用 fgetc()函数，读取多个字符。

应注意文件指针和文件内部的位置指针不是一回事。文件指针是指向整个文件的，需在程序中定义说明，只要不重新赋值，文件指针的值是不变的。文件内部的位置指针用以指示文件内部的当前读/写位置，每读/写一次，该指针均向后移动，它不需在程序中定义说明，而是由系统自动设置的。

【例 13.1】读入文件 test.txt，在屏幕上输出。

```
#include "stdlib.h"
#include "stdio.h"
main()
{
   FILE *fp;
   char ch;
   if((fp=fopen("test.txt","rt"))==NULL)
   {
      printf("Cannot open file strike any key exit!");
      exit(1);
   }
   ch=fgetc(fp);
   while(ch!=EOF)
   {
```

```
        putchar(ch);
        ch=fgetc(fp);
    }
    fclose(fp);
}
```

如果文件 test.txt 不为空，则将其中所有内容输出到屏幕上。

关于符号常量 EOF：在对 ASCII 码文件执行读入操作时，如果遇到文件尾，则读操作函数返回一个文件结束标志 EOF（其值在头文件 stdio.h 中被定义为-1）。在对二进制文件执行读入操作时，必须使用库函数 feof()来判断是否遇到文件尾。

本例程序的功能是从文件中逐个读取字符，在屏幕上显示。程序定义了文件指针 fp，以读文本文件方式打开文件“test.c”，并使 fp 指向该文件。如打开文件出错，给出提示并退出程序。程序第 12 行先读出一个字符，然后进入循环，只要读出的字符不是文件结束标志（每个文件末有一结束标志 EOF），就把该字符显示在屏幕上，再读入下一字符。每读一次，文件内部的位置指针向后移动一个字符，文件结束时，该指针指向 EOF。执行本程序将显示整个文件。

2. 写字符函数 fputc()

【语法格式】fputc(字符量,文件指针);

【功能】把一个字符写入指定的文件中，其中待写入的字符量可以是字符常量或变量。

例如：

```
fputc (ch,fp);
```

其意义是把字符变量 ch 的值写入 fp 所指向的文件中。

对于 fputc()函数的使用也要说明几点：

（1）被写入的文件可以用写、读/写、追加方式打开，用写或读/写方式打开一个已存在的文件时，将清除原有的文件内容，写入字符从文件首开始。如需保留原有文件内容，希望写入的字符以文件末开始存放，必须以追加方式打开文件。被写入的文件若不存在，则创建该文件。

（2）每写入一个字符，文件内部位置指针向后移动一个字节。

（3）fputc()函数有一个返回值，如写入成功则返回写入的字符，否则返回一个 EOF。可用此来判断写入是否成功。

【例 13.2】从键盘输入一行字符，写入一个文件，再把该文件内容读出显示在屏幕上。

```
#include "stdlib.h"
#include "stdio.h"
main()
{
    FILE *fp;
    char ch;
    if((fp=fopen("string.txt","wt+"))==NULL)
    {
        printf("Cannot open file strike any key exit!");
        exit(1);
    }
    printf("input a string:\n");
    ch=getchar();
```

```
    while(ch!='\n')
    {
       fputc (ch,fp);
       ch=getchar();
    }
    rewind(fp);
    ch=fgetc(fp);
    while(ch!=EOF)
    {
       putchar(ch);
       ch=fgetc(fp);
    }
    printf("\n");
    fclose(fp);
}
```

运行结果：

```
input a string:
abcd↙
abcd
```

运行的结果是在 string.txt 文件中存有 abcd 的内容，可用 type 命令查看。

这里要注意，在运行该程序前应保证文件 string 是存在于磁盘上的，否则程序报错退出。程序中第 5 行以读/写文本文件方式打开文件 string。程序第 10 行从键盘读入一个字符后进入循环，当读入字符不为回车符时，则把该字符写入文件之中，然后继续从键盘读入下一字符。每输入一个字符，文件内部位置指针向后移动一个字节。写入完毕，该指针已指向文件末。如要把文件从头读出，须把指针移向文件头，程序第 19 行 rewind()函数用于把 fp 所指文件的内部位置指针移到文件头。第 20～28 行用于读出文件中的一行内容。由于开始是用读/写文本方式打开的文件，所以每次执行一次该程序，string 中的内容将被覆盖。

【例 13.3】把命令行参数中的前一个文件名标识的文件，复制到后一个文件名标识的文件中，如命令行中只有一个文件名则把该文件写到标准输出文件（显示器）中。

```
#include "stdlib.h"
#include "stdio.h"
main(int argc,char *argv[])
{
    FILE *fp1,*fp2;
    char ch;
    if(argc==1)
    {
       printf("have not enter file name strike any key exit");
       exit(0);
    }
    if((fp1=fopen(argv[1],"rt"))==NULL )
    {
       printf("Cannot open %s\n",argv[1]);
       exit(1);
    }
    if(argc==2)
```

```
      fp2=stdout;
    else if((fp2=fopen(argv[2],"wt+"))==NULL)
    {
      printf("Cannot open %s\n",argv[1]);
      exit(1);
    }
    while((ch=fgetc(fp1))!=EOF)
      fputc(ch,fp2 );
    fclose(fp1);
    fclose(fp2);
}
```

本程序为带参的 main()函数。程序中定义了两个文件指针 fp1 和 fp2，分别指向命令行参数中给出的文件。如命令行参数中没有给出文件名，则给出提示信息。程序第 18 行表示如果只给出一个文件名，则使 fp2 指向标准输出文件（即显示器）。程序第 26～27 行用循环语句逐个读出文件 1 中的字符再送到文件 2 中。再次运行时，给出了一个文件名（由例 13.3 所建立的文件），故输出给标准输出文件 stdout，即在显示器上显示文件内容。第 3 次运行，给出了两个文件名，因此把 string 中的内容读出，写入到 OK 之中。可用 DOS 命令 type 显示 OK 的内容。

13.3.2 fgets()函数和 fputs()函数

1. 读字符串函数 fgets()

【语法格式】fgets(字符数组名,n,文件指针);

【功能】从指定的文件中读一个字符串到字符数组中。其中的 n 是一个正整数。表示从文件中读出的字符串不超过 n-1 个字符。在读入的最后一个字符后加上串结束标志'\0'。

例如：

```
fgets(str,n,fp);
```

该语句的作用是从 fp 所指的文件中读出 n-1 个字符送入字符数组 str 中。

【例 13.4】从 test.txt 文件中读出一个含 10 个字符的字符串并显示在显示器上。

```
#include "stdlib.h"
#include "stdio.h"
main()
{
  FILE *fp;
  char str[11];
  if((fp=fopen("test.txt","rt")==NULL)
  {
    printf("Cannot open file strike any key exit!");
    exit(1);
  }
  fgets(str,11,fp);
  printf("%s",str);
  fclose(fp);
}
```

本例定义了一个字符数组 str 共 11 字节，在以读文本文件方式打开文件 test 后，从中读出 10 个字符送入 str 数组，在数组最后一个单元内将加上'\0'，然后在屏幕上显示输出 str

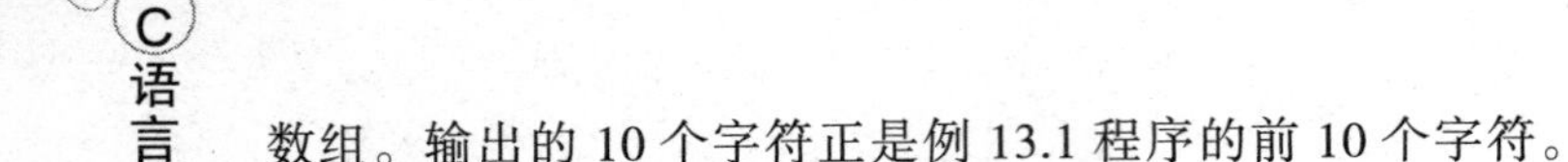

数组。输出的 10 个字符正是例 13.1 程序的前 10 个字符。

对 fgets()函数有两点说明：

（1）在读出 n-1 个字符之前，如遇到了换行符或 EOF，则读出结束。

（2）fgets()函数也有返回值，其返回值是字符数组的首地址。

2. **写字符串函数 fputs()**

【语法格式】fputs(字符串,文件指针);

【功能】向指定的文件写入一个字符串。其中字符串可以是字符串常量，也可以是字符数组名，或指针变量。

例如：

```
fputs("abcd",fp);
```

该语句的作用是把字符串"abcd"写入 fp 所指向的文件之中。

【例 13.5】在例 13.2 中建立的文件 string.txt 中追加一个字符串。

```
#include "stdlib.h"
#include "stdio.h"
main()
{
  FILE *fp;
  char ch,st[20];
  if((fp=fopen("string.txt","at+"))==NULL)
  {
    printf("Cannot open file strike any key exit!");
    exit(1);
  }
  printf("input a string:\n");
  scanf("%s",st);
  fputs(st,fp);
  rewind(fp);
  ch=fgetc(fp);
  while(ch!=EOF)
  {
    putchar(ch);
    ch=fgetc(fp);
  }
  printf("\n");
  fclose(fp);
}
```

运行结果：（如果原来 string 中的内容为 abcd）

```
input a string:
1234↙
abcd1234
```

本例要求在 string 文件末加写字符串，因此，在程序第 6 行以追加读写文本文件的方式打开文件 string。然后输入字符串，并用 fputs()函数把该串写入文件 string。在程序 15 行用 rewind()函数把文件内部位置指针移到文件首。再进入循环逐个显示当前文件中的全部内容。

13.3.3 fread()函数和 fwrite()函数

C 语言还提供了用于整块数据的读/写函数。可用来读/写一组数据，如一个数组元素，一个结构变量的值等。

fread()函数：

【语法格式】fread(buffer,size,count,fp);

fwrite()函数：

【语法格式】fwrite(buffer,size,count,fp);

【说明】其中 buffer 是一个指针，在 fread()函数中，它表示存放输入数据的首地址。在 fwrite()函数中，它表示存放输出数据的首地址。size 表示数据块的字节数。count 表示要读/写的数据块块数。fp 表示文件指针。

例如：

```
fread(fa,4,5,fp);
```

该语句的作用是从 fp 所指的文件中，每次读 4 个字节（一个实数）送入实数组 fa 中，连续读 5 次，即读 5 个实数到 fa 中。

【例 13.6】从键盘输入两个学生数据，写入一个文件中，再读出这两个学生的数据，并将其显示在屏幕上。

```
#include "stdlib.h"
#include "stdio.h"
struct stu
{
   char name[10];
   char num[10];
   int age;
   char addr[15];
} boya[2],boyb[2],*pp,*qq;
main()
{
   FILE *fp;
   char ch;
   int i;
   pp=boya;
   qq=boyb;
   if((fp=fopen("stu_list","wb+"))==NULL)
   {
      printf("Cannot open file strike any key exit!");
      exit(1);
   }
   printf("\ninput data\n");
   for(i=0;i<2;i++,pp++)
     scanf("%s%s%d%s",pp->name,&pp->num,pp->age,pp->addr);
   pp=boya;
   fwrite(pp,sizeof(struct stu),2,fp);
   rewind(fp);
   fread(qq,sizeof (struct stu),2,fp);
   printf("\n\nname\tnumber \t\t age\t addr\n");
   for(i=0;i<2;i++,qq++)
     printf("%s\t%s\t%d\t%s\n",qq->name,qq->num,qq->age,qq->addr);
   fclose(fp);
}
```

运行结果：

```
input data
Zhang 01 18 beijing↙
Li 02 17 nanchang↙
name     number    age  addr
Zhang      01      18   beijing
Li      02      17   nanchang
```

程序新建了一个文件 stu_list，且输入了相应内容。

本例程序定义了一个结构 stu，说明了两个结构数组 boya 和 boyb 以及两个结构指针变量 pp 和 qq。pp 指向 boya，qq 指向 boyb。程序第 16 行以读写方式打开二进制文件"stu_list"，输入两个学生数据之后，写入该文件中，然后把文件内部位置指针移到文件首，读出两块学生数据后，在屏幕上显示。

13.3.4 fprintf()函数和 fscanf()函数

fscanf()函数

【语法格式】fscanf(文件指针,格式字符串,输入表列);

fprintf()函数

【语法格式】fprintf(文件指针,格式字符串,输出表列);

【功能】fscanf()函数，fprintf()函数与前面使用的 scanf()和 printf()函数的功能相似，都是格式化读写函数。两者的区别在于 fscanf()函数和 fprintf()函数的读写对象不是键盘和显示器，而是磁盘文件。例如：

读：fscanf(fp,"%d%s",&i,s);

写：fprintf(fp,"%d%c",j,ch);

分别表示输入和输出相应的数值 i，字符串 s，数值 j，字符 ch 到指针 fp 指向的文件。

用 fscanf()和 fprintf()函数也可以完成例 13.6 的问题。修改后的程序如例 13.7 所示。

【例 13.7】用 fscanf()和 fprintf()函数解决例 13.6 问题。

```
#include "stdlib.h"
#include "stdio.h"
struct stu
{
    char name[10];
    int num[0];
    int age;
    char addr[15];
} boya[2],boyb[2],*pp,*qq;
main()
{
    FILE *fp;
    char ch;
    int i;
    pp=boya;
    qq=boyb;
    if((fp=fopen("stu_list","wb+"))==NULL )
    {
       printf ("Cannot open file strike any key exit!");
       exit(1);
    }
    printf("\ninput data\n");
```

```
    for(i=0;i<2;i++,pp++)
       scanf("%s%s%d%s",pp->name,pp->num,&pp->age,pp->addr);
    pp=boya;
    for(i=0;i<2;i++,pp++)
       fprintf(fp,"%s\t%d\t%d\t%s\t\n",pp->name,pp->num,pp->age,pp->addr);
    rewind(fp);
    for(i=0;i<2;i++,qq++)
       fscanf (fp,"%s %s %d %s\n",qq->name,qq->num,&qq->age,qq->addr);
    printf("\n\name\tnumber\t age\t addr\n");
    qq=boyb;
    for(i=0;i<2;i++,qq++)
      printf("%s\t%s\t %d\t %s\n",qq->name,qq->num,qq->age,qq->addr);
    fclose(fp);
}
```

与例 13.6 相比，本程序中 fscanf()和 fprintf()函数每次只能读/写一个结构数组元素，因此采用了循环语句来读写全部数组元素。还要注意指针变量 pp、qq，由于循环改变了它们的值，因此，在程序的第 24 和 30 行分别对它们重新赋予了数组的首地址。

13.4 文件的定位

前面介绍的对文件的读/写方式都是顺序读/写，即读/写文件只能从头开始，顺序读/写各个数据。但在实际问题中常要求只读/写文件中某一指定的部分。为了解决这个问题，可移动文件内部的位置指针到需要读/写的位置，再进行操作，这种读/写称为随机读/写。实现随机读/写的关键是要按要求移动位置指针，这称为文件的定位。文件定位移动文件内部位置指针的函数主要有两个，即 rewind()函数和 fseek()函数。

13.4.1 rewind()函数

rewind()函数前面已多次使用过。

【语法格式】`rewind(文件指针);`

【功能】把文件内部的位置指针移到文件首。

13.4.2 fseek()函数

【语法格式】`fseek(文件指针,位移量,起始点);`

【功能】fseek()函数用来移动文件内部位置指针。其中："文件指针"指向被移动的文件。"位移量"表示移动的字节数，要求位移量是 long 型数据，以便在文件长度大于 64 KB 时不会出错。当用常量表示位移量时，要求加后缀"L"。"起始点"表示从何处开始计算位移量，规定的起始点有 3 种：文件首、当前位置和文件尾。其表示方法如表 13-2 所示。

例如：

```
fseek(fp,100L,0);
```

该语句的作用是把位置指针移到距文件首 100 字节处。还要说明的是 fseek()函数一般用于二进制文件。在文本文件中由于要进行转换，故往往计算的位置会出现错误。文件的随机读/写在移动位置指针之后，即可用前面介绍的任一种读/写函数进行读/写。由于一般是读/写一个数据块，因此常用 fread()和 fwrite()函数。下面用例题来说明文件的随机读/写。

表 13-2 起始点表示表

起 始 点	表 示 符 号	数 字 表 示
文件首	SEEK—SET	0
当前位置	SEEK—CUR	1
文件末尾	SEEK—END	2

【例 13.8】在学生文件 stu_list 中读出第 2 个学生的数据。

```
#include "stdlib.h"
#include "stdio.h"
struct stu
{
   char name[10];
   int num;
   int age;
   char addr[15];
} boy,*qq;
main()
{
   FILE *fp;
   char ch;
   int i=1;
   qq=&boy;
   if((fp=fopen("stu_list","rb"))==NULL)
   {
       printf("Cannot open file strike any key exit!");
       exit(1);
   }
   rewind(fp);
   fseek(fp,i*sizeof(struct stu),0);
   fread(qq,sizeof(struct stu),1,fp);
   printf("\n\nname\tnumber age addr\n");
   printf("%s\t%5d %7d %s\n",qq->name,qq->num,qq->age,qq->addr);
   fclose(fp);
}
```

文件 stu_list 已由例 13. 6 的程序建立，本程序用随机读出的方法读出第 2 个学生的数据。程序中定义 boy 为 stu 类型变量，qq 为指向 boy 的指针。以读二进制文件方式打开文件，程序第 22 行移动文件位置指针。其中的 i 值为 1，表示从文件头开始，移动一个 stu 类型的长度，然后再读出的数据即为第 2 个学生的数据。

13.5 文件检测函数

C 语言中常用的文件检测函数有以下几个：

1. 文件结束检测函数 feof()

【语法格式】feof(文件指针);

【功能】判断文件是否处于文件结束位置，如文件结束，则返回值为 1，否则为 0。

2. 读写文件出错检测函数 ferror()

【语法格式】ferror(文件指针);

【功能】检查文件在用各种输入/输出函数进行读/写时是否出错。如 ferror 返回值为 0 表示未出错，否则表示有错。

3. 文件出错标志和文件结束标志，置 0 函数 clearerr()

【语法格式】clearerr(文件指针);

【功能】本函数用于清除出错标志和文件结束标志，使它们为 0 值。

1. C 文件的分类

文件通常是驻留在外部介质（如磁盘等）上的，在使用时才调入到内存中。从不同的角度可对文件作不同的分类。

从用户的角度看，文件可分为普通文件和设备文件两种。

从文件编码的方式来看，文件可分为 ASCII 码文件和二进制码文件两种。

从文件处理方式来看，文件可分为缓冲文件和非缓冲文件。

2. 普通文件和设备文件

普通文件是指驻留在磁盘或其他外部介质上的一个有序数据集，可以是源文件、目标文件、可执行程序；也可以是一组待输入处理的原始数据，或者是一组输出的结果。对于源文件、目标文件、可执行程序可以称作程序文件，对输入/输出数据可称作数据文件。

设备文件是指与主机相连的各种外围设备，如显示器、打印机、键盘等。在操作系统中，把外围设备也看作是一个文件来进行管理，把它们的输入、输出等同于对磁盘文件的读和写。通常把显示器定义为标准输出文件，一般情况下在屏幕上显示有关信息就是向标准输出文件输出。如前面经常使用的 printf()，putchar()函数就是这类输出。键盘通常被指定标准的输入文件，从键盘上输入就意味着从标准输入文件上输入数据。scanf()，getchar()函数就属于这类输入。

3. ASCII 码文件和二进制码文件

ASCII 文件也称为文本文件，这种文件在磁盘中存放时每个字符对应 1 字节，用于存放对应的 ASCII 码。例如，数 5678 的存储形式为：

ASCII 码：　00110101　00110110　00110111　00111000

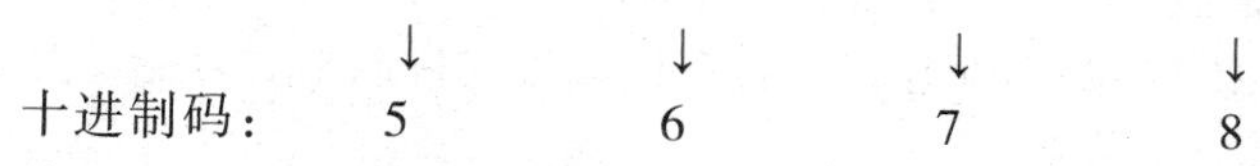

十进制码：　5　6　7　8

共占用 4 字节。ASCII 码文件可在屏幕上按字符显示，例如，源程序文件就是 ASCII 文件，用 DOS 命令 TYPE 可显示文件的内容。由于是按字符显示，因此能读懂文件内容。

二进制文件是按二进制的编码方式来存放文件的。例如，数 5678 的存储形式为：00010110 00101110，只占 2 字节。二进制文件虽然也可在屏幕上显示，但其内容无法读懂。C 语言系统在处理这些文件时，并不区分类型，都看成是字符流，按字节进行处理。输入/输出字符流的开始和结束只由程序控制而不受物理符号（如回车符）的控制。因此也把这种文件称作“流式文件”。

4. 缓冲文件和非缓冲文件

缓冲文件是指系统自动地在内存区为每个正在使用的文件开辟一个缓冲区。从内存向磁盘输出数据时，必须首先输出到缓冲区中。待缓冲区装满后，再一起输出到磁盘文件中。

从磁盘文件向内存读入数据时，则正好相反：首先将一批数据读入到缓冲区中，再从缓冲区中将数据逐个送到程序数据区。

非缓冲文件是指系统不自动开辟确定大小的缓冲区，而是由程序自身为每一个文件设定确定文件大小的缓冲区，它占用的是操作系统的缓冲区，而不是用户缓冲区。非缓冲区文件依赖于操作系统，通过操作系统的功能对文件进行读/写，是系统级的输入/输出，它不设文件结构体指针，虽只能读/写二进制文件，但效率高、速度快。

小　结

1. C语言系统把文件当作一个“流”，按字节进行处理。

2. C语言文件按编码方式分为二进制文件和ASCII码文件。

3. C语言中，用文件指针标识文件，当一个文件被打开时，可取得该文件指针。

4. 文件在读/写之前必须打开，读/写结束必须关闭。

5. 文件可按只读、只写、读写、追加四种操作方式打开，同时还必须指定文件的类型是二进制文件还是文本文件。

6. 文件可按字节、字符串、数据块为单位读/写，文件也可按指定的格式进行读/写。

7. 文件内部的位置指针可指示当前的读/写位置，移动该指针可以对文件实现随机读/写。

习　题

一、选择题

1. 若想对文本文件只进行读操作，打开此文件的方式为（　　）。

A. "r"　　B. "W"　　C. "a"　　D. "r+"

2. 如果要打开C盘file文件夹下的abc.dat文件，fopen()函数中第一个参数应为(　　)。

A. c:file\abc.dat　　B. c:\file\abc.dat

C. "c:\file\abc.dat"　　D. "c:\\file\\abc.dat"

3. 打开文件，操作完毕后应用（　　）函数关闭。

A. fopen()　　B. open()　　C. fclose()　　D. close()

4. 将一个整数10002存到磁盘上，以ASCII码形式存储和以二进制形式存储，占用的字节数分别是（　　）。

A. 2和2　　B. 2和5　　C. 5和2　　D. 5和5

5. 在文件使用方式中，字符串"rb"表示（　　）。

A. 打开一个已存在的二进制文件，只能读取数据

B. 打开一个文本文件，只能写入数据

C. 打开一个已存在的文本文件，只能读取数据

D. 打开一个二进制文件，只能写入数据

6. 若执行fopen()函数时发生错误，则函数的返回值是（　　）。

A. 地址值　　B. 0　　C. 1　　D. NULL

7. 若用fopen()打开一个新的二进制文件，该文件要既能读也能写，则文件的打开方式是(　　)。

A. "ab+"　　B. "wb+"　　C. "rb+"　　D. "ab"

8. 当顺利执行了文件关闭操作时，fclose()函数的返回值是（　　）。

A. -1　　B. TRUE　　C. 0　　D. 1

9. C语言中标准输入文件stdin是指（　　）。

A. 键盘　　B. 显示器　　C. 鼠标　　D. 硬盘

10. C语言可以处理的文件类型是（　　）。

A. 文本文件和数据文件　　B. 文本文件和二进制文件

C. 数据文件和二进制文件　　D. 以上答案都不正确

11. 利用fseek()函数可以（　　）。

A. 改变文件的位置指针　　B. 实现文件的顺序读/写

C. 实现文件的随机读/写　　D. 以上答案均正确

12. 使用fgetc()函数，则打开文件的方式必须是（　　）。

A. 只写　　B. 追加　　C. 读或读/写　　D. B和C均正确

13. 下列关于文件的结论正确的是（　　）。

A. 对文件操作必须先关闭文件　　B. 对文件操作必须先打开文件

C. 对文件的操作顺序没有统一规定　　D. 以上答案都不正确

14. 在C语言中，从计算机内存中将数据写入文件中，称为（　　）。

A. 输入　　B. 输出　　C. 修改　　D. 删除

15. 要打开一个已存在的非空文件“file”进行修改，正确的语句是（　　）。

A. fp=fopen("file","r");　　B. fp=fopen("file","a+");

C. fp=fopen("file","w");　　D. fp=fopen("file","r+");

二、简答题

1. 文件分为哪些类型？各有何特点？
2. 什么是文件类型指针？什么是文件位置指针？各有何用途？
3. 什么是设备文件？常用的设备文件有哪些？

三、程序分析题

1. 写出下面程序的功能。

```
#include "stdlib.h"
#include "stdio.h"
main()
{  FILE*fp1,*fp2;
   if((fp1=fopen("c:\Turbo c \p1.c","r"))==NULL)
   {  printf("Can not open file!\n");
      exit(0);  }
   if((fp2=fopen("a:\p1.c","w"))==NULL)
   {   printf("Can not open file!\n");
       exit(0);  }
    while (1)
    {   if(feof(fp1)) break;
         fputc(fgetc(fp1),fp2);    }
    fclose(fp1);
    fclose(fp2);  }
```

2. 写出下面程序功能。

```
#include "stdlib.h"
#include "stdio.h"
main()
```

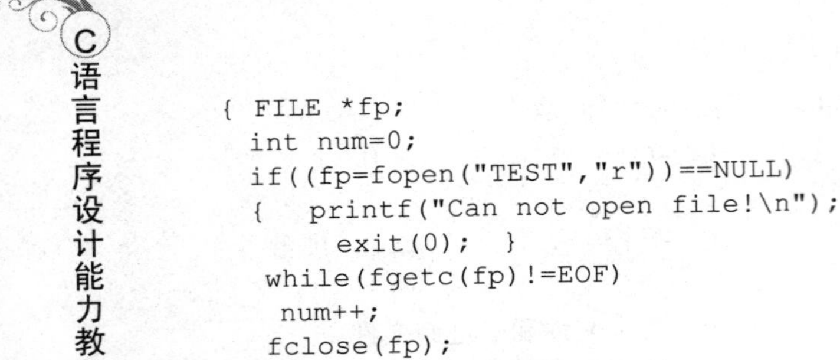

```
{ FILE *fp;
  int num=0;
  if((fp=fopen("TEST","r"))==NULL)
  {   printf("Can not open file!\n");
      exit(0);  }
   while(fgetc(fp)!=EOF)
    num++;
   fclose(fp);
   printf("sum=%d",num);  }
```

3. 下列程序由键盘输入一个文件名，然后将从键盘输入的字符依次存放到磁盘文件中，直到输入一个#为止。在程序的空白处填上正确的内容，使程序完整。

```
#include "stdlib.h"
#include "stdio.h"
main()
{  FILE *fp;
   char  ch,filename[10];
   scanf("%s",filename);  /*用户输入的存在磁盘上的文件名*/
   if(______________________________)
     {  printf("cannot open file\n");
        exit(0);    }
   while((ch=getchar())!='#')
    ____________________;
   fclose(fp);    }
```

4. 下面函数将 3 个学生的数据存入名为“student.dat”的文件中。在程序的空白处填上正确的内容，使程序完整。

```
#include "stdlib.h"
#include "stdio.h"
#define  SIZE  3
struct student
{   long  num;
    char name[10];
    int age;   }stu[SIZE];
void save()
{  FILE *fp;
   int i;
   if((fp=fopen("student.dat",_______))==NULL)
     {printf("cannot open file!\n");
   exit(1);   }
   for(i=0;i<SIZE)
      if(fwrite(&stu[i],____________,1,fp)!=1)
        printf("file write error!\n")
   fclose(fp);   }
```

四、编程题

1. 有两个磁盘文件 A 和 B，各存放一行字母，要求将这两个文件中的信息合并（按字母顺序排列），输出到一个新文件 C 中。

2. 有 5 名学生，每名学生有 3 门课的成绩，从键盘输入数据（包括学生号、姓名、3 门课成绩），计算出平均成绩，将原有的数据和计算出的平均分数存放在磁盘文件“stud”中。

3. 从键盘输入一个字符串，将小写字母全部转换成大写字母，然后输出到一个磁盘文件 test 中保存，输入的字符串以“!”结束。

第14章

C语言图形功能

通过本章学习，应具备运用C语言的图形功能进行程序设计的初步能力，掌握图形模式的初始化、独立图形程序的建立、基本图形建立、图形操作函数以及图形模式下的文本输出，学会应用图形功能进行程序设计。

如果要在屏幕上画出一个圆、矩形等图形，那么应如何运用C语言解决这类问题呢？

C语言提供了非常丰富的图形函数，所有图形函数的原型均在graphics. h库函数中，本节主要介绍图形模式的初始化、独立图形程序的建立、基本图形功能、图形窗口以及图形模式下的文本输出等函数。

另外，使用图形函数时要确保有显示器图形驱动程序*.BGI，同时将集成开发环境Options/Linker中的Graphics library选为on，只有这样才能保证正确使用图形函数。

14.1 图形模式的初始化

不同的显示器适配器有不同的图形分辨率。即使是同一显示器适配器，在不同模式下也有不同分辨率。因此，在屏幕作图之前，必须根据显示器适配器的种类将显示器设置为某种图形模式，在未设置图形模式之前，微机系统默认屏幕为文本模式（80列，25行字符模式），此时所有图形函数均不能工作。设置屏幕为图形模式，可用下列图形初始化函数：

```
void far initgraph(int far *gdriver,int far *gmode,char *path);
```

其中gdriver和gmode分别表示图形驱动器和模式，path是指图形驱动程序所在的目录路径。图形驱动程序的扩展名为.BGI，包括ATT.BGI、CGA.BGI、EGAVGA.BGI、HERC.BGI、IBM8514.BGI、PC3270.BGI共6个文件。在Turbo C 2.0中，这6个文件就在Turbo C 2.0的安装目录中，由于initgraph函数会自动到安装目录中去搜索图形驱动程序，所以该函数的第3个参数可以设置为空，用一对空的引号表示（“”）。在更高版本的Turbo C 编译器中，这6个图形驱动程序在安装目录的BGI子目录中，如果安装目录为“C: \CAI”，则initgraph函数的第3个参数应该指定为“C:\\CAI\\BGI”。

有关图形驱动器、图形模式的符号常数及对应的分辨率如表14-1所示。

表 14-1　图形驱动器、模式的符号常数及数值

符号常数	数　值	模　式	分辨率
CGA 1 CGAC0	0	C0	320 × 200
CGAC1	1	C1	320 × 200
CGAC2	2	C2	320 × 200
CGAC3	3	C3	320 × 200
CGAHI	4	2 色	640 × 200
MCGA 2 MCGAC0	0	C0	320 × 200
MCGAC1	1	C1	320 × 200
MCGAC2	2	C2	320 × 200
MCGAC3	3	C3	320 × 200
MCGAMED	4	2 色	640 × 200
MCGAHI	5	2 色	640 × 480
EGA 3 EGALO	0	16 色	640 × 200
EGAHI	1	16 色	640 × 350
EGA64 4 EGA64LO	0	16 色	640 × 200
EGA64HI	1	4 色	640 × 350
EGAMON 5 EGAMONHI	0	2 色	640 × 350
IBM8514 6 IBM8514LO	0	256 色	640 × 480
IBM8514HI	1	256 色	1024 × 768
HERC 7 HERCMONOHI	0	2 色	720 × 348
ATT400 8 ATT400C0	0	C0	320 × 200
ATT400C1	1	C1	320 × 200
ATT400C2	2	C2	320 × 200
ATT400C3	3	C3	320 × 200
ATT400MED	4	2 色	320 × 200
ATT400HI	5	2 色	320 × 200
VGA 9 VGALO	0	16 色	640 × 200
VGAMED	1	16 色	640 × 350
VGAHI	2	16 色	640 × 480
PC3270 10 PC3270HI	0	2 色	720 × 350
DETECT	0	用于硬件测试	

【例 14.1】使用图形初始化函数设置 VGA 高分辨率图形模式。

```
#include "stdio.h"
#include "graphics.h"
int main()
{  int gdriver,gmode;
   gdriver=VGA;
   gmode=VGAHI;
```

```
    initgraph(&gdriver,&gmode,"");
    bar3d(100,100,300,250,50,1); /*画一个长方体*/
    getch();
    closegraph();
    return 0; }
```

有时编程者并不知道所用的图形显示器适配器种类，或者需要将编写的程序用于不同图形驱动器，C 语言提供了一个自动检测显示器硬件的函数，其调用格式为：

```
void far detectgraph(int *gdriver,*gmode);
```

其中 gdriver 和 gmode 的意义与上面相同。

【例 14.2】自动进行硬件测试后进行图形初始化。

```
#include "stdio.h"
#include "graphics.h"
int main()
{  int gdriver,gmode;
   detectgraph(&gdriver,&gmode);      /*自动测试硬件*/
   printf("the graphics driver is %d,mode is %d\n",gdriver,gmode);
   /*输出测试结果*/
   getch();
   initgraph(&gdriver,&gmode,"");     /* 根据测试结果初始化图形*/
   bar3d(10,10,130,250,20,1);
   getch();
   closegraph();
   return 0; }
```

程序中先对图形显示器自动检测，然后再用图形初始化函数进行初始化设置，但 C 语言提供了一种更简单的方法，即用 gdriver=DETECT 语句后再跟 initgraph()函数即可。

【例 14.3】用 gdriver=DETECT 语句后跟 initgraph()函数进行图形初始化。

```
#include "stdio.h"
#include "graphics.h"
int main()
{  int gdriver=DETECT,gmode;
   initgraph(&gdriver,&gmode,"");
   bar3d(50,50,150,30,50,1);
   getch();
   closegraph();
   return 0;  }
```

另外，C 语言提供了退出图形状态的函数 closegraph()，其调用格式为：

```
void far closegraph(void);
```

调用该函数后可退出图形状态而进入文本方式（C 语言默认方式），并释放用于保存图形驱动程序和字体的系统内存。

14.2 独立图形运行程序的建立

C 语言对于用 initgraph()函数直接进行的图形初始化程序，在编译和连接时并没有将相应的驱动程序*.BGI 装入到执行程序，当程序进行到 intitgraph 语句时，再从该函数中第 3 个形式参数 char *path 中所规定的路径中去找相应的驱动程序。若没有驱动程序，则在安装目录中去找，如仍没有，将会出现错误：

```
BGI Error: Graphics not initialized (use 'initgraph')
```

因此，为了使用方便，应该建立一个不需要驱动程序就能独立运行的可执行图形程序，C 语言中规定使用下述步骤（这里以 EGA、VGA 显示器为例）：

（1）在 C:\TURBO C 子目录下输入命令：BGIOBJ EGAVGA

此命令将驱动程序 EGAVGA.BGI 转换成 EGAVGA.OBJ 的目标文件。

（2）在 C:\TURBO C 子目录下输入命令：TLIB LIB\GRAPHICS.LIB+EGAVGA。

此命令的意思是将 EGAVGA.OBJ 的目标模块装到 GRAPHICS.LIB 库文件中。

（3）在程序中 initgraph()函数调用之前加上一句：

```
registerbgidriver(EGAVGA_driver);
```

该函数告诉连接程序在连接时把 EGA、VGA 的驱动程序装入用户的执行程序中。

经过上面处理，编译连接后的执行程序可在任何目录或其他兼容机上运行。

【例 14.4】假设已作了步骤（1）和步骤（2），将例 14.3 加 registerbgidriver()函数进行初始化。

```
#include "stdio.h"
#include "graphics.h"
int main()
{  int gdriver=DETECT,gmode;
   registerbgidriver(EGAVGA_driver); /*建立独立图形运行程序*/
   initgraph(gdriver,gmode,"");
   bar3d(50,50,250,150,20,1);
   getch();
   closegraph();
   return 0;  }
```

编译连接后产生的执行程序可独立运行。如不初始化成 EGA 或 VGA 分辨率，而想初始化为 CGA 分辨率，则只需要将上述步骤中 EGA、VGA 用 CGA 代替即可。

14.3 屏幕颜色的设置和清屏函数

对于图形模式的屏幕颜色设置，同样分为背景色的设置和前景色的设置。在 C 语言中分别用下面两个函数。

【语法格式】

设置背景色：void far setbkcolor(int color);

设置作图色：void far setcolor(int color);

【说明】其中 color 为图形方式下颜色的规定数值。

EGA、VGA 显示器适配器，有关屏幕颜色的符号常数及数值如表 14-2 所示。

表 14-2　有关屏幕颜色的符号常数表

符号常数	数　值	含　义	符号常数	数　值	含　义
BLACK	0	黑色	DARKGRAY	8	深灰
BLUE	1	蓝色	LIGHTBLUE	9	深蓝
GREEN	2	绿色	LIGHTGREEN	10	淡绿

续表

符号常数	数　值	含　义	符号常数	数　值	含　义
CYAN	3	青色	LIGHTCYAN	11	淡青
RED	4	红色	LIGHTRED	12	淡红
MAGENTA	5	洋红	LIGHTMAGENTA	13	淡洋红
BROWN	6	棕色	YELLOW	14	黄色
LIGHTGRAY	7	淡灰	WHITE	15	白色

对于 CGA 适配器，背景色可以为表 14-3 中 16 种颜色的一种，但前景色依赖于不同的调色板。共有 4 种调色板，每种调色板上有 4 种颜色可供选择。不同调色板所对应的原色如表 14-3 所示。

表 14-3　CGA 调色板与颜色值表

调　色　板		背　　景		
符号常数	数值	1	2	3
C0	0	绿	红	黄
C1	1	青	洋红	白
C2	2	淡绿	淡红	黄
C3	3	淡青	淡洋	红白

清除图形屏幕内容可使用清屏函数，介绍如下：

【语法格式】voide far cleardevice(void);

【例 14.5】有关颜色设置、清屏函数的使用。

```
#include  "stdio.h"
#include  "graphics.h"
int main()
{  int gdriver,gmode,i;
   gdriver=DETECT;
   initgraph(&gdriver,&gmode,"");  /*图形初始化*/
   setbkcolor(0);                   /*设置图形背景*/
   cleardevice();
   for(i=0;i<=15;i++)
   {  setcolor(i);                  /*设置不同作图色*/
      circle(320,240,20+i*10);      /*画半径不同的圆*/
      delay(100); }                 /*延迟 100 ms*/
  getchar();
  for(i=0;i<=15;i++)
  {  setbkcolor(i);                 /*设置不同背景色*/
     cleardevice();
     circle(320,240,20+i*10);
     delay(100);  }
  getchar();
  closegraph();
  return 0;  }
```

另外，C 语言也提供了几个获得现行颜色设置情况的函数。

```
int far getbkcolor(void);          /*返回现行背景颜色值*/
int far getcolor(void);            /*返回现行作图颜色值*/
int far getmaxcolor(void);         /*返回最高可用的颜色值*/
```

14.4 基本画图函数

基本图形函数包括画点、线以及其他一些基本图形的函数。本节对这些函数作一全面的介绍。

14.4.1 画点

1. 画点函数

【语法格式】`void far putpixel(int x, int y, int color);`

该函数表示由指定的象元画一个按 color 所确定颜色的点。对于颜色 color 的值可从表 14-3 中获得，而 x，y 是指图形象元的坐标。

在图形模式下，是按象元来定义坐标的。对 VGA 适配器，它的最高分辨率为 640×480，其中 640 为整个屏幕从左到右所有象元的个数，480 为整个屏幕从上到下所有象元的个数。屏幕的左上角坐标为(0,0)，右下角坐标为(639, 479)，水平方向从左到右为 x 轴正向，垂直方向从上到下为 y 轴正向。C 语言的图形函数都是相对于图形屏幕坐标，即象元来说的。

关于点的另外一个函数是：int far getpixel(int x, int y); 它可获得当前点(x, y)的颜色值。

2. 有关坐标位置的函数

```
int far getmaxx(void);                  /*返回 x 轴的最大值*/
int far getmaxy(void);                  /*返回 y 轴的最大值*/
int far getx(void);                     /*返回游标在 x 轴的位置*/
void far gety(void);                    /*返回游标有 y 轴的位置*/
void far moveto(int x, int y);          /*移动游标到(x,y)点,不是画点,在移动过程中*/
                                        /*亦画点*/
void far moverel(int dx, int dy);/*移动游标从现行位置(x, y)移动到(x+dx,
y+dy)*/
                                        /*的位置,移动过程中不画点*/
```

14.4.2 画线

1. 画线函数

C 语言提供了一系列画线函数，下面分别叙述：

【语法格式】`void far line(intx0,int y0,int x1,int y1);`

【功能】画一条从点(x0, y0)到(x1, y1)的直线。

【语法格式】`void far lineto(int x,int y);`

【功能】画一条从现行游标到点(x, y)的直线。

【语法格式】`void far linerel(int dx,int dy);`

【功能】画一条从现行游标(x,y)到按相对增量确定的点(x+dx, y+dy)的直线。

【语法格式】`void far circle(int x,int y,int radius);`

【功能】以(x, y)为圆心、radius 为半径，画一个圆。

【语法格式】`void far arc(int x,int y,int stangle,int endangle,int radius);`

【功能】以(x,y)为圆心、radius 为半径，从 stangle 开始到 endangle 结束，用度表示，画一段圆弧线。

在 C 语言中，规定 x 轴正向为 0°，逆时针方向旋转一周，依次为 90°、180°、270°和 360°（其他有关函数也按此规定，不再重述）。

【语法格式】void ellipse(int x, int y, int stangle,int endangle,int xradius,int yradius);

以(x, y)为中心，xradius、yradius 为 x 轴和 y 轴半径，从 stangle 开始到 endangle 结束画一段椭圆线，当 stangle=0，endangle=360 时，画出一个完整的椭圆。

【语法格式】void far rectangle(int x1,int y1,int x2,inty2);

【功能】以(x1, y1)为左上角，(x2, y2)为右下角画一个矩形框。

【语法格式】void far drawpoly(int numpoints, int far *polypoints);

【功能】画一个顶点数为 numpoints，各顶点坐标由 polypoints 给出的多边形。polypoints 整型数组必须至少有 2 倍顶点数个元素。每一个顶点的坐标都定义为（x,y），并且 x 在前。值得注意的是，当画一个封闭的多边形时，numpoints 的值取实际多边形的顶点数加 1，并且数组 polypoints 中第一个和最后一个点的坐标相同。

【例 14.6】用 drawpoly()函数画箭头。

```
#include "stdlib.h"
#include "graphics.h"
int main()
{  int gdriver,gmode,i;
   int arw[16]={200,102,300,102,300,107,330,100,
   300,93,300,98,200,98,200,102};
   gdriver=DETECT;
   initgraph(&gdriver,&gmode,"");
   setbkcolor(BLUE);
   cleardevice();
   setcolor(12);          /*设置作图颜色*/
   drawpoly(8,arw);       /*画一箭头*/
   getch();
   closegraph();
   return 0;  }
```

2. 设定线型函数

在没有对线的特性进行设定之前，C 语言用其默认值，即一点宽度的实线，但 C 语言也提供了可以改变线型的函数。

线型包括：宽度和形状。其中宽度只有两种选择：一点宽度和三点宽度。而线的形状则有 5 种。

下面介绍有关线型的设置函数。

【语法格式】void far setlinestyle(int linestyle,unsigned upattern,int thickness);

【功能】该函数用来设置线的有关信息，其中 linestyle 是线形状的规定，如表 14-4 所示。

表 14-4　有关线的形状（linestyle）

符号常数	数　值	含　义
SOLID_LINE	0	实线
DOTTED_LINE	1	点线

续表

符号常数	数值	含义
CENTER_LINE	2	中心线
DASHED_LINE	3	点画线
USERBIT_LINE	4	用户定义线

thickness 是线的宽度，如表 14-5 所示。

表 14-5　有关线宽（thickness）

符号常数	数值	含义
NORM_WIDTH	1	一点宽度
THIC_WIDTH	3	三点宽度

对于 upattern，只有 linestyle 选择 USERBIT_LINE 时才有意义（选其他线型，uppattern 取 0 即可）。此时 uppattern 的 16 位二进制数的每一位代表一个象元，如果该位为 1，则该象元打开，否则该象元关闭。

【语法格式】`void far getlinesettings(struct linesettingstypefar *lineinfo);`

【功能】该函数将有关线的信息存放到由 lineinfo 指向的结构中。其中 linesettingstype 的结构定义如下：

```
struct linesettingstype
{  int linestyle;
   unsigned upattern;
   int thickness;  }
```

例如，下面两句程序可以读出当前线的特性：

```
struct linesettingstype *info;
getlinesettings(info);
```

【语法格式】`void far setwritemode(int mode);`

【功能】该函数规定画线的方式。如果 mode=0，则表示画线时将所画位置的原来信息覆盖了（这是 C 语言的默认方式）。如果 mode=1，则表示画线时用现在特性的线与所画之处原有的线进行异或（XOR）操作，实际上画出的线是原有线与现在规定的线进行异或后的结果。因此，当线的特性不变时，进行两次画线操作相当于没有画线。

【例 14.7】有关线型设定和画线函数的使用。

```
#include "graphics.h"
#include "stdlib.h"
int main()
{  int gdriver,gmode,i;
   gdriver=DETECT;
   initgraph(&gdriver,&gmode,"");
   setbkcolor(BLUE);
   cleardevice();
   setcolor(GREEN);
   circle(320,240,98);
   setlinestyle(0,0,3);          /*设置三点宽度实线*/
   setcolor(2);
```

```
rectangle(220,140,420,340);
setcolor(WHITE);
setlinestyle(4,0xaaaa,1);   /*设置一点宽度用户定义线*/
line(220,240,420,240);
line(320,140,320,340);
getch();
closegraph();
return 0;  }
```

14.5 基本图形的填充

填充就是用规定的颜色和图模填满一个封闭图形。

14.5.1 基本图形的填充

C 语言提供了一些先画出基本图形轮廓，再按规定图模和颜色填充整个封闭图形的函数。在没有改变填充方式时，C 语言以默认方式填充。

下面介绍这些函数。

【语法格式】`void far bar(int x1,int y1,int x2,int y2);`

【功能】确定一个以(x1,y1)为左上角，(x2,y2)为右下角的矩形窗口，再按规定图模和颜色填充。

【说明】此函数不画出边框，所以填充色为边框。

【语法格式】`void far bar3d(int x1,int y1,int x2,int y2,int depth,int topflag);`

【功能】当 topflag 为非 0 时，画出一个三维的长方体。当 topflag 为 0 时，三维图形不封顶，实际上很少这样使用。

【说明】bar3d()函数中，长方体第三维的方向不随任何参数而变，即始终为 45° 的方向。

【语法格式】`void far pieslice(int x,int y,int stangle,int endangle,int radius);`

【功能】画一个以(x,y)为圆心，radius 为半径，stangle 为起始角度，endangle 为终止角度的扇形，再按规定方式填充。当 stangle=0，endangle=360 时变成一个实心圆，并在圆内从原点沿 X 轴正向画一条半径。

【语法格式】`void far sector(int x, int y,int stanle,int endangle,int xradius, int yradius);`

【功能】画一个以(x,y)为圆心，分别以 xradius、yradius 为 x 轴和 y 轴半径，stangle 为起始角，endangle 为终止角的椭圆扇形，再按规定方式填充。

14.5.2 设定填充方式

C 语言有 4 个与填充方式有关的函数。下面分别介绍：

【语法格式】`void far setfillstyle(int pattern,int color);`

【功能】color 的值是当前屏幕为图形模式时颜色的有效值。pattern 的值及与其等价的符号常数如表 14-6 所示。

除 USER_FILL（用户定义填充式样）以外，其填充式样均可由 setfillstyle()函数设置。当选用 USER_FILL 时，该函数对填充图模和颜色不作任何改变。之所以定义 USER_FILL

主要因为在获得有关填充信息时用到此项。

表 14-6 关于填充式样 pattern 的规定

符号常数	数值	含义
EMPTY_FILL	0	以背景颜色填充
SOLID_FILL	1	以实线填充
LINE_FILL	2	以直线填充
LTSLASH_FILL	3	以斜线填充（阴影线）
SLASH_FILL	4	以粗斜线填充（粗阴影线）
BKSLASH_FILL	5	以粗反斜线填充（粗阴影线）
LTBKSLASH_FILL	6	以反斜线填充（阴影线）
HATURBO H_FILL C	7	以直方网格填充
XHATURBO H_FILL C	8	以斜网格填充
INTTERLEAVE_FILL	9	以间隔点填充
WIDE_DOT_FILL	10	以稀疏点填充
CLOSE_DOS_FILL	11	以密集点填充
USER_FILL	12	以用户定义式样填充

【语法格式】void far setfillpattern(char *upattern,int color);

【功能】设置用户定义的填充图模的颜色以供封闭图形填充。其中 upattern 是一个指向 8 字节的指针。这 8 字节定义了 8×8 点阵的图形。每字节的 8 位二进制数表示水平 8 点，8 字节表示 8 行，然后以此为模型向个封闭区域填充。

【语法格式】void far getfillpattern(char *upattern);

【功能】该函数将用户定义的填充图模存入 upattern 指针指向的内存区域。

【语法格式】void far getfillsetings(struct fillsettingstype far * fillinfo);

【功能】获得现行图模的颜色并将其存入结构指针变量 fillinfo 中。其中 fillsettingstype 结构定义如下：

```
struct fillsettingstype
{  int pattern;        /*现行填充模式*/
   int color; };       /*现行填充模式*/
```

【例 14.8】有关图形填充图形的颜色的选择。

```
#include "graphics.h"
main()
{   char str[8]={10,20,30,40,50,60,70,80};/*用户定义图形*/
    int gdriver,gmode,i;
    struct fillsettingstype save;     /*定义一个用来存储填充信息的结构变量*/
    gdriver=DETECT;
    initgraph(&gdriver,&gmode,"");
    setbkcolor(BLUE);
    cleardevice();
    for(i=0;i<13;i++)
    {   setcolor(i+3);
        setfillstyle(i,2+i);                /* 设置填充类型 */
```

```
    bar(100,150,200,50);                  /* 画矩形并填充*/
    bar3d(300,100,500,200,70,1);          /* 画长方体并填充*/
    pieslice(200,300,90,180,90);          /* 画扇形并填充*/
    sector(500,300,180,270,200,100);      /* 画椭圆扇形并填充*/
    delay(1000); }                        /* 延时 1s*/
    cleardevice();
    setcolor(14);
    setfillpattern(str, RED);
    bar(100,150,200,50);
    bar3d(300,100,500,200,70,0);
    pieslice(200,300,0,360,90);
    sector(500,300,0,360,100,50);
    getch();
    getfillsettings(&save);               /*获得用户定义的填充模式信息*/
    closegraph();
    printf("The pattern is %d,The color of filling is %d",
          save.pattern,save.color);        /*输出目前填充图模和颜色值*/
    getch(); }
```

以上程序运行结束后，在屏幕上显示出现行填充图模和颜色的常数值。

14.5.3 任意封闭图形的填充

前面所介绍的函数，只能对一些特定形状的封闭图形进行填充，还不能对任意封闭图形进行填充。为此，C 语言提供了一个可对任意封闭图形填充的函数，介绍如下：

【语法格式】`void far floodfill(int x,int y,int border);`

【功能】其中 x, y 为封闭图形内的任意以 border 为边界的颜色，也就是封闭图形轮廓的颜色。调用了该函数后，将用规定的颜色和图模填满整个封闭图形。

注意：

（1）如果 x 或 y 取在边界上，则不进行填充。

（2）如果不是封闭图形则填充会从没有封闭的地方溢出，填满其他地方。

（3）如果 x 或 y 在图形外面，则填充封闭图形外的屏幕区域。

（4）由 border 指定的颜色值必须与图形轮廓的颜色值相同，但填充色可选任意颜色。

【例 14.9】有关 floodfill()函数的用法，下面程序填充了 bar3d 所画长方体中其他两个未填充的面。

```
#include  "stdlib.h"
#include  "graphics.h"
main()
{  int gdriver,gmode;
   struct fillsettingstype save;
   gdriver=DETECT;
   initgraph(&gdriver,&gmode,"");
   setbkcolor(BLUE);
   cleardevice();
   setcolor(LIGHTRED);
   setlinestyle(0,0,3);
```

```
setfillstyle(1,14);               /*设置填充方式*/
bar3d(100,200,400,350,200,1);     /*画长方体并填充*/
floodfill(450,300,LIGHTRED);      /*填充长方体另外两个面*/
floodfill(250,150, LIGHTRED);
rectangle(450,400,500,450);       /*画一矩形*/
floodfill(470,420, LIGHTRED);     /*填充矩形*/
getch();
closegraph(); }
```

14.6　图形操作函数

通过图形操作函数，可以对图形窗口和屏幕进行相关操作。

14.6.1　图形窗口操作

和文本方式下可以设定屏幕窗口一样,图形方式下也可以在屏幕上某一区域设定窗口,只是设定的为图形窗口,其后的有关图形操作都将以这个窗口的左上角(0,0)作为坐标原点,而且可以通过设置使窗口之外的区域为不可接触区。这样，所有的图形操作就被限定在窗口内进行。

【语法格式】void far setviewport(int x1,int y1,int x2, int y2,int clipflag);

【功能】设定一个以(x1,y1)象元点为左上角，(x2,y2)象元点为右下角的图形窗口，其中x1，y1，x2，y2是相对于整个屏幕的坐标。若clipflag为非0，则设定的图形以外部分不可接触，若clipflag为0，则图形窗口以外可以接触。

【语法格式】void far clearviewport(void);

【功能】清除当前图形窗口的内容。

【语法格式】void far getviewsettings(struct viewporttype far*viewport);

【功能】获得关于当前窗口的信息，并将其存于viewporttype定义的结构变量viewport中，其中viewporttype的结构说明如下：

```
struct viewporttype
{  int left,top,right,bottom;
   int cliplag;  };
```

注意：

（1）窗口颜色的设置与前面讲过的屏幕颜色设置相同，但屏幕背景色和窗口背景色只能是一种颜色，如果窗口背景色改变，整个屏幕的背景色也将改变，这与文本窗口不同。

（2）可以在同一个屏幕上设置多个窗口，但只能有一个当前窗口工作，要对其他窗口操作，通过将定义的那个窗口工作的setviewport()函数再用一次即可。

（3）前面讲过图形屏幕操作的函数均适合于对窗口的操作。

14.6.2　屏幕操作函数

除了清屏函数以外，关于屏幕操作还有以下函数：

```
void far setactivepage(int pagenum);
void far setvisualpage(int pagenum);
```

这两个函数只用于 EGA、VGA 以及 HERCULES 图形适配器。

setctivepage()函数是为图形输出选择激活页。所谓激活页是指后续图形的输出被写到函数选定的 pagenum 页面，该页面并不一定可见。setvisualpage()函数可以使 pagenum 所指定的页面变成可见页。页面从 0 开始（C 语言默认页）。如果先用 setactivepage()函数在不同页面上画出一幅幅图像，再用 setvisualpage()函数交替显示，就可以实现一些动画的效果。

```
void far getimage(int xl,int yl,int x2,int y2,void far *mapbuf);
void far putimge(int x,inty,void *mapbuf, int op);
unsined far imagesize(int xl,int yl,int x2,int y2);
```

这 3 个函数用于将屏幕上的图像复制到内存，然后再将内存中的图像送回到屏幕上。首先通过函数 imagesize()测试，要保存左上角为(x1,y1)，右上角为(x2,y2)的图形屏幕区域内的全部内容需多少字节，然后再给 mapbuf()分配一个所测数字节内存空间的指针。通过调用 getimage()函数就可将该区域内的图像保存在内存中，需要时可用 putimage()函数将该图像输出到左上角为点(x, y)的位置上，其中 getimage()函数中的参数 op 规定如何释放内存中的图像。关于该参数的定义如表 14-7 所示。

表 14-7　putimage()函数中的 op 值

符号常数	数　值	含　义
COPY_PUT	0	复制
XOR_PUT	1	与屏幕图像异或后复制
OR_PUT	2	与屏幕图像或后复制
AND_PUT	3	与屏幕图像与后复制
NOT_PUT	4	复制反像的图形

对于 imagesize()函数，只能返回字节数小于 64 KB 的图像区域，否则将会出错，出错时返回-1。

【例 14.10】函数在图像动画处理、菜单设计技巧中的使用。

```
#include "stdio.h"
#include "graphics.h"
int main()
{  int i,gdriver,gmode,size;
   void *buf;
   gdriver=DETECT;
   initgraph(&gdriver,&gmode,"");
   setbkcolor(BLUE);
   setcolor(LIGHTRED);
   setlinestyle(0,0,1);
   setfillstyle(1,10);
   circle(100,200,30);
   floodfill(100,200,12);
   size=imagesize(69,169,131,231);
   buf=malloc(size);
   if(!buf) return -1;
   getimage(69,169,131,231,buf);
   putimage(500,269,buf,COPY_PUT);
   for(i=0;i<185;i++)
   {  putimage(70+i,170,buf,COPY_PUT);
```

```
putimage(500-i,170,buf,COPY_PUT); }
for(i=0;i<185;i++)
{  putimage(255-i,170,buf,COPY_PUT);
putimage(315+i,170,buf,COPY_PUT);  }
getch();
closegraph();  }
```

14.7 图形模式下的文本操作

在C语言的图形模式下，可以通过相关函数输出并设置文本。

14.7.1 文本的输出

在图形模式下，只能用标准输出函数，如printf()、puts()、putchar()函数输出文本到屏幕。除此之外，其他输出函数（如窗口输出函数）不能使用，即使可以输出的标准函数，也只能以前景色为白色，按80列、25行的文本方式输出。

C语言也提供了一些专门用于在图形显示模式下的文本输出函数。下面将分别进行介绍。

【语法格式】`void far outtext(char far *textstring);`

【功能】输出字符串指针textstring所指的文本在当前位置。

【语法格式】`void far outtextxy(intx, int y,char far *textstring);`

【功能】输出字符串指针textstring所指的文本在规定的(x, y)位置。其中x和y为象元坐标。

【说明】这两个函数都是输出字符串，但经常会遇到输出数值或其他类型的数据，此时就必须使用格式化输出函数sprintf()。

sprintf()函数的调用格式为：

```
int sprintf(char *str, char *format, variable-list);
```

它与printf()函数不同之处是将按格式化规定的内容写入str指向的字符串中，返回值等于写入的字符个数。

例如：

```
sprintf(s,"your TOEFL score is %d",mark);
```

这里s应是字符串指针或数组，mark为整型变量。

14.7.2 文本字体、字形和输出方式的设置

有关图形方式下的文本输出函数，可以通过seTurbo color函数设置输出文本的颜色。另外，也可以改变文本字体大小以及选择是水平方向输出还是垂直方向输出。

【语法格式】`void far settexjustify(int horiz,int vert);`

【功能】该函数用于定位输出字符串。

对使用outtextxy(int x, int y, char far *str textstring)函数所输出的字符串，其中哪个点对应于定位坐标(x,y)在Turbo C 2.0中是有规定的。如果把一个字符串看成一个长方形的图形，在水平方向显示时，字符串长方形按垂直方向可分为顶部，中部和底部3个位置，水平方向可分为左、中、右3个位置，两者结合就有9个位置。

settextjustify()函数的第一个参数horiz 指出水平方向3个位置中的一个，第2个参数

vert 指出垂直方向 3 个位置中的一个，二者就确定了其中一个位置。当规定了这个位置后，用 outtextxy()函数输出字符串时，字符串长方形的这个规定位置就对准函数中的(x,y)位置。而用 uttext()函数输出字符串时，这个规定的位置就位于当前光标的位置。

有关参数 horiz 和 vert 的取值如表 14-8 所示。

表 14-8　参数 horiz 和 vert 的取值

符号常数	数　值	用　于
LEFT_TEXT	0	水平
BOTTOM_TEXT	0	垂直
TOP_TEXT	2	垂直

【语法格式】`void far settextstyle(int font, int direction,int charsize);`

【功能】该函数用来设置输出字符的字形（由 font 确定）、输出方向（由 direction 确定）和字符大小（由 charsize 确定）等特性。

C 语言对函数中各个参数的规定如表 14-9～表 14-11 所示。

表 14-9　font 的取值

符号常数	数　值	含　义
DEFAULT_FONT	0	8×8 点阵字（默认值）
TRIPLEX_FONT	1	三倍笔画字体
SMALL_FONT	2	小号笔画字体
SANSSERIF_FONT	3	无衬线笔画字体
GOTHIC_FONT	4	黑体笔画字

表 14-10　direction 的取值

符号常数	数　值	含　义
HORIZ_DIR	0	从左到右
VERT_DIR	1	从底到顶

表 14-11　charsize 的取值

符号常数或数值	含　义	符号常数或数值	含　义
1	8 × 8 点阵	7	56 × 56 点阵
2	16 × 16 点阵	8	64 × 64 点阵
3	24 × 24 点阵	9	72 × 72 点阵
4	32 × 32 点阵	10	80 × 80 点阵
5	40 × 40 点阵	USER_CHAR_SIZE=0	用户定义的字符大小
6	48 × 48 点阵		

【例 14.11】有关图形屏幕下文本输出和字体字形设置函数的用法请看下例。

```
#include "graphics.h"
#include "stdio.h"
int main()
```

```
{  int i,gdriver,gmode;
   char s[30];
   gdriver=DETECT;
   initgraph(&gdriver,&gmode,"");
   setbkcolor(BLUE);
   cleardevice();
   setviewport(100,100,540,380,1);         /*定义一个图形窗口*/
   setfillstyle(1,2);                      /*以绿色实线填充*/
   setcolor(YELLOW);
   rectangle(0,0,439,279);
   floodfill(50,50,14);
   setcolor(12);
   settextstyle(1,0,8);                    /*三重笔画字体，水平放大 8 倍*/
   outtextxy(20,20,"Good Better");
   setcolor(15);
   settextstyle(3,0,5);                    /*无衬笔画字体，水平放大 5 倍*/
   outtextxy(120,120,"Good Better");
   setcolor(14);
   settextstyle(2,0,8);
   i=620;
   sprintf(s, "Your score is %d",i);  /*将数字转化为字符串*/
   outtextxy(30,200,s);                    /*指定位置输出字符串*/
   setcolor(1);
   settextstyle(4,0,3);
   outtextxy(70,240,s);
   getch();
   closegraph();
   return 0; }
```

14.7.3 用户对文本字符大小的设置

前面介绍的 settextstyle()函数，可以设定图形方式下输出文本字符的字体和大小，但对于笔画型字体（除 8×8 点阵字以外的字体），只能在水平和垂直方向以相同的放大倍数放大。

为此，C 语言又提供了另外一个 setusercharsize()函数，对笔画字体可以分别设置水平和垂直方向的放大倍数。

【语法格式】`void far setusercharsize(int mulx,int divx,int muly,int divy);`

该函数用来设置笔画型字和放大系数，它只有在 settextstyle()函数中的 charsize 为 0(或USER_CHAR_SIZE）时才起作用，并且字体为函数 settextstyle()规定的字体。

调用函数 setusercharsize()后，每个显示在屏幕上的字符都以其默认大小乘以 mulx/divx 为输出字符宽，乘以 muly/divy 为输出字符高。

【例 14.12】函数 setusercharsize()的使用。

```
#include "stdio.h"
#include "graphics.h"
int main()
{  int gdriver,gmode;
   gdriver=DETECT;
   initgraph(&gdriver,&gmode,"");
   setbkcolor(BLUE);
```

```
    cleardevice();
    setfillstyle(1,2);              /*设置填充方式*/
    setcolor(WHITE);                /*设置白色作图*/
    rectangle(100,100,330,380);
    floodfill(50,50,14);            /*填充方框以外的区域*/
    setcolor(12);                   /*作图色为淡红*/
    settextstyle(1,0,8);            /*三重笔画字体,放大8倍*/
    outtextxy(120,120,"Very Good");
    setusercharsize(2,1,4,1);       /*水平放大2倍,垂直放大4倍*/
    setcolor(15);
    settextstyle(3,0,5);            /*无衬字笔画,放大5倍*/
    outtextxy(220,220,"Very Good");
    setusercharsize(4,1,1,1);
    settextstyle(3,0,0);
    outtextxy(180,320,"Good");
    getch();
    closegraph();
    return 0;  }
```

小　结

C 语言的图形功能是对 C 语言在应用上的一个重要扩充。通过图形函数，用户可以画出基本点、线以及由点、线构成的基本几何图形，并能加以控制；同时字符在图形模式下的输出和控制也可通过相关函数完成。学习和掌握 C 语言的图形功能是扩展 C 语言应用范围的不可或缺的途径。

习　题

填空题

1．putpixel(int x,int y,int color)表示在屏幕中__________位置画点，点的颜色由参数__________决定，当它等于__________时，点的颜色为红色。

2．line(int x0,int y0,int x1,int y1)可以画出一条线段，线段两端点的坐标分别是_______和__________。

3．lineto(int x, int y)可以画出一条线段，线段的起点为_________，终点坐标为_________。

4．circle(int x, int y, int radius)是典型的画圆函数，圆心坐标为_________，半径为_________。

5．ellipse(int x, int y, int stangle, int endangle,int xradius,int yradius)是画椭圆函数，椭圆的中心在__________，X 轴方向上的半径为__________，Y 轴方向上的半径为__________。如果要画出完整的椭圆，参数 stangle=__________，endangle=__________。

6. rectangle(int x1, int y1, int x2, int y2)可以画矩形，4 个顶点的坐标分别为__________、__________、__________和__________。

第15章 常见错误与程序调试

通过本章学习，应具备对C语言程序进行调试的能力，通过常见错误的分析进一步巩固前面各章所学的知识。

如何对错误的程序进行分析，程序出错了如何处理？

C语言的最大特点是功能强、使用方便灵活。C编译的程序对语法检查并不像其他高级语言那么严格，这就给编程人员留下“灵活的余地”的印象，但还是由于灵活给程序的调试带来了许多不便，尤其对初学C语言的人来说，经常会出一些连自己都不知道问题所在的错误。看着有错的程序，不知该如何改起。同时调试一个C语言程序比调试一个PASCAL程序或者FORTRAN程序困难一些。需要不断地多练习，多实践，积累更多的经验，同时多探索更好的程序设计方法和思路，以使自己的程序设计和程序调试水平和能力能上一个更高的台阶。

15.1 常见错误分析

下面结合实例来说明常见的错误。

1. 书写标识符时，忽略了大小写字母的区别

例如：

```
main()
{  int B=5;
   printf("%d",b);  }
```

编译程序把B和b认为是两个不同的变量名，而显示出错信息。C语言认为大写字母和小写字母是两个不同的字符。习惯上，符号常量名用大写，变量名用小写表示，以增加可读性。正确的程序是：

```
main()
{  int b=5;
   printf("%d", b); }
```

2. 忽略了变量的类型，进行了不合法的运算

例如：

```
main()
```

```
{  float a,b; a=2.5;b=1.0;
   printf("%d",a%b);  }
```

%是求余运算，得到 a/b 的整余数。整型变量 a 和 b 可以进行求余运算，而实型变量则不允许进行“求余”运算。

3. **忘记加分号或多加分号**

分号是 C 语句中不可缺少的一部分，语句末尾必须有分号，但分号多余也是常见的。

例如：

```
main()
{  int a=1
   int  b=2
   printf("%d,%d",a,b);}
```

在 C 语言中，编译程序在编译时以“;”作为一条语句的结束标志，很多刚学习 C 语言的人会以回车符为结束标志，这是错误的，所以 C 语言在编译上面的语句中，编译程序在“a=1”后面没发现分号，就把下一行“b=2”也作为上一行语句的一部分，就变成了“a=1 b=2”这就会出现语法错误。因为 a=1 b=2 是两个不同的语句，执行两次操作，所以改错时，有时在被指出有错的一行中未发现错误，就需要检查上一行是否漏掉了分号。再看一例：

```
main()
{  float x,y,z;
   x=123;y=234;
   z=x+y;
   t=z/100;
   printf("%f",t)  }
```

该复合语句在编译时候也会提示出现错误，因为对于复合语句来说，最后一个语句中最后的分号不能忽略不写（这是和 Pascal 不同的），正确的程序为：

```
main()
{  float x,y,z;
   x=123;y=234;
   z=x+y;
   t=z/100;
   printf("%f",t);  }
```

上面介绍的是少分号的例子，下面看看多分号的例子。

```
for(i=1;i<4;i++)
{  z=x+y;
   t=z/100;
   printf("%f",t);  };
```

该复合语句的花括号后不应再加分号，因为“{}”表示的是一个语句块，自动地从“{”开始而从“}”结束，所以加“;”将会画蛇添足。

又如：

```
if(a%7==0);
printf("%s","a 是 7 的倍数");
```

题意是如果 7 整除 a，则输出"a 是 7 的倍数"字符串。但由于 if (a%7==0)后多加了分号，则 if 语句到此结束，程序将执行 printf("%s","a 是 7 的倍数");语句，不论 7 是否整除 a，都将输出"a 是 7 的倍数"字符串。

再如：

```
for(i=0;i<5;i++);
{  scanf("%d",&x);
   printf("%d",x);  }
```

题意是先后输入 5 个数，每输入一个数后再将它输出。由于 for 后多加了一个分号，使循环体变为空语句，此时只能输入一个数并输出它。也就是 for (i=0;i<5;i++)语句事实上没有起作用，而程序：

```
for(i=0;i<5;i++)
{  scanf("%d",&x);
   printf("%d",x);  }
```

也表示一个完整的语句块，它表示了 for 的控制范围，显然，需要的结果是后者。

4. 在条件表达式中，对 0 的判断出错

例如：

```
float y;
if(y==0)
   printf("%d\n",y);
```

这里 y 是 float 型数据，则不能用“y==0”来判断是否为 0，而应该改为："fabs(y)<1e-6"来作为是否为 0 的判别式。

5. 将字符常量与字符串常量混淆

例如：

```
char c;
c="a";
```

在这里就混淆了字符常量与字符串常量，字符常量是由一对单引号括起来的单个字符，字符串常量是一对双引号括起来的字符序列。C 语言以'\0'作字符串结束标志，它是由系统自动加上的，所以字符串“a”实际上包含两个字符：'a'和'\0'，而把它赋给一个字符变量是不合法的。

6. 输入变量时忘记加地址运算符“&”

例如：

```
int a,b;
scanf("%d%d",a,b);      /*输入数据的方式与要求不符*/
```

这个程序是不合法的。Scanf()函数的作用是按照 a、b 在内存的地址将 a、b 的值存进去。“&a”才表示 a 在内存中的地址。所以正确的程序应为：

```
int a,b;
scanf("%d%d",&a,&b);
```

7. 输入数据时的组织与要求不符

例如：

```
scanf("%d%d",&a,&b);
```

针对本语句的输入时，因为格式控制中没有任何其他字符，所以不能用逗号作两个数据间的分隔符，如下面输入不合法：

```
12,5
```

输入数据时，在两个数据之间以一个或多个空格间隔，也可用【Enter】键、【Tab】键。

例如：

```
scanf("a=%d,b=%d",&a,&b);
```

C 语言中规定：如果在“格式控制”字符串中除了格式说明以外还有其他字符，则在输入数据时应输入与这些字符相同的字符。下面输入是合法的：

```
a=5,b=12
```

此时不用逗号而用空格或其他字符是不对的，没有加上“a=”，“b=”就会产生错误，这点特别要注意。一般程序中用 printf 语句加以提示。

例如：

```
scanf("%c%c%c",&c1,&c2,&c3);
```

在用“%c”格式输入字符时，“空格字符”和“转义字符”都作为有效字符输入。

如输入 a b c（a、b、c 之间都有一个空格），则字符“a”赋值给 c1，字符“”赋值给 c2，字符“b”赋值给 c3，因为%c 只要求读入一个字符，后面不需要用空格作为两个字符的间隔。所以正确的输入方式是：abc。

8. **对应该有花括号的复合语句，忘记加花括号**

例如：

```
main()
{  int sum=0,   i=1;
   while(i<=100)
   sum=sum+1;
   i++;
   printf("%d\n",sum);
}
```

本复合语句中，按照语句的结构，while 语句本来应该控制的范围是”sum=sum+1; i++”，即在满足条件的情况下执行：sum 变量加 1，同时 i 自增操作，然后继续判断 while 满足的条件。但因为“sum=sum+1; i++”部分忘记加花括号，导致 while 语句永远执行 sum=sum+1 语句，从而变成死循环，没有跳出的条件，正确的写法是：

```
main()
{  int sum=0,   i=1;
   while(i<=100)
   {  sum=sum+1;
      i++;  }
   printf("%d\n",sum);
}
```

9. **括号不配对**

例如：

```
#include  "stdio.h"
main()
{
  char c;
  while((c=getchar()!='#')
   putchar(c);   }
```

本 while 语句中，“(”有 3 个，而“)”只有两个，明显不配对，正确的写法是：

```
#include "stdio.h"
main()
{  while((c=getchar())!='#')
      putchar(c);  }
```

10. **输入/输出的数据类型与所用格式说明符不一致**

例如：

```
main()
{  int a;
   float b;
   a=3;b=4.5;
   printf("%f%d\n",a,b); }
```

a 已定义为整型，b 定义为实型，则输出语句应写成：printf("%d%f\n",a,b,); 编译时不给出出错信息，但运行结果将与原意不符。这种错误尤其需要注意。

11. 输入数据时，企图规定精度

例如：

```
main()
{  float a;
   scanf("%7.2f",&a);
   printf("%f\n",a);  }
```

这样做是不合法的，输入数据时不能规定精度，只有输出数据可以。

12. 忽视了 while 和 do...while 语句在细节上的区别

例如：

```
main()
{ int a,b;a=4;
  scanf("%d",&b);
  while(b<=20)
  {  a=a+b;
      b++;  }
      printf("%d",a);  }
```

与

```
main()
{ int a,b;a=4;
  scanf("%d",&b);
  do
  {  a=a+b;
     b++;  }
     while(b<=20):
     printf("%d",a); }
```

可以清楚地看到，当输入 b 的值小于或等于 20 时，二者得到的结果相同。而当 b>20 时，二者结果就不同了，后者比前者的结果刚好多了一个 b。这是因为 while 循环是先判断后执行，而 do...while 循环是先执行后判断。对于大于 20 的数，while 语句一次也不执行循环体，而 do...while 语句则无论如何要执行一次循环体。

13. 定义数组时误用变量

例如：

```
main()
{  int n;
   scanf("%d",&n);
   int a[n];
   scanf("%d",&a); }
```

数组名后用方括号括起来的是常量表达式，可以包括常量和符号常量，即 C 语言不允许对数组的大小作动态定义。

14. 引用数组元素时误用圆括号

例如：

```
main()
{  int i,a(10);
   i=1;
   while(i<10)
   { scanf("%d",&a(i));
    printf("%d",a(i));
    i++;  }}
```

C 语言规定：定义数组时用“[]”，所以 a(10)应该改为 a[10]。正确的程序为：

```
main()
{  int i,a[10];
   i=1;
   while(i<10)
   { scanf("%d",&a[i];
    printf("%d",a[i]);
    i++;  }}
```

15. 在定义数组时，将定义的“元素个数”误认为是可使用的最大下标值

例如：

```
main()
{  static int a[10]={1,2,3,4,5,6,7,8,9,10};
   printf("%d",a[10]);  }
```

C 语言规定：定义时用 a[10]，表示 a 数组有 10 个元素。其下标值由 0 到 9，所以数组元素 a[10]是不存在的。要输出上述题意本来要输出的数值 10，语句 printf("%d",a[10]);应该改为：printf("%d",a[9]);。

16. 在不应加地址运算符&的位置加了地址运算符

例如：

```
main()
{  int a[4];
   scanf("%d",&a);
   printf("%d\n",a[0]);  }
```

C 语言编译系统对数组名的处理是：数组名代表该数组的起始地址，且 scanf()函数中的输入项是字符数组名，不必要再加地址符&。应改为：scanf("%d",a);

17. 使用文件时忘记打开，用只读方式打开，却企图向该文件输出数据

例如：

```
main()
{  FILE *fp;
   char ch;
   if( fp=fopen("test","r"))==NULL)
   {  printf("cannot open this file\n");
      exit(0);  }
   ch=fgetc(fp);
   while(ch!='#')
   {  ch=ch+4;
      fputc(ch,fp);
      ch=fgetc(fp);  }}
```

对于以"r"方式（只读方式）打开文件，进行即读即写的操作显然是不对的。fp=fopen("test", "r")应该改为 fp=fopen("test","rt+")。

18. 混淆字符数组与字符指针的区别

例如：

```
main()
{  char str[30];
   str="how do you do!";
   printf("%s\n",str);  }
```

“char str[30]”的功能是定义一数组，所以 str 是一个常量，它仅表数组的首地址，所以编译会出错，但如果把上面的 char str[30]改为“char *str”就合法了，它将字符串的首地址赋给指针变量 str。

19. 错把指针变量当成普通变量引用

例如：

```
main()
{  int *p;
   p=100;
   printf("%d\n",p);  }
```


指针变量在引用前，必须赋值，因为字符指针中只能存放地址，而不是存放一个地址中的具体的值。所以应将上面的程序改为：

```
main()
{  int *p,a;
   a=100;
   p=&a;
   printf("%d\n",*p);  }
```

20. 不同类型的指针混用

例如：

```
main()
{  int a=3,*p1;
   float b=4.0,*p2;
   p1=&a;p2=&b;
   p2=p1;
   printf("%d\n",*p1);  }
```

p2 是指向实变量的指针，而 p1 是指向整形变量的指针，两者不能混用。

21. 使用自加（++）和自减（––）运算符时出的错误

例如：

```
main()
{  int *p,a[3]={2,3,4 };
   p=a;
   printf("%d",*(p++));
   printf("%d",*p);  }
```

“*p++”，因为++和*是同优先级别的，是自左而右的结合方向，因此它等价于*(p++)，即先得到 p 指向的变量的值（也就是 p*），这里是&a[0]，就是 2，然后再将 p+1 赋给 p，所以本题的结果应该是 2 3。

注意：“* (p++)” 和 “* (++p)” 不一样。*(++p)表示先将 p+1 赋给 p，然后再取值。所以：

```
main()
{  int *p,a[3]={2,3,4 };
   p=a;
   printf("%d",*p++);
   printf("%d",*p);  }
```

的结果是 3　3。

22. switch 语句中漏写 break 语句

例如，根据考试成绩的等级打印出百分制分数段。

```
switch(grade)
{  case 'A':printf("85~100\n");
   case 'B':printf("70~84\n");
   case 'C':printf("60~69\n");
   case 'D':printf("<60\n");
   default:printf("error\n");  }
```

由于漏写了 break 语句，case 只起标号的作用，而不起判断作用。因此，当 grade 值为 A 时，printf()函数在执行完第 1 个语句后接着执行后面的 printf()函数语句。程序运行结果将是：

```
85~100
70~84
60~69
<60
error
```

正确写法应在每个分支后再加上“break;”后使得流程能够满足某个条件的时候立即终止 switch 语句的执行，所以，上面的 switch 语句应该写为：

```
switch(grade)
{  case 'A':printf("85~100\n");break;
   case 'B':printf("70~84\n");break;
   case 'C':printf("60~69\n");break;
   case 'D':printf("<60\n");break;
   default:printf("error\n");  }
```

这样，当 grade 值为 A 时，printf()函数在执行完第一个语句后立即跳出 switch 语句，去执行后面的其他语句，程序运行结果将是：

```
85~100
```

23. 函数的实参和形参类型不一致

例如：

```
fun(float x,float y)
{ …}
main()
{  int a=3,b=4;
   c=fun(a,b);
   …}
```

实参 a，b 为整型，形参 x，y 为实型，a 和 b 的值传递给 x 和 y 时，x 和 y 的值并非是 3 和 4。

24. 没有注意函数参数的求值顺序

例如：

```
main()
{  int i=8;
   printf("%d,%d,%d\n",i,++i,++i);  }
```

肯定有部分人认为结果是：8，9，10，但结果却是：10，10，9。

实际是采取自右至左的顺序求函数参数的值的，先求出最右边的++i 结果为 9，再求右边第 2 个++i，结果是 10，最后求最左边的 i，结果当然是 10。

25. 混淆数组名与指针变量的区别

例如：

```
int i,a[5];
for(i=0;i<5;i++)
    scanf("% d",a++);
```

编程者的本意是要通过 a++来使得数组指针下移，每次指向数组的下一个元素，即循环体 scanf("%d",a++)第一次执行语句 scanf("%d",a[0])；第二次执行语句 scanf("%d",a[1])，直到 scanf("%d", a[4])，想法虽然看上去可以，但实践中却是错误的。原因在于数组名只能代表数组的首地址（这里代表&a[0]），不能改变，所以 a++是错误的。正确的写法是：


```
int a[5],*p;
p=a;
for(int i=0;i<5;i++)
scanf("%d",p++);
```

或者：

```
int a[5],*p;
for(p=a;p<a+5;p++)
scanf("%d",p);
```

26. 混淆结构体类型与结构体变量的区别，对一个结构体类型进行了赋值

例如：

```
struct student
{  long int num;
   char name[20];
   char sex;
   int age;
   float score;  };
student.num=06144105;
strcpy(student.name, "li liaomei");
student.sex='M';
student.age=18;
student.score=98.5;
```

上面程序显然是不对的，因为这里的 student 是一个类型名，相当于 int、float、char 等，是数据类型，而不是一个具体的变量名，显然，不能对一种数据类型赋值，所以自然不能对 student 赋值，应该再定义一个具体的 struct student 类型的变量，才能赋值。下面的做法是可行的：

```
struct student
{  long int num;
   char name[20];
   char sex;
   int age;
```

```
    float score;  };
struct student stud_001;
stud_001.num=06144105;
strcpy(stud_001.name, "li liaomei");
stud_001.sex='M';
stud_001.age=18;
stud_001.score=98.5;
```

此时定义了一个结构体变量 stud_001，并且对其各成员进行赋值。

27. 错误使用运算符造成的错误

例如：

```
main()
{  int a=1,b=2,c=3,d=4;
   if((a>b&(c>d))
   printf("ok!\n");
   else
   printf("no!\n");  }
```

这里错误地把位运算符“&”当成逻辑运算符“&&”，显然是错误的，应该改为：

```
void main(void)
{  int a=1,b=2,c=3,d=4;
   if((a>b&&(c>d))
   printf("ok!\n");
   else
   printf("no!\n");  }
```

下面的例子则是忽略了“=”与“==”的区别。

```
if(a=3) b=c;
```

在许多高级语言中，用“=”符号作为关系运算符“等于”。但 C 语言中，“=”是赋值运算符，“==”是关系运算符。所以上面的语句错误，应该改为：

```
if(a==3) a=b;
```

前者是进行赋值，把 3 赋给 a；后者表示如果 a 和 3 相等，把 b 值赋给 a。由于习惯问题，很多的人往往会犯这样的常识性错误。

28. 变量使用之前没有定义

```
main()
{  int x;
   x=5;
   y=x;
   printf("%d\n",y);}
```

该程序在编译过程中，Turbo C 将提示变量 y 没有定义。用户应该对 y 事前进行定义，正确的程序为：

```
main()
{  int x, y;
    x=5;
   y=x;
   printf("%d\n",y);  }
```

程序错误除了上述列举的这些语法性错误之外，还有一种错误，程序本身没有语法问题，就是不违背语法的基本规则，所以系统在编译时不会提醒，只是处理的结果和要求的结果不一致，甚至相差甚远。这就是程序出错的第二种形式，称作逻辑错误，这是程序设计者在编写代码之前进行程序分析的时候就犯下的错误，或者是使用了与原意不相符的指令导致的错误。这就更要求程序初学者要在书写代码之前，必须认真分析程序的功能，并熟悉每条指令的含义，不要对程序功能和指令还一知半解就开始编写程序。

15.2 程序调试

1. 运行错误的判断与调试

通常所说的运行错误有两种，一种是逻辑错误，上面已经介绍；另一种是程序设计上的错误，但能躲过编译程序和连接程序的检查，通常表现为突然死机、自行热启动或者输出信息混乱。

相对于编译和连接错误来说，运行错误的查找和判断更为困难。编译和连接错误分别由编译程序和连接程序检查，尽管有时它们报告的出错信息和错误的实际原因之间有一些差距，但可以作为查错时的一种参考。而运行错误则不同，很少或根本没有提示信息，只能靠程序员的经验来判断错误的性质和位置。下面介绍一些常见运行错误的调试方法。

一种逻辑错误是由于在设计程序的算法时考虑欠周详而引起的，如要求输出一列数中的奇数位：

```
main()
{  int i, a[10]={1,2,3,4,5,6,7,8,9,10};
   i=1;
   while(i<=20)
   { printf("%d\n",a[i]);
     i=i+2;  }}
```

显然，输出的结果是偶数位。这里没有注意到，a[0]，a[2]，…，a[n]才是奇数位。

另一种常见的逻辑错误是由于程序输入时的打字错误造成的，例如将判断条件中的“>=”误输入为“>”，将相等判断“==”误输入为赋值号“=”等。

输入的数据中包含错误或者输入数据的格式不符合要求也会影响到程序的运行结果，特别是在数据量比较大，而又采用键盘直接输入数据时更容易产生这类错误。所以建议在数据输入过程中，就用数据输入程序来完成数据的输入工作和数据的编码。自行编码，要求数据在能表达意义的基础上增加一个校验位，以提高数据输入工作的准确性。

2. 基本调试手段

程序的基本调试手段有以下几种：标准数据校验、程序跟踪、边界检查和简化循环次数等。下面分别简要介绍。

第 1 种，标准数据校验：在程序编译、连接通过以后，就进入了运行调试阶段。此时先自行设定若干组输入/输出数据，输入的数据要选择重要的、接近实际数据的、简洁的，同时包括那些边界或临界值。然后再将待检验的数据逐个输入，同时将程序输出结果和预先给定的已知结果进行对比，如果相一致，表示第一个步骤通过。大部分大型的复杂的程序不能一次性通过检验，则要分析出错的原因，是本身给定的数据有问题，还是程序的运算有问题，要找到原因。

第 2 种，程序跟踪：如果上面标准数据校验不能通过，则需要对程序进行细致的调试工作。此时可以采用程序跟踪，这是一个不错的找到出错的原因的手段。

程序跟踪是最重要的调试手段。程序跟踪的基本原则是让程序一句一句地执行（按【F8】），通过观察和分析程序执行过程中数据和程序执行流程的变化查找错误。就 Turbo C 而言，程序跟踪可以采用两种方法，一种是直接利用其集成环境中的分布执行、断点设置、变量内容显示等功能对程序进行跟踪；另一种是传统方法，通过在程序中直接设置断点、打印重要变量内容等来掌握程序的运行情况。其中的变量可以根据程序的实际情况进行设计，断点则一般选择在一个的子功能模块或一个循环结束后，用来检验该段程序是否符合要求。在调试中，通常使用 getch 函数，其目的是要程序在执行到这一行时暂时停下来，从而可以让用户看清楚调试代码段所显示的信息。然后可以选择是否让程序继续执行。如果到这一断点时尚未发现错误，则可以按任意键让程序继续运行到下一个断点；否则可使用组合键【Ctrl+Break】或者【Ctrl+C】来中断程序，再使用编辑器对程序进行修改。在程序中所有的问题都解决了之后，再将程序中所有的调试代码段统统删去，这种方法不仅适用于 Turbo C，而且对于那些没有集成环境的 C 语言编译器来说更为重要。

第 3 种，边界检查：在设计检查用的数据时，要重点检查边界的特殊情况。例如，将 15.1 节中的第 22 点提到的程序变形改动一下：

```
main()
{  int score
   char grade
   scanf("%d\n",&score);
   if((score>=85)&&(score<=100) grade='A':
      else if(score>70) grade='B':
          else if(score>=60) grade='C':
            else if(score>=0) grade='D':
   switch(grade)
   {  case 'A':printf("85~100\n");break;
      case 'B':printf("70~84\n");break;
      case 'C':printf("60~69\n");break;
      case 'D':printf("<60\n");break;
      default:printf("error\n"); }}
```

应该设计数据检查 grade 等于 100、85、84、75、74、60、59、0、101，或者负数等情况，使得分支中的每一条路径都要通过检查。通过检查，发现数据 70 和原意不相符合（要输出的数据本来是：70～84，结果输出 60～69）。如果程序中有由 while 语句、do...while 语句、for 语句等组成的循环体，也应该设计相应的数据，使得边界都要通过检查。

第 4 种，简化：在调试时，有时可以通过对程序进行某种简化来加快调试速度。例如，减少循环次数、缩小数组规模、屏蔽某些次要程序段（如一些用于显示提示信息的子程序）等。但在进行简化工作时，一定要注意这种简化不能太过分，以至于无法代表原来程序的真实情况。例如，对于一个求解 N 元一次方程组的程序来说，仅将 N 等于 2 的情况调试通过是不够的，还不能保证该程序对较大的方程组也能给出正确的结果。如果对于 N=3 或 4 的情况该程序也能正常工作，则在该程序中因为矩阵规模而出错的可能性就大大减少了（但这不说明该程序就一定没有错误了，只能表示在一定的概率条件下是可以接受的）。

3. C 语言调试技术——Turbo C 集成环境的调试功能

由于程序中存在着分支、循环等结构，造成了程序运行时的变化规律和其静态结构之间存在着一定的差异，因此仅靠阅读程序本身很难掌握程序运行时各变量内容的动态变化，

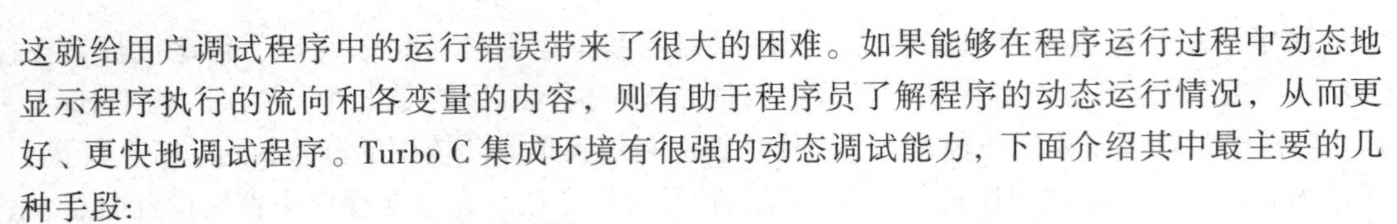

这就给用户调试程序中的运行错误带来了很大的困难。如果能够在程序运行过程中动态地显示程序执行的流向和各变量的内容，则有助于程序员了解程序的动态运行情况，从而更好、更快地调试程序。Turbo C 集成环境有很强的动态调试能力，下面介绍其中最主要的几种手段：

（1）运行（Run→Run 或者【Ctrl+F9】组合键）：运行程序员编写的应用程序。该选项的功能非常强大，如果源程序尚未编译，或者在编译以后又修改了源程序，则会在运行程序之前先自动对源程序进行编译和连接工作。如果源程序中设置有断点（参阅（2）），则只执行到断点处就停下来，以便程序员调试程序。若再次调用该选项，则从当前断点开始运行程序，直到程序结束或者到下一个断点处。

（2）设置断点（Break / watch→Toggle breakpoint 或【Ctrl+F8】组合键）：设置断点的作用是使程序可以分段运行。如果在程序中的某个语句处设置了断点，则使用上述运行选项执行程序时就会在断点处停下来，这时可以利用下面介绍的其他调试功能观察程序的运行情况，包括各数据区和变量的当前值。在程序中可以设置多处断点，这时每调用一次运行功能，则程序从当前位置执行到下一个断点处：如果断点是设置在循环中的，则每循环一次、程序就中断一次。为了管理断点，在集成环境的断点与观察（Break/watch）菜单中还有两个辅助功能：清除所有断点（Clear all breakpoints）和查看下一个断点（View Next Breakpiont）。

（3）变量查看及修改（Debug→Evaluate 或【CtrL+F4】组合键）：该项功能用于在程序运行到断点处时查看变量或其他数据项的内容。对于变量来说，还可以改变其内容，便于下一步继续调试。在调用本功能时，屏幕上弹出一个窗口，窗口分为 3 栏：最上面是设置（Evaluate）栏，用于输入要观察的变量名或表达式；中间是结果（Result）栏，用于显示要观察的变量或表达式的值；而最下方是修改（New value）栏，用于修改变量的值。在查看或修改完毕时可以按【Esc】键返回编辑状态。

（4）查看函数调用情况（Debug→Call stack 或者【Ctrl+F3】组合键）：该功能用于查看当前调用栈的情况。如果断点设置在函数中，则调用该功能会在屏幕上弹出一个窗口，显示出程序运行到断点时的函数调用顺序（最下方是主函数，最上方是当前正在执行的函数）。

（5）查找函数（Debug→Find function）：可用于在程序中快速查找某个函数的位置。如果一个程序很大，或者包括多个源程序文件，则使用该功能是相当方便的。调用该功能的结果是光标移到指定函数的开始。

（6）更新屏幕内容（Debug→Refresh disp1ay）：在调试程序的过程中，有时程序的输出结果会破坏集成环境的编辑版面显示内容，这时可以使用该功能恢复正确的屏幕内容。

（7）设置观察对象（Break/watch→Add watch 或【Ctrl+F7】组合键）：使用该项功能可以将变量或表达式设置为观察对象，这些观察对象的值在调试过程中会在屏幕下方的信息显示窗口中显示出来。该功能类似于上面介绍的“变量查看与修改（Evaluate）”功能，但更直观、更方便，只是不能修改变量的值、另外，在断点与观察（Break/watch）菜单中还有几项用于管理观对象的功能选项：删除观察对象（Delete watch）选项，它用于删除一个观察对象。使用该项功能时，首先应使用屏幕窗口切换键【F6】将光标切换到信息显示窗口中，然后使用光标选定要删除的观察对象，再使用本功能删除选定的观察对象；编辑观察对象（Edit watch）选项，它用于修改观察对象用法和删除观察对象；删除所有删除对象（Remove all watches）选项，它可以删除所有的观察对象。

（8）执行到当前光标位置（Run→Go to cursor 或【F4】键）：以当前光标位置为断点，使程序执行。

小　结

C 语言中常见的错误主要有 7 大类，分别为：指针使用的错误；数组使用的错误；函数使用中的错误；运算符使用不当造成的错误；C 变量说明不当造成的错误；文件使用错误；其他错误。前面本书已经结合实例进行了说明。对于初学者来说，因为不会涉及大型程序的编写工作，所以经常最容易犯的错误大多为语法性的，这就要求读者多练习、勤实践，每章后面的习题都要求能独立完成，多对程序进行单独调试，每次出现问题要找出问题出错的原因，并进行总结。不要怕犯错误，初学的时候犯错误越多，只会使以后犯错误越少。所以犯错误不要紧，关键是要总结分析出错原因，使得同样的错误不要出现第 2 次，甚至第 3 次，只有这样，经过大量的练习、总结，读者的程序编写能力才能有质的提高。

习　题

一、选择题

1. 请选出正确的程序段（　　）。

A.
```
int *p
scanf(""%d"",p);
...
```

B.
```
int*s,k;
*s=100;
...
```

C.
```
int *s,k;
char *p,c;
s=&k;
p=&c;
*p='a';
...
```

D.
```
int*s,k;
char *p,e;
s=&k
p=&c;
s=p;
*s=1;
...
```

2. 有如下程序：

```
main()
{  int i,sum;
   for(i=1;i<=3;sum++)  sum+=r;
   printf("%d\n",sum); }
```

该程序的执行结果是（　　）。

A. 6　　B. 3　　C. 死循环　　D. 0

3. 有如下程序：

```
main()
{  char s[115]={ "tabc","de","fgh"};
   printf("%e",s[2][6]);  }
```

其输出结果为（　　）。

A. 不确定　　B. 编译错误　　C. g　　D. 输出 null 字符

4. 下面程序的输出结果是（　　）。

```
main()
{  char str[10],c='a';
   int i=0;
   for(;i<5;i++)
   str[ i ]=c++;
   printf("%s",str);  }
```

A. abcde　　B. a　　C. 不确定　　D. bcdef

5. 下列选项中非法的表达式是（　　）。

A. 0<=x<100　　B. i=j==0　　C. (char)(65+3)　　D. x-t-l=x+l

6. 若有定义：int a[4][10]; (0<=i<4，0<=j<10)，则以下选项中对数组元素 a[i][j]引用错误的是（　　）。

A. *(& a[0][0]+10*i+j)　　B. *(a+i)+j

C. *(*(a+i)+j)　　D. *(a[i]+j)

7. 以下程序（程序左边的数字为附加的行号）（　　）。

```
1 #include  "string.h"
2 #include  "stdio.h"
3 main()
4 { char s[]="string";
5   puts(s);
6   strcpy(s,"hello");
7   printf("%3s\n",s);}
```

A. 没有错　　B. 第 1 行有错　　C. 第 6 行有错　　D. 第 7 行有错

二、程序分析题

1. 某程序要求输出结果是：

```
      A
     BBB
    CCCCC
   DDDDDDD
  EEEEEEEEE
 FFFFFFFFFFF
GGGGGGGGGGGGG
```

下面是某初学者为实现该功能而编写的程序，请指出错误的地方，并加以改正，使其能执行并得到正确的结果。

程序代码为：

```
#include "stdio.h"
main()
{  int i,j,k;
   char ch;
   for(i=1;i<=7;i++)
    {  for(j=1;j<=7-i;j++)
          printf(" ");
       for(k=1;k<=2*i-1;k++)
       {  for(ch=('A'+i);ch<=('A'+i);ch++)
           printf("%c",ch);  }
           printf("\n");  }}
```

2．现有某程序实现以下功能：输出 0、1、2、5、8、13、21，…，数列中第 3 项是前两项的和，输出前 30 个数，并且每行输出 5 个数。该程序如下：

```
main()
{  int m,n,k,i;
   m=0;n=1;k=1;
   for(i=1;i<=30;i++)
   {  m=m+n;n=n+m;
     printf("%d,\t%d",m,n);
     k=k+1;
     if(k%5==0)
     printf("\n");}}
```

请问，程序中出现哪些问题？出现问题的原因在哪里？并请改进程序，使其完全符合标准。

第16章

C++简介

通过本章学习对C++有初步了解，为进一步学习C++打下基础。

16.1 C++与面向对象程序设计

1. 面向对象程序设计概念

在C++诞生以前，面向对象的程序设计（Object- Oriented Programming，OOP）思想已经有了一定的发展，也有大量支持面向对象的语言问世，例如，20世纪60年代开发的第一个面向对象的程序设计语言Simula-67，object pascal，以及Smalltalk（C++之前最成功的OOP语言）等。但是，直到C++的出现，面向对象程序设计才进入繁荣发展的阶段。这与C++的由来是有很大的关系的。C++是在C语言的基础上发展起来的，而C语言是当时的程序员使用最多的程序语言。C++既保留C语言高效的执行效率，简洁的程序书写风格，同时又克服了C语言的一些缺点(例如,提供了更好、更严格的类型检查和编译时的分析)。在对问题的描述方面，C++用类来表示，增强了描述事物的抽象能力，降低了程序的复杂度。在错误处理方面，C++提供了异常处理机制。用C++创建的系统更易于表达和理解，从而更容易维护。由于C当时被广泛的使用，并且从C语言过渡到C++相对来说较容易，加之C++本身非常优秀，所以C++发展得非常快。

2. Windows平台上C++程序开发工具

在Windows平台上,目前主要的C++开发工具有Microsoft的Visual C++ 6.0和集成在.net开发环境中的Visual C++ 7.0以及Borland公司的C++ builder,还有Intel公司的英特尔C++编译器和IBM的C++编译器等。Microsoft开发的VC系列对Windows平台有着很好的支持作用，加之强大的MFC类库，使其成为使用C++的开发者的首选工具。当然其他工具也有上乘的表现，例如，C++ builder和英特尔C++。这里对其他的开发工具就不一一细说。具体选用哪种开发工具，要看开发人员对工具的熟悉程度以及开发需求而定。

16.2 类的说明

在C++中，类经常被称为用户自定义类型。类就是把事物的属性（用数据来表示）和事物的行为（即在数据上可以进行的操作，用函数来表示）封装起来的一个抽象定义。

1. 类定义

类定义由两部分组成：类头和类体。类头由一个关键字 class 以及后面跟的类名组成。类体由一对花括号包括起来，包括类的数据成员和成员函数定义。

例如，可以定义一个类 CBird 来表示鸟类，鸟类具有质量（属性），它可以飞翔（行为）。

```
class CBird
{  public:
      Fly();
   private:
     unsigned int m_weight;} ; /*重量*/
```

和 C 语言的 struct 定义一样，类的后面必须接一个分号，或者是一例声明。

2. 类的成员访问

C++为了实现信息隐藏而引入了一组对类成员的访问进行控制的关键字：public、private、protected。

类成员的访问控制是通过类体内标记为 public、private 以及 protected 部分来指定的。在 public 部分声明的是公有成员，在 private 部分声明的是私有成员，在 protected 部分声明的是被保护成员。

（1）公有成员：在程序的任何地方都可以访问，一般来说只有类对外公开的行为（成员函数）才会被定义为 public 的。这么做的目的是为了实现信息隐藏，使得外部只关注类公开的行为，而不关注类的内部实现。

（2）私有成员：只能被该类自己的成员函数或者类的成员函数访问（关于类的成员函数，请读者参考 C++的相关资料）。一般来说，类的数据成员都应被定义成 private，类的成员函数如果不对外公开，也应该定义成 private。

（3）被保护成员：只能被该类自己的成员函数和派生类以及类的成员函数访问。这种机制一般是用在基类中，为派生类提供访问，但同时又限制外部的访问。

在这个例子中：

```
class CBird
{   public:
      Fly();
    private:
      unsigned int m_weight; }; /*质量*/
```

在程序中的任何一个地方都可以访问 Fly()，但是只有 CBird 的成员函数 Fly 才可以访问数据成员 m_weight。

3. 类的数据成员

类的数据成员的声明和 C 语言中的变量声明是一样的。例如，编程者可以用 CRectangle 来表示一个矩形。

```
class CRectangle
{ public:
  …
  private:
     int m_left;
     int m_top;
     int m_right;
```

```
int m_bottom;  };
```

类的数据成员既可以是C++的基本数据类型，如int、char等，也可以是用户自定义的类型， 如string、vector。

4. **类的成员函数**

类的成员函数和C中的函数定义是一样的，唯一的区别是类的成员函数在类体中声明的。类的公有成员函数是外界访问这个类的接口。几个特殊的成员函数介绍如下：

构造函数（Constructor）：函数名和类名相同，用来对类的数据成员进行初始化。

析构函数（Destructor）：函数名为“～”后接一个类名，用来做一些清理工作。

构造函数在定义一个类的实例时（即对象），会自动被调用；析构函数在一个对象超出它的生存期时，会自动被调用。

例如，在类CRectangle中，由于数据成员都是private的（私有的，这样做的目的是了实现信息隐藏），不能直接进行访问。所以编程者必须添加公有成员函数来对私有的数据进行访问。

```
class CRectangle
{ pubic:
    CRectangle(int left,int top,int right,int bottom)/*构造函数*/
  {  m_left=left;
     m_right=right;
     m_top=top;
     m_bottom=bottom;  };
  ~CRectangle()                                             /*析构函数*/
  {  };
    int GetLeft();
    int GetTop();
    int GetRight();
    int GetBottom();
    void SetLeft(int left);
    void SetTop(int top);
    void SetRight(int right);
    void SetBottom(int bottom);
  private:
    int m_left;
    int m_top;
    int m_right;
    int m_bottom;  }
```


16.3 对象的说明

对象就是类的一个实例。类的定义并不会分配存储空间，只有当定义一个类的对象时，系统才会分配存储区。例如，编程者可以用一个类CPerson来表示“人”这个类。

```
class CPerson
{   public:
      CPerson(const string &rName,unsigned int age,const string &Address);
      private:
```

```
    string m_name;                /*姓名*/
    unsigned int m_age;           /*年龄*/
    string m_address;}              /*住址*/
```

然后用定义一个 CPerson 的对象来表示某个具体的人，比如可以用：

```
CPerson    wang("wangsan",18,"中国北京");
```

来表示一个名叫王三的人。在这里 wang 就是类 CPerson 的一个对象。

在定义一个类的对象时，系统做了两步工作，第 1 步是分配存储区来容纳该对象，第 2 步是调用该类的构造函数。

16.4 继　承　性

继承表示了基本类型和派生类型之间的相似性。一个基本类型具有所有由它派生出来的类型所共有的特性和行为。

圆、矩形、三角形，都是一种形状，它们都有一个共同的特点，那就是它们都有面积。编程者可以用一个类 CShape 来表示它们的共性，CShape 类在这里也被称为基类，然后在这个类的基础上再加上各种形状自己特有的属性，就可以形成表示圆的类CCircle、矩形的类 CRectangle、三角形的类 Ctriangle。CCircle 和 CRectange 以及 CTriangle 也被称为 CShape 的派生类。在面向对象中，这样的机制被称为继承，下面来看具体的例子。

```
class CShape
{   public:
    unsigned int Dimension();  };
class CCircle:public CShape
{   private:
      unsigned int m_radius; }          /*半径*/
class CRectangle : public CShape
{  private:
     unsigned int   m_height;           /*高度*/
     unsigned int   m_width; }          /*宽度*/
    class CTriangle:public CShape
{   private:
      unsigned int m_edgeA;             /*边长 A*/
      unsigned int m_edgeB;
      unsigned int  m_edgeC;  }
```

在 C++中可以用以上的形式来表示继承，具体的细节读者可以查阅相关的语法书。

1. 定义基类

基类中应该包括：

（1）所有派生类中都支持的操作(成员函数)。

（2）对于派生类公共的数据成员，应该从派生类中抽象到基类中。

2. 定义派生类

每个派生类都继承了基类所有的数据成员和成员函数，派生类只需添加或更改与基类行为不同的属性。

16.5 多 态 性

类的多态特性是支持面向对象的语言最主要的特性。

在处理类型层次结构时，通常希望把对象看做基本类型（基类）的对象，而不是某一特殊类型（派生类）的对象，因为这样就可以编写出不依赖于特殊类型的代码。用形状为例来做说明，可以对一般形状进行操作来求得它的面积，而不必关心它的具体形状是什么。当有新的形状类型添加进来时，编程者需要做的仅仅是从形状的基类派生一个类来表示新的形状，新添类型并不会影响原来的代码。

如果把对象看做基类的对象，那么如何正确分辨对象的实际类型来执行相应的函数程序呢？对于能够在编译时就能够确定哪个重载的成员函数被调用的情况被称做先期联编（Early Binding）；而在系统运行时，能够根据其类型确定调用哪个重载成员函数能力的情况称做滞后联编（Late Binding），也叫做多态性。

虽然圆、矩形、三角形都有面积，但是它们的具体计算方法不一样。如果定义一个下面这样的函数：


```
void PrintDimension(CShape *pShape)
{ if(pShape) {
   printf("该形状的面积是: %i\n",pShape->Dimension());}}
CShape *pShape;
1.pShape=newCCircle;
PrintDimension(pShape);
2.pShape=newCRectangel();
PrintDimension(pShape);
```

编程者希望第一种情况下执行的是 CCircle 的面积计算方法，第二种情况下执行的就是 CRectangle 的面积计算方法。但是对于函数 PrintDimension 来说，它并不知道传进来的具体是 CCircle 还是 CRectangle，但是在执行的时候会表现出不同的行为。在面向对象中，这种在运行时表现出来的差异性称作多态。在 C++中，多态是通过虚函数来实现的。虚函数就是在函数的定义前加一个关键字“virtual”来表示该函数是虚函数，以下是完整的例子。

```
class CShape
{  public:
   virtual unsigned int Dimension() { };
};
                                   /*virtual 为 C++中定义虚函数的关键字*/
class CCircle : public CShape
{   public:
    virtual unsigned int Dimension()
{   return 3.1415 * m_radius * m_radius;  };
    private:
      unsigned int m_radius;}          /*半径*/
class CRectangle : public CShape
{   public:
    virtual unsigned int Dimension()
{   return m_height * m_width;   };
    private:
      unsigned int m_height;             /*宽度*/
      unsigned int m_width; }            /*宽度*/
```

小　结

本章对 C++做了简单的介绍，如果读者想进一步学习 C++，可以参考相关的资料。C++是一种被广泛运用的面向对象语言，主要的特性有数据隐藏、多态等。读者可在以后的学习和开发实践中，对以上特性逐渐加深理解。学习一门语言，不光是学习它的语法，更重要的是学习语言背后的思维方法，这样才能灵活地运用该语言。

习　题

一、简答题

1. C++中对类成员的访问进行控制的关键字有哪几个？
2. 请解释先期联编和滞后联编的含义。
3. 类的构造函数（Constructor）有哪几个特点？
4. 类的析构函数（Destructor）有哪几个特点？

二、编程题

1. 请尝试用类来表示两种基本形状：圆、矩形（这两种形状的共同属性比较多，在这里为了简化问题，假定只有计算面积一种共同属性）。

2. 有以下两个类 A 和 B：

```
class A
{ public:
      A() { cout<<"class A "<<endl; }
      virtual void Action() { cout<<"I'm A"<<endl; }}
Class B : public A
{  public:
      B() { cout<<"class B"<<endl; =
      virtual void Action() { cout<<"I'm B"<<endl;  }}
```

有以下的程序片断：

```
A a;
B b;
A *pA;
B *pB;
pA=&a;
pA->Action();
pA=&b;
pA->Action();
pB=&b;
pB->Action();
```

请将程序的输出结果写出来，并分析原因。

附录 A　ASCII 码与字符对照表

十进制	八进制	十六进制	字符	十进制	八进制	十六进制	字符
0	000	00	NUL	40	050	28	(
1	001	01	SOH	41	051	29	)
2	002	02	STX	42	052	2A	*
3	003	03	ETX	43	053	2B	+
4	004	04	EOT	44	054	2C	,
5	005	05	END	45	055	2D	-
6	006	06	ACK	46	056	2E	.
7	007	07	BEL	47	057	2F	/
8	010	08	BS	48	060	30	0
9	011	09	HT	49	061	31	1
10	012	0A	LF	50	062	32	2
11	013	0B	VT	51	063	33	3
12	014	0C	FF	52	064	34	4
13	015	0D	CR	53	065	35	5
14	016	0E	SO	54	066	36	6
15	017	0F	SI	55	067	37	7
16	020	10	DLE	56	070	38	8
17	021	11	DC1	57	071	39	9
18	022	12	DC2	58	072	3A	:
19	023	13	DC3	59	073	3B	;
20	024	14	DC4	60	074	3C	<
21	025	15	NAK	61	075	3D	=
22	026	16	SYN	62	076	3E	>
23	027	17	ETB	63	077	3F	?
24	030	18	CAN	64	100	40	@
25	031	19	EM	65	101	41	A
26	032	1A	SUB	66	102	42	B
27	033	1B	ESC	67	103	43	C
28	034	1C	FS	68	104	44	D
29	035	1D	GS	69	105	45	E
30	036	1E	RS	70	106	46	F
31	037	1F	US	71	107	47	G
32	040	20	(SPACE)	72	110	48	H
33	041	21	!	73	111	49	I
34	042	22	"	74	112	4A	J
35	043	23	#	75	113	4B	K
36	044	24	$	76	114	4C	L
37	045	25	%	77	115	4D	M
38	046	26	&	78	116	4E	N
39	047	27	'	79	117	4F	O

续表

十进制	八进制	十六进制	字符	十进制	八进制	十六进制	字符
80	120	50	P	104	150	68	h
81	121	51	Q	105	151	69	i
82	122	52	R	106	152	6A	j
83	123	53	S	107	153	6B	k
84	124	54	T	108	154	6C	l
85	125	55	U	109	155	6D	m
86	126	56	V	110	156	6E	n
87	127	57	W	111	157	6F	o
88	130	58	X	112	160	70	p
89	131	59	Y	113	161	71	q
90	132	5A	Z	114	162	72	r
91	133	5B	[	115	163	73	s
92	134	5C	\	116	164	74	t
93	135	5D	]	117	165	75	u
94	136	5E	^	118	166	76	v
95	137	5F	_	119	167	77	w
96	140	60	'	120	170	78	x
97	141	61	a	121	171	79	y
98	142	62	b	122	172	7A	z
99	143	63	c	123	173	7B	{
100	144	64	d	124	174	7C	¦
101	145	65	e	125	175	7D	}
102	146	66	f	126	176	7E	~
103	147	67	g	127	177	7F	DEL

说明：

（1）由于扩展的 ASCII 码（128～255）对不同的机器有不同的字符表示，所以表中只给出了标准的 ASCII 码字符（0～127）。

（2）0～31 属于控制字符，也称为不可见字符。

附录 B　运算符的优先级和结合性

<table>
<tr><th>优先级</th><th>运算符</th><th>含义</th><th>运算对象的个数</th><th>结合方向</th></tr>
<tr><td>1</td><td>( )
[ ]
->
.</td><td>圆括号
下标运算符
指向结构体成员运算符
结构体成员运算符</td><td></td><td>自左至右</td></tr>
<tr><td>2</td><td>!
~
++
--
-
(数据类型)
*
&
sizeof</td><td>逻辑非运算符
按位取反运算符
自增运算符
自减运算符
取负运算符
类型转换运算符
取内容运算符
取地址和逻辑与运算符
数据类型长度运算符</td><td>1（单目运算符）</td><td>自右至左</td></tr>
<tr><td>3</td><td>*
/
%</td><td>乘法运算符
除法运算符
取模运算符</td><td>2（双目运算符）</td><td>自左至右</td></tr>
<tr><td>4</td><td>+
-</td><td>加法运算符
减法运算符</td><td>2（双目运算符）</td><td>自左至右</td></tr>
<tr><td>5</td><td><<
>></td><td>左移运算符
右移运算符</td><td>2（双目运算符）</td><td>自左至右</td></tr>
<tr><td>6</td><td>< >、<=、>=</td><td>关系运算符</td><td>2（双目运算符）</td><td>自左至右</td></tr>
<tr><td>7</td><td>==、!=</td><td>关系运算符</td><td>2（双目运算符）</td><td>自左至右</td></tr>
<tr><td>8</td><td>&</td><td>按位与运算符</td><td>2（双目运算符）</td><td>自左至右</td></tr>
<tr><td>9</td><td>^</td><td>按位异或运算符</td><td>2（双目运算符）</td><td>自左至右</td></tr>
<tr><td>10</td><td>|</td><td>按位或运算符</td><td>2（双目运算符）</td><td>自左至右</td></tr>
<tr><td>11</td><td>&&</td><td>逻辑与运算符</td><td>2（双目运算符）</td><td>自左至右</td></tr>
<tr><td>12</td><td>||</td><td>逻辑或运算符</td><td>2（双目运算符）</td><td>自左至右</td></tr>
<tr><td>13</td><td>?:</td><td>条件运算符</td><td>3（三目运算符）</td><td>自右至左</td></tr>
<tr><td>14</td><td>=、+=、-=、*=　/=、%=　、
>>=　<<=、&=、^=、|=</td><td>赋值运算符</td><td>2（双目运算符）</td><td>自右至左</td></tr>
<tr><td>15</td><td>,</td><td>逗号运算符</td><td></td><td>自左至右</td></tr>
</table>

说明：

（1）表中优先级按数值由小到大表示，即数值越小优先级越高，数值越大优先级越低。

（2）若运算对象左边和右边的运算符优先级相同，则以结合性来判断运算的顺序。

（3）程序设计时，最好用圆括号来表示运算的顺序。

参 考 文 献

[1] 谭浩强．C 程序设计[M]．3 版．北京：清华大学出版社，2005．
[2] 迟成文．高级语言程序设计[M]. 北京：经济科学出版社，2007．
[3] 克尼汉，里奇．C 程序设计语言（第 2 版）[M]. 徐宝文，李志，译. 北京：机械工业出版社，2004．
[4] 王声决，罗坚. C 语言程序设计[M]. 3 版．北京：中国铁道出版社，2009.
[5] 韦特，普拉塔．新编 C 语言大全[M] ．范植华，樊莹，译. 北京：清华大学出版社，2000．
[6] 林小茶．C 语言程序设计[M]．3 版．北京：中国铁道出版社，2010．